목공의 즐거움

목공의 즐거움

쉰 넘어 대패를 처음 잡아본 문과 출신이
두서없이 풀어놓는 취목의 세계

옥대환 지음

21세기북스

서문

10년 넘게 목공을 하고 있다. 한 친구는 나를 부를 때 성(姓) 다음에 '장인(匠人)'이라는 단어를 갖다 붙인다. '작가'라고 하는 선배도 있고, 어떤 친구는 한술 더 떠 '대목'이라고 부른다. 한옥을 짓는 '대목'이 아니라 큰 목수라는 뜻이란다. 골프에서 100타를 넘게 치는 '백돌이'에게 '프로'라고 불러주는 격이다. 말하는 사람도 웃는 얼굴이고, 당사자도 쑥스럽긴 하나 기분이 나쁘지는 않다.

'선무당이 사람잡는다.' 목공 책을 쓰겠다고 생각한 것은 꽤 오래 전이다. 어설픈 목수, 아니 정확하게 말해서 겨우 흉내나 내는 취목(취미 목공인의 줄임말)이 무슨 목공 책을 쓴다고. 기술도 없으면서. 아는 게 있어야 쓰지. 또 누가 그 책을 읽겠나 등등. 생각이 오락가락했다. 그러던 즈음 인터넷 매체를 운영하는 선배를 만났다. 선배는 사이트에 올릴 기사가 부족하다고 했고, 나는 목공이야기를 쓰면 읽을 거리가 되지 않겠냐고 제안했다. 전문성은 부족하지만, 10년 좌충우돌한 경험을 하나씩 풀어가겠다고 했다. 이 책은 그렇게 출발했다.

책을 준비하면서 나는 시계 바늘을 거꾸로 돌려 목공을 시작했을 때의 기억을 하나씩 차례로 불러냈다. 버려진 현수막 나무를 안고 와서 펜치로 타카핀을 뽑아내고, 더운 여름 퇴근길 양복차림으로 3m60㎝짜리 구조목을 사서 옆구리에 끼고 귀가했던 일 등… 쉬는 날에는 하루짜리 레슨을 받겠다고 경기도 광주, 파주, 일산까지 발품을 팔았다. 정성이 뻗쳤던 시절이었다. 공방도 몇 곳을 전전했다. 재미를 느꼈기에 그런 열정이 있었고, 열정만큼 궁금한 것도 한 두 가지가 아니었다. 나는 지금도 인터넷 목공카페에 자주 들어간다. 목공 초보로 보이는 사람들이 질문을 쏟아낸다. "나무는 어디서 사나요?", "집 근처 괜찮은 공방을 소개해주세요.", "애 엄마의 허락을 받아 100만원으로 목공을 시작할려는 데 어떤 장비를 사는 게 좋을까요?" 같은 길을 걷는 사람들이 의외로 많았다. "그래, 이런 질문에 답을 하는 이야기를 쓰자." 그래서 이 책은 잘 정리된 기존의 목공 책이나 교재들과는 거리가 멀다. 50살이 넘어 대패를 처음 잡아본 문과 출신이 자신의 경험을 두서없이 풀어놓은 '잡문(雜文)'인 셈이다.

목수나 가구 작가, 취목 고수들은 다 아는 내용이니 이 책을 읽을 이유가 없을 것이다. 오래전의 나처럼 궁금증을 해결하려고 책을 들춰 보는 사람이라면 지나치게 사적인 내용에 거부감을 느낄 수 있을 것 같다. 의욕이 앞섰겠거니 하고 넓은 마음으로 양해해주시기를 부탁드린다. 부족한 내용이지만 목공을 시작하는 사람에게 조금이라도 도움이 되었으면 좋겠다.

이 '목공 기행문'은 여러 사람에게 신세를 졌다. 해외 출장길에 뜬금없는 주문을 받고 서양 대패를 구하느라 땀을 흘렸던 이용수, 작업 공간을 내어주고 책 쓰기를 격려해 준 홍석보, 암벽등반부터 서예, 화초 재배, 스쿠버다이빙, 검도와 활쏘기까지 끊임없이 새로운 도전으로 자극을 주는 신영철. 세 친구에게는 갚아야 할 빚이 산더미처럼 쌓여있다. 늘 애정어린 눈길로 지켜봐 주시는 두 누님, 매사 어리석고 고집만 부리는 사람을 끔찍하게 챙겨주는 아내. 이 자리를 빌어 깊은 감사의 마음을 바친다. 또 흔쾌히 출판을 허락한 북이십일의 김영곤 대표의 배려와 노고에 고마움을 전하고 싶다.

차례

목공의 즐거움

취미로 목공을 시작한 지 10년이 넘었다. 나는 한때 거의 목공에 미쳤던 것 같다. 직장 생활을 할 때 점심시간이면 구내식당에서 서둘러 밥을 먹고 남은 시간은 청계천을 기웃거렸다. 내가 다녔던 회사에서 청계천까지는 불과 5분 거리. 회사 동료나 근처의 많은 직장인들이 운동 삼아 청계천을 걸을 때 나는 '목공 순례'를 하곤 했다. 돌아올 때쯤이면 어김없이 검은 비닐봉지에 나사못, 목공용 풀, 사포, 직쏘(Jig Saw) 날, 줄자, 숫돌, 베어링, 스프링 등이 들어있었다.

목공에 입문한 나에게 공구상이 밀집한 청계천 양옆 거리는 보물창고였고, 구석구석이 신세계였다. 폴리카보네이트(poly-carbonate·높은 강도와 내열성을 가지는 엔지니어링 플라스틱), 베이클라이트(bakelite·목공지그 제작에 많이 사용되는 합성수시의 일종), 턴 버클(turn buckle·서로 반대 방향으로 달려 있는 수나사를 돌려 양쪽에 이어진 줄을 당겨서 조이는 기구), QR 레버(주로 자전거 앞뒤 바퀴를 고정시키는데 쓰는 조임쇠) 등 목공이 아니었으면 이름조차 몰랐을 자재나 도구를 어렵지 않게 구할 수 있는 곳도 청계천이었다. 퇴근 후에도

3단 수납장 스페인 목공 책을 보고 따라 만들었다. 검은색 손잡이와 경첩 탓인지 고가구같은 느낌이 든다.

목공 관련 인터넷 블로그나 유튜브를 보는 게 일이었고, 주말이면 톱이나 대패를 들고 실전에 임했다. 목공을 하면서부터는 좋아했던 골프도 접었다.

뚝딱거리면서 뭘 만드는 과정 자체가 좋았다. 지금도 드릴로 나사못을 박는 게 재미있다. 망치를 잡으면 모든 게 못으로 보인다고 했던가? 드릴을 들고 있으면 괜히 아무 데나 나사못을 박고 싶어진다. 또 테이블 쏘로 나무를 한참 재단하고 나면 벌써 일을 다한 듯 소소한 성취감이 밀려온다. 아마 목공을 시작한 화이트칼라들은 대부분 비슷한 감정이리라 생각한다. 생소한 분야에 발을 디딘 설레임, 그리고 신기함, 약간의 만족감 등이 복합적으로 화학작용을 일으키는 게 아닐까 싶다.

하나둘씩 늘어나는 장비나 도구들을 만지고, 닦고, 애지중지하는 모습은 장난감에 대한 어린아이의 애착과 다를 바 없다. 또 인터넷으로 물건을 주문하고 택배를 기다리는 그 심정이란. 스스로 '꼭 필요하다'고 되뇌면서 구매 결정을 하고, 도착하면 요리조리 들여다보며 뿌듯함을 느끼지만, 흥분은 오래가지 못한다. 실패를 경험하고서도 또 마우스를 클릭한다. 중독이 따로 없다.

그동안 내가 봐도 참 많이 만들었다. 나무로 만든 집안 세간을 세어본다. 월넛(walnut·호두나무) 자투리를 집성해서 만든 현관 구두주걱 꽂이부터 시작이다. 맞은 편에는 마스크나 상비약을 두는 스프러스(spruce·가문비나무) 3단 수납장이 있다. 거실에는 가로 2m쯤 되는 TV장과 2단짜리 서랍장 2개가 벽 쪽으로 붙어있다. 소파앞 좌탁과 책상 등 거실 가구는 모두 오크(oak·참나무) 재질이다. 스툴(stool)도 4개씩이나 된다. 창호지를 붙인 나무 무드등, 리모컨 꽂이, 필통과 액자도 있다.

구두주걱 꽂이 월넛 토막을 집성해서 만든 받침대. 공방 식구들이 아이디어를 내고 도와줘서 자동차 형태로 받침대를 만들었다.

부엌으로 가면, 편백과 산벚나무 도마 2개, 흑단(ebony) 젓가락, 자작 합판 트레이, 애쉬(ash·물푸레나무) 선반과 이페(ipe) 양념

애쉬 스툴 교육공방에서 배울 때 만든 스툴. 작은 문양의 컵 받침 4개를 의자 상판에 끼워 넣느라 애를 먹었다.

통 선반. 컵 받침, 그리고 식탁 근처에는 캄포(campo·녹나무)로 만든 스텝 스툴이 있다. 안방의 침대와 화장대, 거울도 모두 만든 것들이다. 다른 방에는 비누 DIY에 쓰는 각종 도구들과 재봉 용품을 담아놓은 박스도 보인다.

베란다에는 방부목으로 만든 화분들과 2단 선반이 있다, 그리고 보니 이 글을 쓰고 있는 컴퓨터의 모니터 받침대도 나무로 만든 것이다. 종류나 색깔도 다 다르고, 만듦새도 제각각이지만 작품 하나하나에 쏟았던 열정과 나무의 따스함이 버무러져 집은 내게 둘도 없이 아늑한 공간이 되고 있다.

눈에 콩깍지가 씌인 연인들에게 상대의 좋은 점을 꼽아보라고 하면 자랑이 끝도 없다. 내겐 목공이 그렇다. 나무마다 제각각 향이 있다. 편백나무의 냄새가 좋은 줄은 다 알 것이다. 캄포나무를 다룰 때면 그 청량함이 공간을 가득 채운다. 건조가 덜 된 느티나무를 다루면서는 그 악취에 기겁을 한 적이 있다. 나무들은 또 저마다 다른 성질을 갖고 있다. 만져보면 그 느낌이 다 달라 매번 새롭고 신기하다. 작업중에는 위험이 항상 도사리고 있어 집중해야 하기 때문에 일상의 잡념이 끼어들 여지가 없다. 늘 디자인을 고민하고, 치수에 신경을 써야 해서 뇌의 노화 방지에 도움이 되리라 나름 믿는다. 목공이 매력적인 또 다른 이유들이다.

TV장 오크로 만든 TV 선반과 2단 서랍장. 집성하는 과정에서 면이 잘 맞지않아 상판과 하판의 폭이 줄어들었다.

쇼지(shoji) 램프 쇼지는 일본 전통 가옥에서 흔히 볼 수 있는 나무 틀에 흰 종이를 붙여서 만든 미닫이 문이다.

월넛 필통 미국 목공잡지에 실린 도면을 보고 연습할 목적으로 따라 만들었다.

미국의 한 목공인은 블로그에 목공이 인기있는 이유를 23가지나 꼽았다. 그는 우선 목공을 하면 가구를 만드는 데 큰 돈이 들어가지 않는다고 했다. 대부분 실내에서 작업하고, 계절에 상관없이 연중 작업을 할 수 있다는 것도 이점이다.

장비 사용이나 기술을 항상 배워야 한다. 사실 배우는 것만큼 매력적인 게 또 있을까? 집에서 아이들과 함께 할 수 있다. 돈을 벌 기회가 생기기도 한다. 같은 관심사의 친구를 사귈 수 있다. 인내심을 배우고, 성취감을 느낄 수 있다. 최소 장비로 쉽게 시작할 수 있다. 온라인 자료가 많다. 쉽게 작업할 수 있는 프로젝트가 수백 가지가 넘는다. 집안 일도 척척 할 수 있다 등등.

그의 주장 많은 부분이 공감할 만한 내용이다. 그렇다고 모든 사람에게 목공을 취미로 추천할 수는 없다. 나무 먼지는 호흡기에 문제가 있는 사람에게 치명적이고, 항상 다칠 위험이 존재한다. 목공을 제대로 하기 위해서는 돈도 꽤 들어가고, 시간과 노력을 투자해야 한다.

몇 년전 세상을 휩쓴 코로나 와중에 '보복 소비'라는 말이 등장했다. 상황에 대한 적절한, 재미있는 표현이라고 생각한다. 목공에 대한 내 관심도 어쩌면 '보복 취미'라는 말이 어울리지 않을까 생각한다. 어릴 때는 뭘 만드는 게 두려웠다. 집 근처 부산 국제시장에 '합동과학'이라는 가게가 있었다. 작은 모터가 들어있고 건전지로 움직이는 자동차나 배 DIY 키트를 사서 조립을 하면 결과는 늘 실패였다. 자동차는 움직이지 않았고, 배는 뒤로 갔다. 그 당시의 좌절감은 지금도 기억이 생생하다. 당연히 고등학교 때도 문과였고, 언론사에서 직장생활을 했으니 목공과는 애시당초 상관이 없었다. 그러나 '손으로 생각하기'라는 멋진 책 제목처럼 손을 써서 뭔가 만들어내는 일을 하고 싶은 욕구가 늘 있었다. DIY에 대한 갈증이었다고나 할까. 하여튼 그랬다.

'취목' 12년차. '취목'은 취미로 목공하는 사람이라는 말이다. 시작하면서 무슨 대단한 각오를 했던 것도 아닌데 내 목공시계는 훌쩍 10년이 넘게 흘렀고, 앞으로도 째깍거리면서 계속 제 갈 길을 갈 것 같다.

나는 목공에 관한 한 아직도 자신이 없다. 대패를 밀면 나무가 뜯기기 일쑤이고, 톱과 끌을 써서 하는 도브테일(dovetail) 작업은 번번

캄포 스텝스툴 월넛과 캄포로 만든 스텝 스툴. 부엌 높은 곳에 있는 물건을 꺼낼 때 사용한다.

이 실패해서 아예 엄두도 못내고 있다. 검술에서 칼이 그렇듯, 목공에서는 대패나 톱 같은 도구가 팔의 연장처럼 느껴져야 신세계가 열린다고 하지 않든가. 얼마나 많은 시행착오와 반복 속에서 하나의 기술은 완성되는가. 연습은 완벽을 만든다(Practice makes perfect).

나는 앞으로도 목공을 계속하면서 살 것이다. 대단한 목수가 될 것이라는 생각은 해본 적이 없다. 능력도 따라주지 못한다. 목공은 내게 있어 삶 그 자체이자 일상이다. 그래서 내가 하는 목공도 '생활 목공'이다. 집에 필요한 소품들을 직접 만들고, 선물하기도 하고, 주변의 소소한 맞춤형 주문도 소화해낸다. 이럴 때 나는 보람을 느낀다.

시작하기

목공에 관심을 갖는 사람들이 꽤 많은 것 같다. 낯선 자리에서 자기 소개를 할 때 목공을 하고 있다고 이야기하면 금새 반응이 온다. “주로 뭘 만드세요? 얼마나 되셨어요?” “저도 하고 싶은데 가르쳐 주실 수 있어요?” “만든 거 사진 한번 볼 수 있나요?” 사람들이 찾아와서 질문을 쏟아낸다. 다른 취미도 비슷하겠지만 목공도 시작이 어려운 것 같다. 갖춰야 할 장비도 많고, 기술도 배워야 한다. 무엇보다 작업 공간이 있어야 가능하다. 인터넷 목공카페에서는 아파트 베란다, 화장실에서 나무를 자르고, 집 앞 공터나 놀이터에서 샌딩을 한다는 사람들의 ‘눈물겨운’ 사연을 심심찮게 찾아볼 수 있다. 목공 배우기에 정답이 있겠는가. 지금 목공을 하고 있는 사람들의 이야기를 들이보면 저마다 다 다른 과정을 거쳐서 오늘에 이르렀다. 가장 일반적인 케이스는 공방에 등록해서 어느 정도 배운 뒤, 목공을 계속할 수 있는 공간을 찾아 취미를 이어가는 것이다. 나도 이 경우에 해당한다.

아마 어느 가을, 월요일이었던 것으로 기억한다. 직장 동료들과 점심을 먹으면서 주말을 어떻게 보냈는지 이야기하기 시작했다. 한 사람은 산악자전거를 타고 축령산을 누볐다고 했다. 또 오디오에 조예가 깊은 동료는 스피커를 바꾸러 대전에 갔다 왔다고 했다. 그들의 표정과 어조에 자신감과 만족감이 묻어 나왔다.

이야기 도중에 다른 부서의 누구는 할리 데이비슨을 타고, 또 누구는 주말이면 꼭 아이들과 캠핑을 간다고 했다. 오토바이를 타는 친구는 골프 약속을 하면 골프채를 택배로 먼저 보내고 검은 자켓과 가죽 바지 차림으로 할리를 끌고 골프장에 나타난다고 했다. 부러웠다.

찻잔 받침 교육공방에서 대패연습을 하면서 만든 찻잔 받침(tea coaster). 월넛, 체리, 메이플, 퍼플하트 등 다양한 하드우드를 만져 볼 기회가 됐다. 케이스는 우리나라 나무인 참죽.

그러던 중 2012년 봄. 인터넷에서 우연히 '한국건설생활환경시험연구원(KCL)'이라는 기관에서 목공 DIY과정 참가자를 모집한다는 사실을 알게 됐다. 안전교육부터 수공구 날 연마, 전동공구 실습, 마감까지 인터넷에 올려진 커리큘럼도 훌륭했고 수강료(3만 원)도 아주 저렴했다. 교육 장소는 서울 서초동으로 교통도 편해서 최상의 조건이었다.

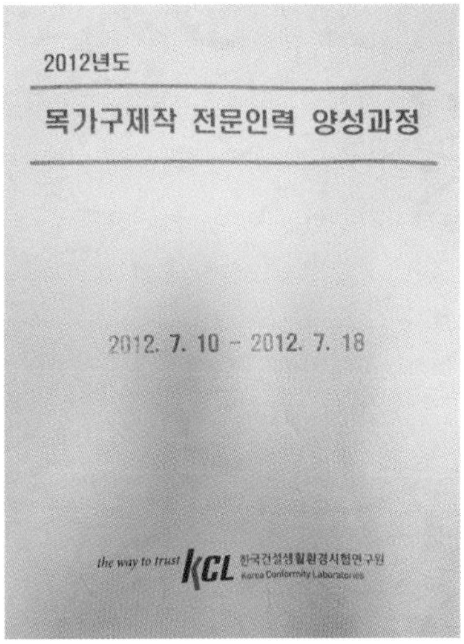

등록하고, 여름 휴가도 교육 날짜에 맞춰 잡았다. 수업은 주말을 빼고 7일간, 오전 10시부터 오후 5시까지 빡빡하게 진행됐다. 목공 경험이 있는 몇몇은 수업내용이 부실하다고 했지만 나 같은 초보자에게는 이론과 실기가 적당히 조합된 더없이 소중한 시간이었다. 실기 과제는 가구제작 기능사 시험에 출제된 적이 있는 '협탁 만들기'였다. 실제로 자격시험에서는 6시간 내에 만들어야 하지만 우리에게는 1주일이 주어졌다. 주먹장, 연귀 맞춤, 관통 장부 등도 흉내 내보고 중간에는 '그무개 만들기'도 했다. 수강생은 40명. 나이도 20대에서 60대까지, 여자도 10명이 넘었다. 짧은 휴식과 점심때는 목공 수다를 떠느라 정신이 없었고, 이어지는 강의와 실습에 푹 빠져 매일 시간이 어떻게 흘렀는지 모를 정도였다.

KCL 목공과정 교재 교육생들에게 제공됐던 70페이지짜리 책자. 디자인부터 목재와 가구제작 기술 등 목공 전반에 관한 내용을 담고 있다.

원래 이 강좌에는 '목공 초급반' 외에도 '바이올린 수리', '카누 만들기' 과정이 함께 있었던 것으로 기억한다. '바이올린 수리'는 근처에 예술의 전당이 있고, 음악 가게들이 많았으니 악

교육 과제 7일 동안 목공의 기초를 배우면서 만들었던 협탁.

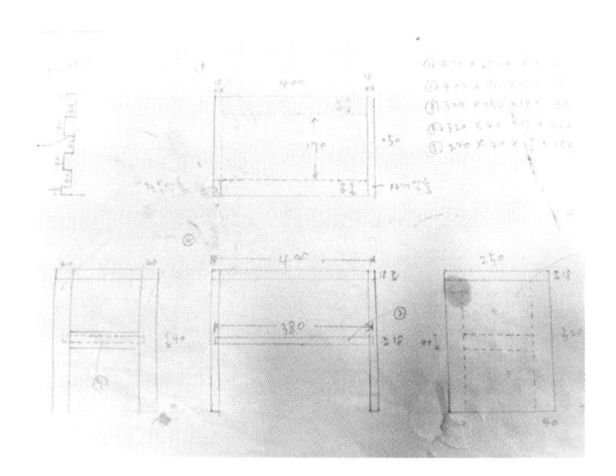

도면 그리기 난생 처음 그려본 가구 도면. 오른쪽 위는 소요되는 나무의 크기와 개수.

기 제작과 수리를 위한 기능인 양성이 목적이었던 것으로 추측한다. '카누 만들기'는 40일 과정으로 교육비가 250만원이라고 들었다. 카누는 승용차 위에 실리는 크기였는 데 다 만들어서 마지막 날에는 한강에서 타보기까지 한다고 했다. 목공 수업을 받으면서 틈틈이 카누 만드는 모습을 구경했다. 몇 년 뒤 당시 친절했던 직원분이 생각나서 KCL에 전화했더니 그 분은 퇴직했고, 그 강좌도 내가 다닌 직후 바로 없어졌다고 했다. 여름휴가와 바꾼 이 일주일의 경험이 내 삶에 이렇게 큰 비중을 차지할 줄은 몰랐다.

'수박 겉핥기'였다고 할 수 있겠지만 나는 KCL 교육의 토대 위에서 목공을 계속했다. 도면이 나와 있던 외국책을 보고 스툴(stool·팔걸이와 등받이가 없는 의자)이나 작은 탁자를 만들기도 했다. 그러나 베란다 목공의 한계는 금방 닥쳐왔다. 집에서 톱질만 해도 내 귀에는 그 소리가 그렇게 크게 들릴 수 없었다.

몇 달 고민한 뒤 공방에 등록했다. 별도의 강의 없이 공방 이용료만 받는 곳이었다. 한 달 이용료는 7만원으로 고개가 갸웃거려질 만큼 싼 가격이었다. 그러나 그 이유는 금방 밝혀졌다.

일단 이 공방에서는 외부 목재반입을 금지했다. 뭘 하나 만들려면 반드시 공방에 비치된 나무를 구입해야 하는 데, 값이 시중가의 3배였다. 목공방의 현실을 어느 정도 알게 된 지금은 이해하지만 당시로서는 납득하기 힘들었다.

공방장 역시 주문 가구를 만드느라 바빴기 때문에 내가 어려움이 있어도 말을 걸기가 조심스러웠다. 3개월 정도 다녔나? 나는 이때만 해도 테이블 쏘를 만지지 못했다. 그래서 나무를 자를 일이 있으면 공방장이나 다른 동료에게 부탁하곤 했다. 공방장은 친절하지 않았고, 목공 초보자는 서러웠다. 여기서 처음으로 스프러스 18t(t는 두께, thickness, 단위는 ㎜)와 삼나무 12t 집성판을 사서 작업해 보았다. 스프러스로는 초등학생이 되는 아이의

유치원생 책걸상 스프러스 18t와 각재를 이용해서 만든 어린이 책걸상. 모양이 엉성하다.

책상과 의자를 만들었고, 삼나무로는 서랍장을 제작했다. 집에서 전철과 버스를 타고 공방까지 가는 데 걸리는 시간은 한 시간여. 오전에 집을 나서고 저녁에 집으로 돌아올 때의 기분은 KCL 때와 크게 달랐다.

내 목공 수업의 세 번째는 그로부터 2년쯤 흐른 뒤였다. 그동안 이사를 했고, 한동안 집에서 뚝딱거렸다. 집에서 작업을 하니 몸이야 편했지만, 부실한 장비에 기본기도 없이 만드는 물건이 퀄리티는 오죽하겠는가.

더 늦기 전에 목공을 제대로 배워야겠다고 생각하고 교육 공방을 찾아서 등록했다. 월 수강료는 60만원. 수강료가 비싼 만큼 시설도 훌륭했고, 교육도 체계적이었다. 공방이 서울에서 꽤 떨어진 곳에 있어서 그런지 수강생은 나 혼자였다. 목공의 꽃이라고 할 수 있는 짜맞춤을 위한 긴 여정이 시작됐다. 하루 내내 톱질만 하고, 대패는 한 달 가까이 수업했다. 기본기를 다잡는 시간이었다. 이어서 테이블 쏘, 자동대패와 수압대패 기계 사용법도 배웠다. 체리, 오크, 월넛 등 여러 종류 하드우드 각재를 대패로 다듬고 집성한 뒤 컵 받침을 만들어 보고, 2m쯤 되는 애쉬 제재목으로는 부엌 선반을 만들었다.

하지만 여기서의 내 목공 수업도 7개월 만에 끝나고 말았다. 대패로 늘 스트레스를 받았지만 중간에 포기한 이유는 나의 조급함, 인내심 부족 때문이었다.

대패는 시작부터 쉽지 않았다. 간단한 도구이지만 제대로 배운 적이 없으니 그전까지는 그저 나무 살을 덜어내고, 긁어내는 수준이었다. 선생님은 늘 대패를 '목공의 기본'이라고 했다.

요즘은 세상이 좋아 온갖 기계들이 다 있으니 목공하면서 손 대패 쓸 일이 별로 없다고 하지만 작품의 완성도를 높이는 것은 결국 대패와 같은 수공구라는 이야기였다. 목공을 할수록 그 말이 실감난다. 하지만 그 당시의 내게 대패는 너무 힘든 상대였다.

애쉬 선반 두 칸짜리 부엌 선반. 짜맞춤 공방 등록 초반에 기초를 배우면서 만들었다.

공방에서 사용하는 테이블 쏘는 독일 알텐도르프(Altendorf)사의 제품이었다. 일반적으로 사용하는 테이블 쏘의 톱날이 직경 10인치(25.4㎜)인데 비해 이 슬라이딩 테이블 쏘는 14인치(35.5㎜) 톱날을 썼다. 덩치가 큰 만큼 묵직하고, 소리도 컸다.

문제는 짜맞춤을 위해 톱날 높이를 정하는 과정에서 발생했다. 현역시절 기계 설계일을 했던 선생님은 철저한 스타일이었다. 예를 들어, 톱날을 4.8㎝로 세팅해야 하면 테이블 쏘를 가동시켜서 허드레 나무로 몇 번 자르면서 톱날 높이를 맞추라고 했다. 기계가 돌아가면 톱날이 정지해 있을 때와 차이가 난다는 이유였다. 그런데 이게 쉽지 않았다. 톱이 정지한 상태에서 4.8㎝로 높이를 맞추고 전원을 켜서 잘라보면 5㎝가 되고, 회전하는 톱날을 조금 내리고 다시 잘라보면 이번에는 4.5㎝가 되는 것이었다.

목공을 할수록 테이블 쏘를 만질 시간은 점점 많아졌다. 그런데 이때마다 나는 고속으로 회전하는 테이블 쏘를 켜놓고 톱날과 10여 분씩 씨름했다. 지금 생각해보면 당시 내가 왜 그리 힘들어 했을까 하는 의문이 든다. 톱날 높이 맞추는 일이 뭐 그리 어렵다고. 아마 대패 일도 있고 해서 중압감 때문이었으리라고 짐작한다. 이 공방에서 제대로 배워서 사방탁자를 만들어 봐야지 하는 당초의 꿈도 접을 수 밖에 없었다. 지금 생각해도 아쉬운 부분이다.

선생님께 공방을 그만 다니겠다고 말하고 나오던 저녁이 생각난다. "이제 알겠지? 여기까지야. 목공, 더 이상 욕심내지 마." 그렇다. "목공은 내가 할 수 있는 만큼 하는 거다." 지금도 같은 생각이다. 나는 또 2년쯤 흐른 뒤, 집 근처 '열쇠공방'을 다녔고 여기서는 다른 회원들이 작업하는 모습을 어깨너머로 보면서 많이 배웠다.

교육공방에서의 경험 때문인지 나는 스스로 '목공에 어울리지 않는다.'고 생각한다. 겸손이 아니라 실제 작업하면서 늘 확인하는 사실이다. 그래도 어쩌겠는가. 목공이 좋은 데.

교육공방을 다닐 때쯤이었다. '우드워커'라는 카페에서 글을 읽다가 전혀 모르는 사람에게 전화해서 "당신의 목공 이야기를 듣고 싶다"고 해서 만난 적이 있다. 밤 10시쯤 경기도 용인의 한 치킨집이었다. 카페에 올라와 있는 이 사람의 수납장은 목공을 시작한 지 1년도 안된 사람이 만든 것이라고는 믿기 어려울 정도였다. 레드오크를 써서 서랍에 나무레일을 달고, 수납장의 앞판은 북 매치로 반복과 대칭을 강조해 전시회 작품으로도 손

색이 없는 수준이었다. 나는 이 수납장의 제작과정보다 이 사람이 어디서 어떻게 배웠는지가 더 궁금했다. 이 사람은 쿨하게 대답했다. “전혀 목공과 상관없이 살다가 최근 분당의 한 공방에서 일주일에 두 번, 8주간 배웠습니다. 공방에서 가르치는 대로 따라 했죠. 그것 뿐입니다.”

결론은 나왔다. 목공을 하겠다고 나처럼 여기저기를 기웃거리면 죽도 밥도 안되는 것 같다. 인천 부평의 나들목 짜맞춤 전수관이면 훌륭한 선택이고, 집 근처의 목공방도 좋다. 공방을 정해서 열심히 그 과정을 따라가는 거다. 목공을 시작했다가 곧 그만두는 경우도 더러 보았다. 의욕적으로 시작했는데 공방에서의 이런저런 불편한 경험이 생각을 접게 만들었다고 했다. 그러나 흔히 하는 소리로 교육생은 원래 서러운 법이다. 평생 취미는 그냥 얻어지지 않는다. 공방장의 까칠한 성격, 공방의 구닥다리 장비, 레슨비 등은 부차적인 문제일 뿐이다. 중요한 것은 결국 자신의 열정과 끈기 아닐까? 배워야 한다.

인터넷 목공카페를 훑어보다 보면 하루짜리 강좌도 자주 열린다. 나도 몇 번 다닌 적이 있다. 목선반 1일 레슨, 사이클론 집진기 만들기 등등. 짜장면 같은 간단한 점심도 제공하면서 2~5만원쯤 받는다. 이런 강좌를 활용하면 목공 입문의 좋은 기회로 삼을 수 있다. 내 경우는 초보때 견문도 넓히고, 궁금한 것도 많이 물어 볼 수 있어서 좋았다.

어디서 할까

인터넷 목공카페를 들여다보고 있으면 “베란다에서 테이블 쏘를 돌려도 되나요?”라는 질문을 가끔 만나게 된다. 젊은 사람들이 목공에 취미를 붙이고, 또 대부분 아파트에 살다 보니 이런 질문이 자주 올라오는 듯하다. 테이블 쏘는 목공 작업의 출발점

자작 합판 좌탁 35t 자작 합판으로 만든 좌탁. 직사각형 다리를 세우면 입식 테이블이 된다. 지름 3㎝짜리 오크 목봉으로 상판과 다리를 연결했다.

이다. 목공이란 게 나무로 뭘 만드는 작업인데, 가장 먼저 하는 것이 치수를 정하고 자르는 일이다. 직선과 사선 자르기, 홈파기 등 다양한 작업을 할 수 있는 테이블 쏘는 초보 목공인의 '소원 목록(wish list)' 1순위다. 내 경우 테이블 쏘에 익숙해지기까지 2년 이상 걸렸고, 이 기계를 장만한 것도 다시 2년쯤 더 지난 후였다. 나 역시 같은 고민을 했던 적이 있다. 그렇지만 누가 나에게 같은 질문을 한다면 나는 "베란다에서 테이블 쏘? 안됩니다. 아파트는 당연하고, 도시에서는 단독주택에서도 소음을 감당할 수 없습니다"라고 대답할 것이다. 시골의 외딴 집 같으면 또 모르겠다.

친구가 경기도 양평에 집 지을 땅을 구입했다고 해서 구경을 갔던 적이 있다. 남한강을 내려다보는 햇살 따뜻한 곳에 자리잡은 이 주택 단지에는 이미 70여 가구가 집을 짓고 살고 있었다. 전원주택이라고 해도 집 담벼락이 맞붙어 있기는 도시와 마찬가지. 한눈에 봐도 목공을 하기는 쉽지 않았다. 마침 그때 단지 200~300m 아래쪽 단독주택에서 기계음이 들려왔다. 영락없이 테이블 쏘 소리였다. 소음은 전원주택 단지는 물론이고, 골짜기를 메아리쳤다. 조용한 곳이어서 그 소리가 더 크게 울려 퍼졌는지 모르겠다. 도시를 벗어나 한가로운 곳에 집을 짓고 목공을 하면 좋겠다는 취목의 로망은 이 순간 산산조각이 났다.

나는 서울의 한 빌라에 살면서 목공을 시작했다. 엉성하게나마 작업대를 만들고 조심스럽게 작업을 했다. 그러던 어느 주말 낮, 2×4(투바이 포라고 읽는다. 각재의 두께와 폭이 2인치, 4인치임을 뜻함. 실제 사이즈는 38×89㎜) 구조목으로 원형 스툴을 만들 때였다.

원형 스툴 일본 책 도면을 보고 따라 만든 구조목 원형 스툴.

뒤집어 본 원형 스툴 톱으로 반턱 맞춤을 하고 나사못을 박았다.

구조목을 40㎝ 길이로 네 토막을 잘라 집성해서 상판을 만들었으니 이젠 원을 딸 차례였다. 지금 같으면 지그(jig·작업을 정확하고 편하게 할 수 있게 도와주는 보조 도구. 반복 작업을 할 때 효과적이다)를 만들어 트리머나 라우터를 돌리던지, 또는 테이블 쏘를 이용하던지 적당한 방법을 찾아보겠지만 당시는 아는 것도 없었고 장비라고는 직쏘 뿐이었다. 다른 방법으로 해도 소리는 '오십 보 백 보'였을 것이다. 기계의 전원을 켰다. 상판 두께가 38㎜가 되니 소음이 꽤 오래 계속됐던 모양이다. 작업이 채 끝나기도 전에 '딩동'하고 현관 벨이 울렸다. 바로 윗집에 사는 할머니였다. "무슨 공사해요? 소리가 하도 커서 무슨 일인가 하고 내려왔어요." 나는 머리만 긁적였다. "의자 만드는 중 입니다." 할머니는 베란다 쪽을 쓱 한번 훑어보더니 웃으면서 "양복 입고 직장 다니는 사람이 이런 재주도 있는 모양이네."라고 하며 돌아갔다. 이후 나는 집에서 직쏘를 사용한 적이 없다. 테이블 쏘는 말 할 것도 없고, 전동 드릴의 소음도 주변에 피해를 주기는 마찬가지다.

인터넷에서 아파트 방 한 칸에 흡음판, 차음판을 둘러 방음처리를 한 뒤 목공을 한다고 자랑하는 사람의 글을 읽은 기억이 난다. 실제로 아파트에서 목공을 하는 '베란다 취목'들이 꽤 많은 것 같다. 톱과 대패는 물론이고, 드릴과 원형톱, 각도절단기까지 사용하는 데 1년여 민원이 없었다는 얘기도 한다. 하지만 베란다 취목은 고달플 수 밖에 없다. 성가신 일도 적지 않다. 낮에만 작업할 수 있고, 바닥에는 요가 매트나 헬스장 매트 등 진동방지를 위한 조치도 해야 한다. 끌도 손으로 미는 밀끌이나 사용할 수 있지, 망치로 때리는 타격 끌 작업은 금새 민원이 들어온다. 작업대 밑에 두꺼운 방진고무를 깔아도 소용이 없다. 소음이 가장 큰 문제이지만 나뭇가루와 먼지는 또 어떡할 것인가. 가족들에게도 신경이 쓰이지 않을 수 없다. 작업을 해도 항상 미안하고, 불안한 마음이다. 아무리 시간을 저녁 5시까지로 정하고, 조심조심 작업을 한다고 해도 베란다 목공은 이내 한계에 부닥친다. 베란다는 원래 물을 사용하는 공간이다. 습기는 나무에 좋지 않다. 배수구를 통해서 소리가 전달된다. 한 여름이면 푹푹 찌는 더위 속에서 창문도 못 열테고, 겨울이면 추위와 싸워야 한다. 무엇보다 목공하기에는 공간이 좁다. 이런 악조건 속에서도 선반과 작업대를 만들고 지금도 꿋꿋이 나무를 만지는 '베란다 취목'의 분투에 존경을 표한다.

나는 2015년 경기도 화성으로 이사했다. 새 집은 '땅콩집'이라고 하면 바로 알아듣는 4층 타운하우스다. 직장 출퇴근이 고생스러웠지만 목공을 하겠다는 욕심에 이사를 감행했다. 필로티 구조라 1층에 여유가 있어 폴딩 도어로 공간을 절반쯤 막아 작업실을 만들었다. 신축 단지여서 옆집이나 맞은 편 집들도 같은 시기에 입주했다. 주변 사람들과 인사를 나누면서 목공을 해서

작업실 초반 모습 타운하우스 1층에 작업실을 처음 마련했을 때의 모습. 기계라고는 밴드 쏘(창문 왼쪽)와 드릴 프레스가 전부다. 주말 목공을 계속하면서 공간은 금새 좁아졌다.

조금 시끄러울 거라고 양해도 구했다. 그리고는 도마를 만들어 하나씩 선물했다. 입막음이고, 뇌물이었다. 이웃과의 우호적인 관계는 꽤 오랫동안 지속됐다. 단지에서 소문이 나니 주민들이 집에서 쓰던 가구를 고쳐달라고도 했고, 구경하러 오는 사람도 있었다. 밴드 쏘를 처분하고 테이블 쏘를 들인 것도 이 무렵이었다. 그러던 어느 토요일 오후. 열심히 샌딩을 하는 데 경비실에서 전화가 왔다. 너무 시끄럽다고 항의가 들어왔다는 것이다. 곧바로 작업을 중단했다. 내가 좋아서 취미로 하면서 다른 사람에게 피해를 줄 수는 없지 않겠는가.

그 후 몇 달 목공을 쉬었다. 그러나 배운 도둑질이 어디 가겠는가? 몸과 마음이 한꺼번에 아우성을 치는 것만 같았다. 그리고 오래전부터 봐두었던 집 근처 열쇠 공방에 등록했다. 열쇠

타운하우스 작업실 테이블 쏘와 수압대패, 자동대패가 좁은 작업실을 가득 채우고 있다. 작업을 시작하려면 시간을 들여 공간 정리부터 해야 했다.

공방은 가르쳐 주는 일은 없고, 공방에 있는 기계장비들을 쓰면서 회원들이 각자 알아서 작업을 하는 시스템이다. 나사못이나 샌딩 페이퍼, 오일 등 소모품은 자기 것을 사용한다. 열쇠 공방은 본래 뜻이 맞는 회원들끼리 돈을 모아 공방을 꾸미고 열쇠를 하나씩 갖고 자유롭게 작업하는 형태로 출발했는데 지금은 회비를 내고 이용하는 식으로 바뀌었다.

주변 눈치를 보지 않고 작업할 수 있는 공간이 생기니 '숨을 쉴 수 있을 것' 같았다. 수납장을 만들면서 손으로 툭 치면 서랍이 저절로 닫히는 댐핑(damping) 언더 레일을 처음 달아본 것도 여기서였다. 레일을 달 때마다 신경이 쓰이지만 처음 하는 작업이라 될 듯 될 듯 일이 쉽게 끝나지 않아 밤 11시까지 씨름했다. 불편한 점도 없진 않았다. 특히 주말에 4~5명이 동시에 작업을 하면 정신이 하나도 없었다. 한쪽에서는 테이블 쏘, 다른 쪽에서는 샌딩과 라우터 작업 등을 할 때면 공방은 소음과 먼지로 범벅이 됐다. 또 여러 사람이 작업을 하다 보니 동선이 겹칠 때도 종종 있었다. 내가 테이블 쏘의 톱날을 세팅한 뒤 잠깐 자리를 비운 사이에 다른 회원이 이 기계를 차지하고 작업을 시작했을 때는 짜증과 허탈감이 동시에 밀려왔다.

욕심은 끝이 없는 법인가. 나는 퇴직후 2021년 봄 아예 개인 작업실을 계약했다. 주소는 안양시 호계동. 평촌 먹자골목에서 그리 멀지 않은 빌라촌의 지하 1층이었다. 다른 취목 한 사람과 40평 공간을 나눠쓰면서 월세 부담을 줄였다. 우리가 입주하기 전에는 그 자리에 싱크대 공장이 있었다고 했다.

실제로 내가 사용했던 공간은 15평 남짓. 하지만 오롯이 내 공간이었던 만큼 '목공 천국'이 따로 없었다. 외국 남자들의 동굴(Men's cave)이니 헛간(Men's shed)도 부럽지 않았다. 작업실을 꾸미면서 가장 먼저 한 일은 선반과 작업대 만들기. 구조목과 태고합판을 써서 큰 선반 2개를 만들었다. 작업대도 큼지막하게 새로 만들어 작업실의 한복판에 배치했다. 또 작업실이 칙칙해 보일까 봐 합판 작업대 위에 빨강-노랑-검정색 멜라민 판(melamine board)을 붙여 나름 모양을 냈다. 멜라민 보드는 열에 강하고 깔끔한 느낌을 주는 얇은 플라스틱판. 한때 국내에서 유행했던 호마이카(Formica) 가구의 상판이라고 하면 이해가 쉬울 것이다. 그동안 작업대 서랍속에 들어있었던 공구들도 스페이스월(space wall)을 활용해서 걸어놓으니 찾기 쉽고 세상 편했다.

개인 작업실이 생겼다는 구실로 평소 갖고 싶었던 각도절단기(슬라이딩 마이터 쏘)도 구입했다. 얼마 지나지 않아서는 200kg이 넘는 테이블 쏘도 갖다 놓았다. 친구들까지 불러 모두

책꽂이 천연 방부목 이페(ipe)라는 나무로 만든 작은 책꽂이.

남자 5명이 지하 1층으로 운반했다. 내려놓는 데에도 이렇게 힘든 데 혹시 작업실을 옮기거나 접을 때 이 무거운 놈을 어떡할지 도무지 대책이 서질 않았다. 정작 앞으로 더 큰 문제는 작업의 퀄리티다. 그동안은 장비 탓이라도 했는데 이제 도망갈 구멍이 없어졌다. 1년쯤 뒤 평촌 생활을 청산하고, 친구가 제공한 경기도 화성의 한 창고로 살림을 옮겼다.

퇴직해서 백수 생활을 하고 있지만 작업실이 있으니 주중에는 오전에 출근하고, 저녁에 퇴근한다. 퇴직 후 CNC 기계까지 들여놓고 다양한 작업을 하면서 지내는 후배가 썰렁한 소리를 했다. 백수는 하얀 손이 아니라, 백 개의 손이라고. 손으로 백 가지 프로젝트를 하는 사람이라고 했다. 그 말을 들은 뒤 나는 내 손으로 과연 몇 가지나 할 수 있나 세어보기도 했다. 이야기가 자꾸 딴 곳으로 새고 있다. 요약하자. 목공을 하겠다면 공방을 정해서 할 것. 집에서는 안 된다.

재료 선택

대패와 톱, 끌 같은 기본 장비를 마련하면 목공을 할 준비는 일단 된 셈이다. 일반적으로 목공에 입문하는 계기는 집안의 필요에 의해서다. 식탁 의자가 헐거워져서 손을 봐야 한다든지, 아이들 책꽂이를 만들어 준다든지 경로는 다양하다. 남자아이 둘을 키우는 젊은 아버지는 이층 침대를 만드는 야심 찬 계획을 세우고, 어떤 이는 베란다 화분대 만들기에 도전한다. 비록 소소한 작업이라 할지라도 전동 드릴의 필요성을 느끼고, 나사못을 구하기 위해 철물점을 찾고 인터넷을 뒤지면 그 과정 차제가 바로 목공인 것이다.

이제 어떤 나무로 작업할 것인가 하는 문제에 부닥친다. 우리가 주변에서 쉽게 만나는 재료들은 MDF나 PB, 또 합판과 구조목이다. MDF는 Medium Density Fibreboard(중질 섬유판)의 약자로 고운 톱밥을 접착제와 섞어 압착한 판재다. PB(Particle Board)는 네이버 사전에 따르면 '목재를 잘게 조각내 접착제로 붙여 굳혀서 만든 건재(建材)'라고 되어있다. 건재는 건축자재라는 말이리라. 아파트에 붙어있는 대부분의 가구들은 MDF나 PB

로 만들어 진 것들이다.덩치가 큰 장롱을 비롯해서, 싱크대, 부엌 수납장, 책장 등은 MDF나 PB를 재료로 표면을 코팅 처리해서 만든 것이다. MDF나 PB는 가격이 저렴하다는 것이 가장 큰 강점이다. PB는 MDF에 비해 더 싸다. 월넛이나 오크 같은 하드우드에 비하면 값이 10분의 1이나 될까. 공장에서 두께별로 규격화해서 대량생산되니 구하기도 쉽고, 작업하기도 편하다. 그러나 MDF나 PB로 작업을 하다보면 그 톱밥 가루 냄새가 고약하다. 접착제 등에 함유된 유해물질의 냄새다. 표면처리가 되어있다고는 하나, 몸에 좋을 리가 없는 것이다. MDF나 PB는 습기에 취약하다. 공방에서 MDF나 PB를 보관하다 보면 장마철에는 어김없이 눅눅해지고, 곰팡이까지 피는 경우를 경험한다. MDF나 PB는 강도면에서도 나무에 비해 그렇게 튼튼하지 못하다. 그렇다 보니 작업실에서 힘을 덜 받는 허드레 박스를 만들 때나, 가끔 지그 제작을 위해 사용할 따름이다. 이 같은 이유로 집에서 쓸 가구의 재료로는 잘 사용하지 않는다. 나무에 약품처리를 한 방부목으로 뭔가를 만들어도 실내에 들여놓지 않는 것과 같은 이유다.

내가 가구를 만들어 보겠다고 도전한 첫 과제는 콘솔(console·벽에 붙여 사용하는 탁자)이었다. 가로 70㎝, 세로 25㎝, 높이 75㎝쯤 되는 작은 테이블이라고나 할까. 당시 짜맞춤은 엄두도 못 냈고, 가로, 세로, 수직 방향으로 체결할 보조 도구도 없었기에 그냥 나사못으로 연결하는 수준이었다. 한동안 가구전시회니 리폼 박람회 같은 곳을 돌아다니면서 한 토막, 두 토막 얻어온 나무(방부목 조각 포함)들로 얼기설기 상판을 구성했다.

첫 작품 목공을 시작하고 처음으로 만든 협탁. 얻어오고 주워 온 나무 조각들을 붙여서 만들어 '퀼트 협탁'이라고 이름을 지어주었다.

평상형 침대 구조목으로 4개의 작은 평상을 만들어 이어붙인 침대. 헤드 보드의 알판은 편백 루바를 사용했다. 튼튼해서 지금까지 잘 쓰고 있다.

또 건재상에서 구조목 1×4(19×89×3600㎜) 판재를 하나 사서 두 토막을 내고 웃돈을 주고 한쪽을 폭 1㎝ 길이 방향으로 켜 달라고 부탁했다. 이 쫄대는 상판의 테두리가 됐다. 다리는 버려진 가구에서 각재를 뜯어내 대패로 엉성하게나마 흉내를 냈다. 허접한 협탁이지만 오일도 하도와 상도를 바르는 등 나름대로 공을 들였다. 처음 만들어서 그런지 지금도 애착이 간다.

이후 나는 한동안 버려진 나무들을 찾느라 여기저기를 헤맸다. 당시 살던 집 근처에 LG 전자제품 대리점이 있었는데 여기서는 현수막을 종종 내걸었던 모양이었다. 점포 뒤에는 가로세로 3㎝, 길이가 70~80㎝쯤 되는 각재가 여러 개 버려져 있었는데 현수막 천 조각과 호치키스 핀이 나무에 남아있고, 더러는 흙도 묻어있었다. 직원한테 허락을 받은 뒤 흐뭇한 마음으로 이 나무토막들을 집으로 안고 갔던 기억이 난다.

밥솥 수납장 소프트우드 집성판으로 만든 밥솥 수납장. 나무 색이 단조로와 붉은 빛이 도는 하드우드 파덕(padouk) 봉을 양쪽에 끼워 포인트를 줬다.

콘솔을 만들고 나니 자신감이 생겨 자꾸 뭔가 다른 것을 만들고 싶었다. 주워온 나무들로는 한계가 있었다. 그래서 구조목 쪽으로 눈을 돌렸다. 구조목은 말 그대로 건물의 구조를 이루는 나무인데, 보통 목조주택에서 골조를 이루는 나무를 지칭한다. 구조목은 용도에 따라 규격이 정해져 있다. 전량 외국에서 수입되긴 하지만 워낙 대중적인 자재이다 보니 가격도 크게 비싸지 않았다. 그러니 목공에 갓 입문한 나 같은 사람

캄포 탁자 캄포 슬라이스(나이테가 보이도록 나무를 얇게 썬 것)와 로즈우드(rosewood) 봉으로 만든 작은 탁자. 나무 문양이 마치 강아지 얼굴 같다.

에게는 아주 매력적인 자재였다.

주로 소프트 우드로 만들어지는 구조목은 수종이 여러 가지다. 북미와 유럽의 레드 파인, 뉴질랜드의 라디에타 파인(radiata pine), 러시아의 사스나(sosna) 등은 소나무들이다. 스프러스(spruce)는 우리나라의 가문비나무로 소나무보다 색이 밝고 목질은 더 무른 편이다. 또 구조목에서는 SPF라는 단어도 알아둘 필요가 있다. SPF는 Spruce-Pine-Fir(전나무)의 앞 글자로, 이 나무들이 뒤섞여 자라는 숲에서 한꺼번에 벌목해서 생산한 구조목이다.

현장에서는 구조목을 2×4, 2×6, 2×8, 2×10으로 적고, '투 바이 포', '투 바이 식스', '투 바이 에잇', '투 바이 텐'으로 부른다. 구조목의 가장 큰 생산-소비 시장인 북미의 규격이 세계적으로 적용되기 때문에 단위는 인치/피트이다. 2×4는 2인치×4인치라는 표현이지만 나무를 재어보면 정확한 치수는 38×89㎜다.

1인치는 25.4㎜, 2인치는 50.8㎜, 4인치라면 101.6㎜다. 2×4라면 50.8×101.6㎜라야 하는 데 왜 38×89㎜일까 하는 의문이 들 법하다. 하지만 이것은 건조와 대패작업 등 가공과정에서의 손실을 반영한 국제적인 규격이니 받아들일 수 밖에 없다. 2×6는 38×140㎜. 2×8는 38×184㎜, 2×10는 38×235㎜. 길이는 3600㎜가 일반적이다.

구조목으로 재료를 정하고 나니 마음이 한층 가벼워졌다. 건재상은 집 근처에서 어렵지 않게 찾을 수 있었다. 어느 날은 퇴근길에 2×4 3개를 사서 끙끙대며 집에 들고 왔던 적도 있다. 저녁이긴 했으나 여름이어서 땀도 꽤 흘렸다. 사람들과 어울려 목공 얘기를 할 때 내가 가끔 털어놓곤 하는 무용담(?)이다.

인터넷과 외국 잡지들을 뒤져서 다음 '작품'에 도전했다. 뭘 만들 것인가? 정하기가 쉽지 않았다. 인터넷 덕분에 요즘에는 조금만 수고하면 도면을 어렵지 않게 구할 수 있다. 그런 도면에는 각 부분의 치수까지 친절하게 표시되어 있다. 그렇지만 초보 취목에게는 제대로 된 장비가 있을 리 없고 기술도 부족하다. 그렇다 보니 내가 가진 도구, 내 능력과 기술이 받쳐주는 한도 내에서 작업대상을 골라야 하는 어려움이 따랐다. 여러 가지 두께의 나무가 필요한 작품도 제외될 수 밖에 없었다. 가공할 방법도 없거니와 얇은 나무는 어디에서 구해야 할 지 몰랐기 때문이다.

자작 합판을 쓰기로 한 것은 이 무렵이었다. 인터넷 목공 카페에서 평판이 좋은 인천의 한 업체를 찾아가서 자작 합판을 구입했다. 이 업체에서는 6t, 9t, 12t, 18t 등 두께별로, 또 적당한 크기를 낱개로 살 수 있었다. 나는 이곳에서 폭이 좁은 판재도 몇 묶음 함께 구입했다. 이 판재는 두께가 10~12t, 폭이 10㎝, 길이는 1m20㎝짜리로 10장이 한 묶음이었다. 우리가 아는 자작 합판과는 달리 적층한 단면이 크게 노출된 마구리면 판재로, 아마 외국에서 수입하면서 기성품을 만들고 남은 자투리를 같이 들여 온 모양이었다. 상품으로 준비한 자재가 아니었던 만큼 판재의 두께와 폭도 저마다 조금씩 차이가 있었다. 가격도 아주 쌌던

3단 서랍장 목공을 시작하고 처음 만들어 본 3단 서랍장 세트. 장비가 없어서 자르고 켜는 작업도 힘이 들었다.

것으로 기억한다. 이 자작 합판 마구리면 판재는 나무 구입에 어려움을 겪던 초보 취목에게 횡재나 다름없었다. 그 때 나는 공구함으로 쓸 3단 서랍장을 두 개 만들고 싶었는데 타이밍도 기가 막히게 들어맞았다. 서랍장의 상판과 옆판 등은 모두 이 판재를 6㎜짜리 목심으로 집성했다. 처음 하는 집성이니 쉬울 리가 없었고, 두께 맞추기도 만만치 않았으나 그런대로 재미는 있었다. 하지만 늘 판재의 단면을 매끄럽게 다듬는 숙제가 남았다. 대패로 단차를 잡고 샌딩도 몇 번씩 반복해야만 했다. 고역이었다. 이 판재들은 나중에 작은 책장과 화장대를 만드는 데도 사용됐다. '목공 지능'이 낮았던 탓에 몸이 고생했다고나 할까. 다른 사람에게는 권하고 싶지 않은 뻘짓이었다.

집성판 작업테이블 소프트우드 집성판과 각재로 만든 테이블. 미술 화실에서 작업대로 사용중이다.

자작 합판을 구하고 싶을 때는 항상 이 업체를 이용했다. 35t 두꺼운 자작 합판으로는 좌탁을, 18t로는 수납형 박스도 몇 개 만들었다. 그러나 시간이 흐르면서 자작 합판은 예전만큼 사용하지 않게 되었다.

구조목과 자작 합판에 이어 다음은 소프트우드 집성판이다. 공방에서 처음으로 18t짜리 스프러스 집성판 원장(1220×2400㎜)을 구입했다. 공방장은 혼자서 들기에도 버거운 놈을 테이블 쏘에 올려놓은 뒤 내게 치수를 부르게 하고 재단했다. 가로 80㎝, 세로 60㎝같은 판재 만들기는 톱날이 두세번만 지나가면 끝이었다.

집성판의 장점은 자작 합판과 거의 다를 것이 없다. 공장에서 출고된 것이니 집성 부위의 단차를 신경 쓸 이유도 없었고, 샌딩도 크게 힘들지 않았다. 나무 수축이나 변형도 크게 없는 편이다.

집성판도 나무 종류나 두께가 다양하니 목적에 따라 구입해서 사용하면 된다. 나는 높이가 2m30㎝가 되는 책장을 만들 때 18t와 24t 자작나무 집성판을 사용했다. 레드파인 등 소나무 계열의 집성판보다는 겉모양이 깔끔해 선호하는 편이다. 또 휴지 박스

사이드 테이블 딱딱한 오크 판재에 구멍을 파고, 쐐기를 붙여 작은 테이블을 만들었다. 미국 잡지를 참조했다.

오크 사이드 테이블 도면 미국 목공잡지에 실린 Arts & Crafts 스타일의 사이드 테이블 도면.

같은 소품을 여러 개 만들 때는 미송 12t 집성판을 애용한다. 집성판을 구입한다는 것은 무게와 크기 때문에 취목으로서는 망설여지는 부분이다. 하지만 재단 서비스나 운반 비용을 다 합쳐도 시중에서 파는 기성품보다는 훨씬 튼튼하고, 돈도 적게 들어간다. 용기를 갖고 도전해볼 만한 일이다.

소프트우드를 다루다 보면 점점 욕심이 생겨 하드우드 쪽으로 눈길이 갈 수밖에 없다. 깨끗하게 샌딩을 하고, 오일을 발라놓았을 때 하드우드의 느낌과 촉감은 새로운 세상이다. 하지만 하드우드는 가격이 만만치 않다. 그리고 제대로 된 기계 장비가 없이는 가공에 애를 먹는다. 그동안 목공을 하면서 내가 만져 본 하드우드는 월넛, 오크, 메이플 등 손에 꼽을 정도다. 월넛으로는 책장, 오크로는 TV 스탠드와 책상, 애쉬로는 선반, 메이플과 체리로는 도마를 만들었다. 양념통 선반과 책꽂이는 이페(ipe), 좌탁을 만들면서 로즈우드 쫄대를 써 봤고, 다리는 붉은 빛이 도는 파덕(padouk)과 캄포(campo) 각재를 집성해서 만들기도 했다.

목공에 입문하자마자 월넛같은 하드우드로 작업을 할 수도 있다. 그러나 그것은 욕심이다. 하드우드를 다루기 위해서는 테이블 쏘와 라우터 등 기계 장비에 익숙해야 하고, 대패나 끌같은 수공구도 다룰 줄 알아야 한다. 어느 정도 기술에 자신이 붙었을 때 도전해도 늦지 않다.

나무는 용도에 맞게 선택하면 된다. 음악을 좋아해서 서재에 둘 오디오 랙을 만든다고 가정해보자. 이 때는 MDF나 일반 합판을 쓸 순 없을 것이다. 또 강아지 집을 만들면서 비싼 하드우드를 쓸 사람은 없을 것이다. 중요한 것은 주머니 사정이겠지만 형편에 맞게, 쓰임새에 어울리는 나무를 정하면 된다. 목공을 시작한지 얼마 되지 않은 후배가 “어떤 나무를 쓸까요?”하고 물어본다면 나는 소프트우드 집성판을 추천하겠다. 이 집성판으로 가구를 만들면 ‘원목 가구’다. 목공을 계속 하다보면 언젠가 하드우드를 만지겠지만 소프트우드 집성판은 전업 가구 작가에게도 충분히 제값을 하는 훌륭한 소재다.

나무 구입

목공을 시작한 사람들이 초반에 가장 어려움을 느끼는 것이 바로 이 '나무 구입'이다. 인터넷을 열심히 뒤져서 가격 비교를 하지만 처음 하는 일이다 보니 어딘지 어설프다. 어렵게 주문해도 정작 집에 온 나무가 마음에 들지 않는 경우가 태반이다. 그래서 직접 발품을 팔아본다. 구조목은 길이가 3m60㎝이다. 승용차에 실리지 않는다. 몇 개만 필요한 데 비싼 배달비를 주고 용달차를 부를 수도 없는 노릇이다. 재단비는 또 왜 이렇게 비싼지 이해가 안된다. 이게 하드 우드로 넘어가면 더 정신이 사납다. 사이즈도 제각각이고, 가격도 다 다르다. 어디서 사야 할지 전혀 감이 안 잡힌다.

자, 이제 차근차근 해법을 찾아보기로 하자. 나무 구입의 첫 번째 경로는 역시 인터넷이다. 나 역시 인터넷 홈페이지를 보고 나무를 샀던 적이 있다. 정해준 치수대로 재단해서 택배로 집까지 보내준다. 이렇게 편할 수가 없다. 하지만 문제는 가격이다. 나무 값도 싸지 않은 데다 재단비에 택배비까지 붙으니 편한 만큼 높은 비용을 감수해야 한다. 인터넷으로 구매했던 사람들은

'나무의 상태가 (사진과는 달리) 안 좋았다'거나 '요청했던 치수와 다르게 재단이 되어서 왔다'는 등의 불편했던 경험들을 이야기 한다. 그런데 간혹 자신이 치수를 잘못 계산하고 주문을 했다가 뒤늦게 작업중에 뭐가 잘 안맞는다는 사실을 알게 되는 황당한 사태가 벌어지기도 한다. 취목 초보가 인터넷을 통해 나무를 살 때 간혹 발생하는 일이다. 이 경우에는 디자인을 전면 수정하거나, 나무를 다시 주문하는 것 외에는 다른 방법이 없는 것이다.

다음은 집 근처 건재상이다. 나는 지금도 MDF와 합판, 구조목을 사러 건재상을 찾아간다. 집 근처라 해도 물론, 차를 끌고 가는 경우가 대부분이다. MDF와 합판은 여러 가지 두께 중에서 필요한 것을 고르면 된다. 취목이 주로 쓰는 것은 18t로, 15t 12t 9t 등이 있다. 또 서랍 밑판용으로 6t나 4.5t가 필요할 때도 있다. 규격화되어 있어 구하기도 쉽고 가격도 엇비슷하니 크게 고민할 일이 없다. 건재상을 들렀다면 이 가게에 비치된 상품들을 눈여겨 봐두라고 조언하고 싶다. 낙엽송 합판은 두께 몇 ㎜짜리가 있는지, 또 월넛 합판이나 오크 합판은 있는지, 나사못은 사이즈 별로 어떤 것을 비치하고 있는지 등등. 앞으로 계속하게 될 자신의 작업에 많은 도움을 줄 것이다. 건재상이 어느 정도의 규모를 갖추고 있다면 소프트 우드 집성판도 어렵지 않게 구할 수 있다.

내 경우, 목공을 전혀 모르던 시절 스피커 박스를 만드느라 MDF 18t 한 장이 필요했다. 이미 청계천에서 8인치짜리 풀레인지 유닛을 사 두었고, MDF가 소리 울림에 좋다는 글을 어디선가 읽었기에 한번 해보자는 마음에서 집을 나섰다. 건재상에는

첫 번째 스피커 MDF에 월넛 무늬목을 입혀서 만든 스피커. 서클 커터(circle-cutter)를 드릴에 끼워 8인치 구멍을 따냈다. 이 스피커 만들기가 목공 입문의 계기가 됐다.

2-way 스피커 첫 시도의 성공에 고무돼 2-way 스피커에 도전했다. 회사의 한 음악 매니아는 사진을 보자마자 고음을 담당하는 트위터(tweeter)의 위치가 잘못됐다고 지적했다.

60대 중반의 부부가 한가롭게 앉아있었다. “MDF 한 장만 사도 되나요?” “그럼요.” “그리고 잘라주실 수도 있어요?” “재단비 조금 포함 시킬께요.” 옆에서 아주머니가 물어본다. “뭐 하실 거예요?” “예, 스피커 통을 한번 만들어 볼라고요.” “재미나겠네요.” 주인 부부는 원장을 맞들고 나와서 테이블 쏘로 잘라주었다. 2만5000원쯤 줬던 것 같다. 10년쯤 전의 일이다.

하지만 나무를 계속 사러 다니면서 첫 건재상의 친절했던 기억은 점점 옅어져 갔다. 건재상의 일상적인 풍경을 한번 살펴보라. 물건을 사러 오는 사람들은 대부분 1t짜리 트럭을 갖고 온다. 사는 것도 합판, 구조목, 방부목, 석고보드 등 한 차 가득이다. 규모가 큰 건재상에서는 보통 데스크 직원들이 주문을 받고, 전표를 내주면서 기계적으로 업무를 처리한다. 바쁜데 쭈뼛거리면서 한 두장을 주문하는 취목에게 귀 기울일 여유가 없는 것이다. 나 역시 이젠 이런 분위기에 익숙해졌다.

문제는 재단비다. 트럭이 없는 이상 이 재단 서비스를 이용할 수 밖에 없다. 초보때 구조목으로 평상형 침대 만들기에 도전했다. 내가 찾아간 곳은 규모가 꽤 큰 인천의 홈 센터. 더블 침대에 헤드보드까지 만들려니 나무가 꽤 많이 필요한데 가격이 괜찮아서 여기를 택했다. 나름대로 꼼꼼하게 치수를 적어온 노트를 보여주면서 재단을 부탁했다. 총 컷 수는 76개였지만 89㎜, 140㎜ 구조목을 툭툭 자르기만 하면 되는 일이었다. 직원은 재단비가 너무 많이 나와 미안했는지 6만원만 달라고 했다. 각도 절단기나 테이블 쏘를 사야겠다고 그때 마음먹었던 것 같다.

요즘도 재단서비스를 이용할 때가 있다. 승용차에 레드파인

월넛 무늬목 CD장 저렴한 코아 합판에 월넛 무늬목을 붙여 CD장을 만들고 있다. 폭이 좁은 에지와 마구리 면에 무늬목을 붙이는 게 쉽지 않았다.

같은 소프트우드나 합판을 실을려면 원장을 삼등분, 혹은 차에 들어갈 크기로 자를 수 밖에 없다. 최근에는 한 컷에 2,000원을 달라는 곳도 있다. 하지만 부득이한 경우를 제외하고는 대개 내 손으로 자른다. 직쏘나 원형톱 같은 장비를 갖고 다니며 건재상 한쪽 구석에서 차에 실을 수 있도록 대충 잘라서 가져온다. 나는 구조목이나 합판이 조금 많이 필요할 때는 경부고속도로 안성 부근의 '빌드매니아'라는 곳을 주로 이용한다. 가격이 다른 곳에 비해 저렴한 편이다. 품질은 크게 기대하지 않는 편이 좋다. 안양에 있는 '대산 우드랜드'도 가끔 이용한다. 이곳에서는 나무를 잘라주시는 분이 항상 웃는 얼굴이고 친절하다. 그래서 갈 때마다 기분이 좋다. 둘 다 규모가 큰 건재상이다.

하드우드로 오면 이야기가 좀 어려워진다. 목공하는 사람들끼리 하는 말이 있다. "인천은 목공의 메카"라고. 인천에는 나무 파는 곳이 수없이 많다. 하드우드 대부분이 수입품이다보니 지리적으로 하역과 보관, 운송이 유리해서 그럴 것이다. 수도권에서 하드우드 공방을 운영하는 사람들은 대부분 인천의 업체 한두 곳을 단골로 정해두고 있다. 하지만 취목의 입장에서는 사용량이 많지 않으니 단발성 거래를 할 수 밖에 없다. 나는 월넛이 필요해서 인터넷 목공카페 '우드워커'에서 평이 좋은 인천의 '털보우드'를 이용한 적이 있다. 서재 한쪽 벽을 가득 채울 책장이었고, 선반의 폭이 27㎝가 되어야 했기에 몇 장 집성과 3면 대패를 부탁했다. 내가 주문한 수량은 100재. 나무값이 120만원(2016년 가격이다), 추가 작업으로 40만원이 더 들었다. 직접 찾아가서 내가 할 작업을 충분히 설명했던 터라 나무를 받고 전혀 불만이 없었다. 최근에는 애쉬 탄화목을 구입하느라 인천 북항 목재단지에 있는 태영팀버를 소개받았다. 점심시간에 찾아갔더니 직원들 식사를 넉넉하게 시켰다며 같이 먹자고 해서 밥도 얻

방부목 화분 집 근처 공사현장에 버려진 방부목 토막을 주워와서 화분을 만들었다. 벤치는 목공 초창기에 만들었던 테이블을 해체한 자재를 재활용했다.

구조목 식탁 구조목과 자작 합판으로 만든 식탁. 인터넷을 보고 만들었지만 얼마 후 해체했다.

월넛 책장 선배 집 서재 한쪽 벽을 가득 채운 월넛 책장. 구조는 단순했으나 덩치가 커서 고생을 많이 했다.

어먹었다. 체리와 메이플, 월넛을 사느라 다시 찾아가기도 했다. 언제 찾아가도 기분이 좋은 곳이다. 태영팀버 맞은 편에는 SK우드라는 곳이 있다. 합판이나 다루끼, 구조목을 살 때는 늘 여기를 이용한다. 가격도 싸고, 나무도 좋은 편이다. 젊은 시절 나무회사에 다닐 때 북중미 카리브해 기니라는 곳에서 근무했다는 사장님은 내가 어려움을 호소할 때마다 소매를 걷어붙이고 직접 나서서 해결해주신다. 내겐 목공 멘토같은 분이다.

여기서 100재의 '재'라는 단위에 대해 짚고 넘어가자. 나중에라도 하드우드를 다루면 꼭 알아두어야 할 용어이기 때문이다. 하드우드를 거래할 때는 꼭 '재' 혹은 '사이'라는 말을 쓴다. 아직도 현장에서는 재(才)보다는 일본말인 사이(さい)가 더 많이 쓰이고 있다.

재(사이)는 나무의 체적을 표기하는 척관법(尺貫法) 단위다. 우리도 미터법 도입전까지는 이 한자식 도량형 단위를 써 왔다.

척관법은 쌀 한 되, 32평 아파트 등 아직도 실생활에서 많이 쓰이고 있다. 길이는 척(尺), 무게는 관(貫), 양은 승(升·되), 넓이는 평(坪) 등이 척관법의 주요 단위다.

척관법에 따르면 1 재(사이)는 1치(가로)×1치(세로)×12자(길이)다. 미터법으로 환산하면 1치(寸)는 30.3㎜, 1자(尺)는 303.03㎜. 12자는 3636㎜이다. 결국 1재(사이)는 30.3×30.3×3636㎜ =3338175.24㎣(세제곱 밀리미터)가 된다. 복잡한 듯 보이지만 이 '3338175'라는 숫자를 기억하면 목재 부피 계산은 어렵지 않게 할 수 있다.

그럼 예제를 하나 풀어보자. 가로세로 10㎝에 길이 2m짜리 목재가 있다. 이 나무는 몇 재(사이) 일까? 우선 이 계산에서 사용하는 단위는 모두 ㎜라는 사실을 염두에 둬야 한다. 그러니 100×100×2000=20,000,000㎣. 이걸 3338175로 나누면 5.99가 나온다. 6재(사이)라는 이야기다.

인천 한 업체의 단가표를 보자. 두께 4/4인치(2.54㎝) 제재목의 1재당 가격(2023년 12월 번들가 기준)이다. 애쉬 6,100원, 레드 오크 6,200원, 하드 메이플 10,000원, 체리 7,500원, 월넛 21,000원. 코로나 사태를 거치면서 목재값이 엄청나게 올랐다. 6재(사이)라면 월넛으로는 12만원이 넘는다. 하지만 하드우드의 가격은 단순히 재(사이)로만 매겨지지 않는다. 두께나 무늬 등도 가격에 크게 영향을 미친다. 재(사이) 계산을 할 줄 알면 하드우드를 사기 위해 어느 업체하고도 대화를 할 준비가 된 셈이다. 대부분의 하드우드는 100재가 최소 단위이고, 기본으로 100재를 구매하면 다른 수종을 50재도 살 수 있게 하고 있다.

액자 월넛과 오크로 만들고 있는 사진 액자들. 유리 대신 두께 3㎜짜리 아크릴을 사용했다.

그렇다고 메이플로 도마를 2~3개 만들고 싶은데 인천까지 가서 50재, 100재를 살 수는 없는 일이다. 이럴 때는 또 방법이 있다. 인터넷 목공카페의 장터를 이용하면 된다. 두께 22~25t, 길이 40㎝의 메이플이면 2~3만원에 살 수 있다. 조금 비싼 감은 있지만 실제로 제재목을 사서 작업을 해 보면 옹이나 갈라짐이 없는 도마용 나무가 몇 개 나오지 않는다. 판매자들은 제재목에서 깨끗한 부분만 골라서 내놓기 때문에 가격은 이해해야 한다.

나는 인터넷을 통해서는 나무를 거의 사지 않는다. 시간을 들여 직접 찾아가서 무늬나 휨 정도 등을 살펴보고 필요한 나무를 선택한다. 그러고도 실패한 경험이 있다. 수납장을 만들면서였다. 그동안 서랍은 늘 자작 합판으로 만들었는데 자작 합판의 단면이 마음에 들지 않아 깔끔한 느낌을 주는 메이플로 하고 싶었다. 찾아간 목재상 한쪽 구석에서 폭 20㎝, 두께 1.2㎝, 길이 60㎝짜리 메이플 단판 20장이 한 덩어리로 묶여 있는 더미를 발견했다. 서랍 만들기에 적당한 사이즈였다. 장당 6,500원. 한 푼도 깎아주지 않아 13만원을 냈다. 그런데 이게 웬일? 열흘쯤 뒤 나무들은 온통 휘어있었다. 쓸만한 놈이 단 한 장도 없었다. 그 가게에서는 재단한 뒤 나무를 꽁꽁 묶어놓아 휨이 없어 보였으나 끈을 잘라서 확인을 한 뒤 내 작업실에 그냥 두었더니 여지없이 틀어져 버린 것이다. "아, 이래서 사람들이 나무 함수율을 따지는구나." 비싼 수업료를 내고 공부를 한 셈이었다. 그 다음번에 나무 사러 갔을 때 이 나무들을 다 들고가서 항의를 했더니 가게 주인은 "사람 속 만큼 모르는 게 나무 속입니다." 알 듯 모를 듯한 소리를 하더니 새로 산 나무 값에서 일부 깎아주었다. 요즘은 아예 함수율을 표시하게 하지만 인터넷에 올린 사진이나 겉모습만 보고 나무를 사는 일은 추천하고 싶지 않다.

나는 하드우드가 소량 필요할 때면 용인의 시크리트 목재와, 경기도 광주 초월읍의 나무5일장이라는 곳을 찾아간다. 최근에도 월넛과 오크를 몇 장씩 샀다. 내가 이 가게들을 좋아하는 이유는 사장님들이 언제나 반갑게 맞아주기 때문이다. 장사에 크게 도움이 안되는 손님인데도 아는 척을 해주니 대접을 받는 것 같다. 특히 나무를 골라갈 수 있게 해줘서 마음이 편하다. 나무5일장을 찾아가는 날에는 점심은 꼭 초월읍에 있는 '장지리 가마솥해장국(본점)'에서 해결한다. 이 집 해장국은 진한 국물하며, 건더기도 실해서 다른 해장국과 차원이 다르다. 선지를 더 달라고 하면 신선한 놈으로 두 덩이씩 더 준다.

책 3권

목공을 하면서 광화문 교보서점도 자주 찾아갔다. 취미 코너에서는 볼만한 책 여러 권을 찾아볼 수 있었다. 외국서적을 모아놓은 곳에서도 꽤 시간을 보냈다. 이렇게 해서 책 3권을 골랐다. 첫 번째가 '보존판 簡單木工作例 100(Gakken 출판사, 146p, 1600¥)'이

목공 책 3권 왼쪽부터 일본 책 '간단 목공 작례 100', '하이브리드 목공', '짜맞춤, 그 견고함의 시작'.

라는 일본책이다. 다음은 미국 목공인 Marc Spagnuolo의 '하이브리드 목공(이재규 역, 이중기 감수, 도서출판 씨아이알, 192p, 22,000원)'. 세 번째는 우리 책 '짜맞춤, 그 견고함의 시작(백만기, 김랑, 김지우 공저, 해든아침, 285p, 29,000원)'이다. 이 책들은 지금도 시간이 날 때마다 뒤적거린다. 내 목공에 많은 도움을 준 이 책들을 소개한다.

'보존판 簡單木工作例 100'

이 책은 첫 인상이 잡지 부록 같다는 느낌을 준다. '수납대부터 정원가구까지'라는 부제처럼 100개의 목공작품이 한 페이지 혹은 두 페이지에 걸쳐 소개되어 있다. 각 작품마다 완성 사진을 시작으로 필요한 재료, 치수, 작업 순서까지 나와 있어 길을 잃어버릴 일이 없다. '자상함의 극치'라고나 할까. 출판사는

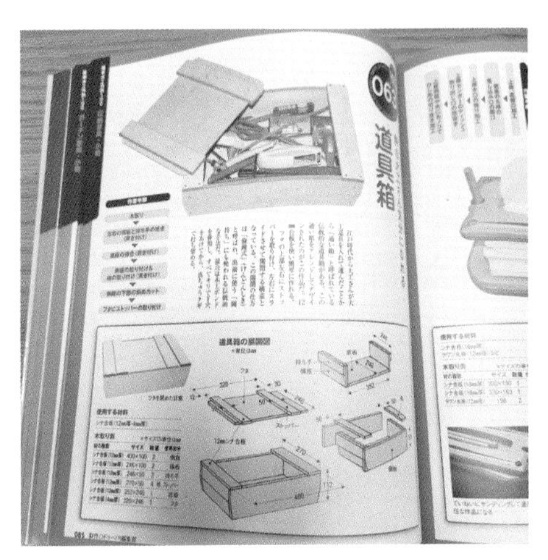

공구함 '간단 목공 작례 100'에 나와 있는 공구함. 뚜껑 아이디어가 재미있다.

화분대 책에 나와 있는 2단 화분대 도면. 2×4로 만들어 베란다에서 한동안 사용했다.

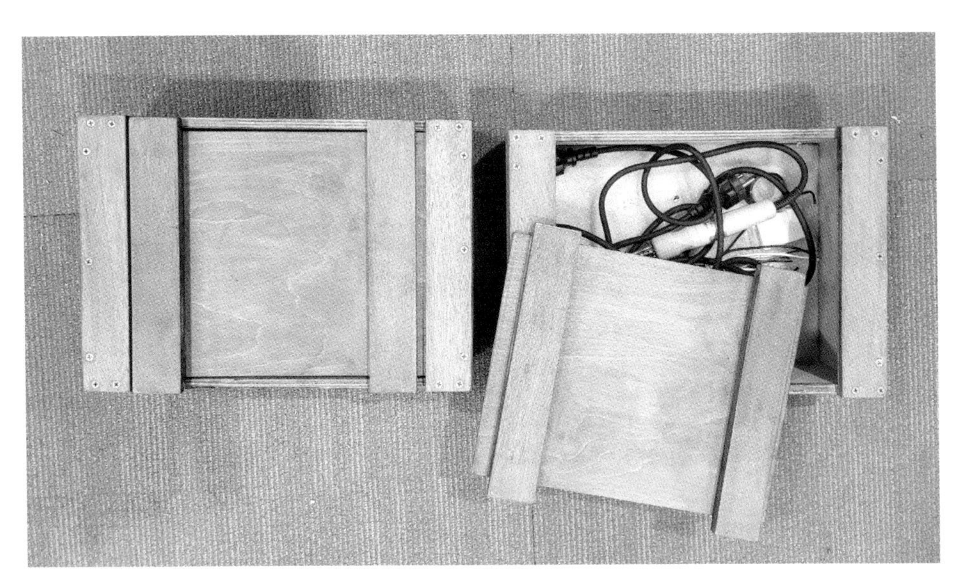

공구함 책을 보고 합판으로 만든 공구함. 납땜기 등 전기 관련 용품을 담아두고 있다.

이 책과 함께 '초기본 DIY 목공', '신판 첫 목공', '루터와 트리머', 'DIY 소재와 도구백과' 등을 시리즈로 함께 내놓고 있다. 나는 '루터와 트리머'라는 책도 함께 구입했으나 크게 도움은 되지 않았다. 장비나 기술이 많이 부족했던 시절 나는 이 책을 자주 들춰봤다. 이 책을 보고 처음 도전했던 것이 리모콘 꽂이(작품번호 059). 재료는 9t 합판. 가로 91㎝ 세로 9㎝의 얇고 긴 판재만 있으면 쉽게 만들 수 있었다. 작품마다 별표로 난이도를 표시해 놓은 것도 재미있었다. 리모콘 꽂이의 난이도는 별 하나. 별 셋이 가장 어렵다. 일본 에도시대 때부터 목수들이 옆구리에 끼고 다녔다는 도구상자(난이도 별 하나, 063)도 만들었다. 이 도구상자를 만들 때는 뚜껑 손잡이 옆 좌우의 폭이 다른 이유를 알지 못했다. 다 만들고 나니 뚜껑 한쪽을 먼저 끼운 뒤 다른 쪽으로 밀어서 닫는 구조라는 사실을 알게 됐다. 간단하지만 재미있는 발상이었다. "요놈들"이라는 소리가 절로 튀어나왔다. 구조목을 활용한 원형스툴(작품번호 010)도 만들었다. 일본말은 몰라도 책에 나와 있는 전개도를 보면서 따라하면 된다. 상판을 집성하고, 원을 따고, 반턱 맞춤을 해야해서 난이도는 별 세 개. 이사를 한 뒤 베란다에 놓을 큼지막한 2단 화분대가 필요했을 때에도 고민없이 이 책의 작품번호 077을 보고 따라 만들었다. 이 책에 소개된 작품들은 모양은 그리 예쁘진 않지만 주로 구조목과 합판을 이용하고, 큰 장비 없이도 완성할 수 있다는 점에서 아주 실용적인 가이드인 셈이다. 이 책은 2011년 초판이 발행되었으니 지금은 구하기가 쉽지 않을 것 같다.

'하이브리드 목공'

이 책은 사연이 조금 있다. 책 마지막 페이지를 보면 번역한 이는 '목공에 심취한 IT 엔지니어로, 목공블로그 'Bittersweet Story'를 운영중'이라고 되어있다. 'Bittersweet Story'는 내가 열심히 찾아다녔던 '자료실'이고 '도서관'이었다. '나무는 왜 수축/팽창하는가?', '나사못 완전정복' '숄더 플레인과 래빗 플레인' 등 블로그에 실린 역자 이재규씨의 글을 읽으면서 나도 '목공 여행'의 꿈을 키워나갔다. 미국 잡지에 실린 글들을 번역해서 올린 서양대패와 마감론 등은 지금도 다시 찾아서 읽곤 한다. '하이브리드 목공'의 출간 사실은 이 블로그를 통해서 알게 됐다. 감수를 맡은 이중기씨는 인터넷 카페 '우드워커'에서 '도현아빠'라는 닉네임으로 활동하는 취목의 멘토다. 이런 고수들이 합세해서 만든 책이니 '하이브리드 목공'은 막힘없이 술술 읽혀나갔다.

"기계로는 막일을 하고, 수공구로는 섬세한 일을 하세요." '하이브리드 목공'의 저자 Marc Spagnuolo씨는 유튜브 'The Wood Whisperer'로도 잘 알려진 미국의 인터넷 목공 스타다. 1975년생인 그는 대학에서 생명공학을 전공했지만 2004년 다니던 회사를 그만두고 목공을 시작했다. Marc Spagnuolo는 한 인터뷰에서 결혼 후 산 집이 워낙 허름해서 직접 손을 보면서 목공을 시작하게 됐다고 했다. 전동드릴 등 이런저런 장비를 구

하이브리드 목공 '하이브리드 목공'의 한 페이지. 왼쪽 위에 젊은 시절의 훈남, 저자 Marc Spagnuolo가 보인다. 최근 유튜브에는 구레나룻이 무성한 영감으로 등장한다.

입해서 인터넷에서 구입한 도면을 보고 책꽂이나 사이드 테이블을 만드는 등 그의 출발도 보통 취목과 다를 바 없었다. 하지만 불과 20년만에 그를 스타로 만든 것은 바로 유튜브. 유튜브는 2005년 11월 정식서비스를 시작했고, 그는 2006년부터 목공 채널을 운영했다. 미국의 한 인터넷 사이트는 Marc Spagnuolo의 연간 수입을 200만 달러(약 26억원)가 넘을 것으로 추정했다. 한국 목수로는 상상하기 어려운 금액이다.

'하이브리드 목공'의 내용은 이같은 그의 이력과도 관련이 있어 보인다. 어릴 때부터 엄한 스승 밑에서 도제식 교육을 받은 소위 '정통파' 목수가 아닌 이상 이 길을 택할 수 밖에 없었을 것이다. 그는 책 서문에서 입문시절 목공기계의 빠르고 효율적인 일처리에 큰 감명을 받았으나, 몇 년 후 대패와 끌 등을 만지면서부터는 수공구가 기계는 채워주지 못하는 그 어떤 공허함을 채워줬다고 적고 있다. 이 책은 눈이 호강한다. 평균 한 페이지당 사진이 3장이다. 사진 8장이 실려있는 페이지도 있다. 사진이 많으니 읽기가 편하다. 책의 핵심이라고 할 수 있는 부분은 3부 '하이브리드 목수의 기술'. 여기서는 '네모반듯한 판재 뽑기', '장부-반턱 결합', '막경첩 홈파기' 등 다양한 기술을 시연하고 있는데 마치 저자가 옆에 있는 듯 생생함이 느껴진다. 나도 이 책을 읽은 뒤 라우터 플레인(router plane · 테이블 쏘나 라우터 등 기계로 홈을 파고 그 홈의 표면을 다듬는 대패의 일종)이라는 수공구를 구입했다. 이 책의 헌사가 재미있다. '항상 저의 열정을 따르라고 조언하는 아내 Nicole과 항상 자기에게 열정을 쏟아달라고 졸라대는 아들 Mateo에게 이 책을 바친다.'

'짜맞춤, 그 견고함의 시작'

책 제목부터 예술이다. 이렇게 단단하고 확실한 책 제목이 있었을까? 책 표지 뒷면에는 저자 세 사람을 이렇게 소개하고 있다. 백만기씨는 한국 짜맞춤 가구협회 회장. 부평 짜맞춤 전수관에서 전수자 양성에 힘쓰고 있음. 김랑씨는 나들목 가구만들기 공방과 짜맞춤 전수관 운영의 초안을 마련했음. 김지우씨는 서강대 국문과 졸업후 전통창호를 만들다가 현재 '가구제작소 지우' 공방을 운영하고 있음.

이 책은 한마디로 대패와 톱, 그리고 끌에 대한 이야기다. 그리고 이 기본 수공구들을 사용해서 만드는 각종 맞춤에 대한 노하우를 사진과 함께 설명하고 있다. 제비촉 장부 맞춤, 연귀장부 맞춤, 주먹장, 사괘 맞춤, 삼방 연귀 맞춤, 숨은 주먹장 등. 나무와 나무를 연결시킬 때 이렇게 다양한 기술이 구사된다는 사실을 나도 목공을 하면서 알게 됐다.

전라북도 무형문화재 소목장 故 조석진선생의 제자인 백만기씨는 책 서문에서 "목공을 배우면서 우리 전승가구 분야의 비참한 현실을 알게 됐다"면서 "짜맞춤 관련 기술의 보급과 저변확대를 사명으로 삼기로 은사님과 약속했다"고 썼다. 선친이 목수와 소목일을 했다는 그는 또 "과거의 목수는 한 가족의 생사가 달린 처절함 속에서 온갖 고뇌를 이겨내고 예술로 승화시킨 업이었으며, 수많은 시행착오와 경험이 쌓여 감칠맛 나는 가구를 탄생시켰다"고 적었다.이 책에는 각 장, 매 페이지마다 그런 각오가 담겨 있는 듯하다. 목재에 대한 일반론을 사진으로 설명한 뒤, '대패의 이해', '어미날 갈기' '덧날 갈기'의 순으로 이어지는 본문에서는 짜맞춤 기술을 아낌없이 공유하고 보급하겠다는 소명의식이 느껴진다. 혹시 이해가 어려울까봐 각 파트별로 동영상을 제작했고, 책에 QR코드를 심어 스마트폰으로도 볼 수 있게 하는 등 목공 책 한 권을 내면서 노력을 아끼지 않았다. 목공을 하는 사람이라면 반드시 곁에 두면서 읽고, 보고 해야 할 책이다.

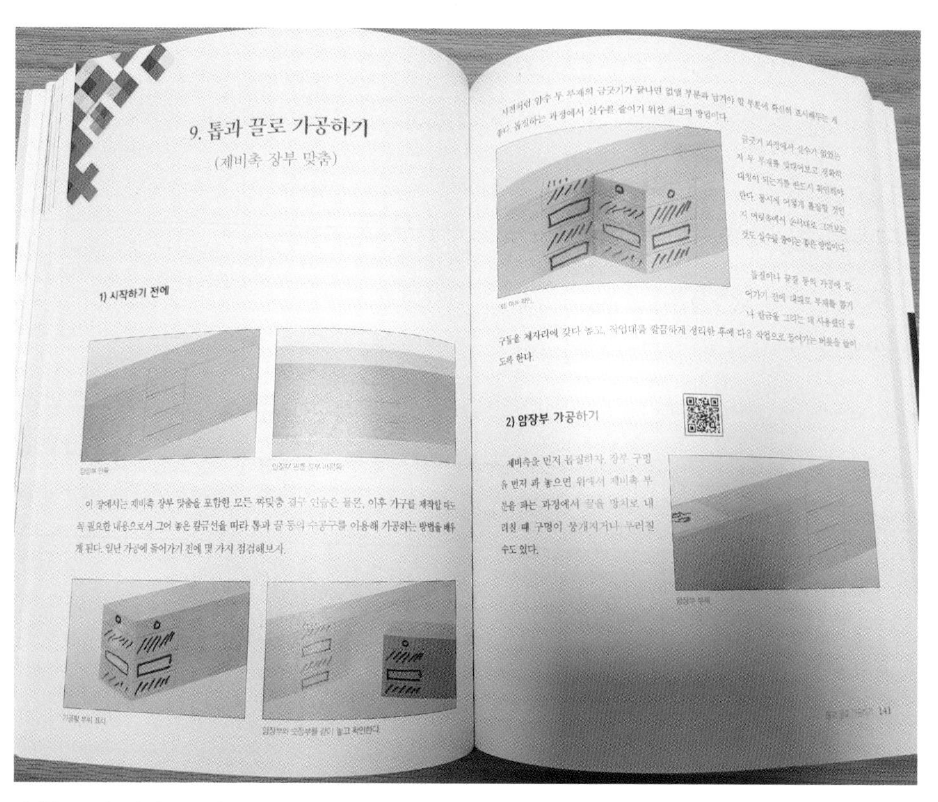
9. 톱과 끌로 가공하기

(제비촉 장부 맞춤)

1) 시작하기 전에

이 장에서는 제비촉 장부 맞춤을 포함한 모든 짜맞춤 결구 연습은 물론, 이후 가구를 제작할 때도 꼭 필요한 내용으로서 그어 놓은 칼금선을 따라 톱과 끌 등의 수공구를 이용해 가공하는 방법을 배우게 된다. 일단 가공에 들어가기 전에 몇 가지 점검해보자.

사진처럼 암수 두 부재의 금긋기가 끝나면 없앨 부분과 남겨야 할 부분에 확실히 표시해두는 게 좋다. 톱질하는 과정에서 실수를 줄이기 위한 최고의 방법이다.

금긋기 과정에서 실수가 없었는지 두 부재를 맞대어보고 정확히 대칭이 되는지를 반드시 확인해야 한다. 동시에 어떻게 톱질할 것인지 머릿속에서 순서대로 그려보는 것도 실수를 줄이는 좋은 방법이다.

톱질이나 끌질 등의 가공에 들어가기 전에 대패로 부재를 훑거나 칼금을 그리는 데 사용했던 공구들을 제자리에 갖다 놓고, 작업대를 깔끔하게 정리한 후에 다음 작업으로 들어가는 버릇을 들이도록 한다.

2) 암장부 가공하기

제비촉을 먼저 톱질하자. 장부 구멍을 먼저 파 놓으면 위에서 제비촉 부분을 파는 과정에서 끌을 망치로 내리칠 때 구멍이 쪼개지거나 부러질 수도 있다.

141

짜맞춤, 그 견고함의 시작 페이지마다 친절하게 사진으로 이해를 돕고 있고, 동영상 QR코드도 추가로 책에 담아 놓았다.

유튜브

정말 좋은 세상이다. 유튜브에는 없는 게 없다. 대통령 선거 때는 정치 뒷 소식을 찾아보느라고 유튜브를 뒤적였고, 우크라이나나 이스라엘 전쟁도 TV 뉴스 보다는 휴대폰으로 궁금증을 해소한다. 전 세계의 유튜버들이 실시간으로 현장 상황을 중계해준다.

목공을 시작한 뒤부터는 하루에도 몇 번씩 유튜브를 들여다본다. 유튜브는 '정보 창고', '영상 도서관' 정도의 표현으로는 그 편리함과 고마움을 묘사하기에는 부족하다. '친절한 선생님'이라고 할까. '모르는 게 없는 옆집 아저씨'다.

몇 년 전이다. 회사 선배가 퇴직 후 전남 장흥으로 내려갔다길래 찾아갔던 적이 있다. 집은 나지막한 지붕에, 마당 건너편에 별채가 딸린 전형적인 시골가옥이었다. 별채라고 하지만 예전 축사를 곡괭이 등 농기구를 넣어두는 창고로 개조한 것이다. "집은 몇 평이에요?" "150평쯤 될 거야." "집값은 얼마예요?" "시골집은 생각보다 싸. 4천만 원 줬다. 지붕도 새로 하고 전체적으로 손보는 데 2천만 원쯤 들었어." 집 뒤 뜰에는 감나무 등

유튜브 채널 'Pask Makes'에 나오는 'Chicken Coop Build(닭장 만들기)'. 2층 닭장이 멋져 보인다.

유실수가 낮은 담 안쪽으로 늘어서 있고, 앞마당 한쪽에는 고추, 가지, 토마토, 호박이 탐스럽게 익고 있는 텃밭이 있었다. 그리고 텃밭 옆 닭장.

'시골 생활이라고는 해 본 적이 없는 선배가 닭도 키우시나?' 시선이 그쪽으로 향하자 선배가 먼저 자랑을 시작했다. "닭장 저거, 내가 만든 거야. 닭은 세 마리뿐인데 너무 크게 지었어." 그리고 덧붙였다. "시골에 있으니까 가끔 당신 생각이 난다. 흐흐, 목공 때문에." 시골 옛집에서 살다 보니 여기저기 손볼 데도 많고, 뚝딱거려서 뭘 만들어야 할 일도 자주 생긴다는 것이다. 그 이후 '닭장'이라는 단어가 내내 머릿속을 맴돌았다.

유튜브로 '닭장'을 검색했다. 그러다가 'Pask Makes'라는 채널의 'Chicken Coop Build(닭장 만들기)'를 시청했다. Neil Paskin이라는 호주사람이 두 편으로 나눠서 올린 이 영상의 시청횟수는 거의 800만회에 가깝다. '무슨 세상에, 닭장에 관심있는 사람들이 이렇게나 많나.' 불과 닭 네 마리를 키우는 그의 닭장은 '호화 주택'이라고 해도 손색이 없을 정도. 벽체를 세우고, 지붕을 얹고, 문과 창문을 달았다. 여기까지는 여느 집짓기 과정과 다를 게 없었다. 그런데 닭장 만드는 재미는 이제부터였다. 우리 시골집의 닭장을 한번 생각해보자. 닭장은 보통 개집보다는 크고, 필수적인 '시설'도 챙겨 넣어야 한다.

외벽은 철망으로 두르고, 바닥에서 쥐나 족제비가 공격할 수도 있어 닭들이 2층에서 지낼 수 있도록 했다. 닭들이 2층으로 오르내릴 수 있게 경사로도 설치했다. 산란실/포란실도 따로 만들었고, 창문도 이중구조로, 더운 날에는 완전히 개방할 수 있게 했다. 영상 아래쪽에는 "내가 지금 살고 있는 집보다 훨씬 멋지다", "닭들과 함께 이 집에서 살고 싶어요"라는 댓글이 달렸다.

예전에 나는 강아지집을 만들어 본 적이 있다. 6개월 된 진돗개 두 마리가 함께 지낼 집이어서 가로가 2m쯤 됐다. 지붕과 벽체의 재료는 겨울에 덜 추우라고 샌드위치 판넬을 선택했다. 하지만 내 실력으로는 직쏘로 문을 따내고, 철판용 스크류로 연결하는 정도였다. 'Pask Makes'의 영상은 신선한 충격이었고, 기회가 되면 제대로 된 닭장을 한번 만들어 보고 싶어졌다.

유튜브를 끼고 살다 보니 내가 구독 중인 목공 채널이 300개가 넘는다. 이 중에서 Steve Ramsey의 'Woodworking for Mere Mortals(보통 사람을 위한 목공)'이나 'Jimmydiresta', 'Matthias Wanndel'은 목공에 관심있는 사람이라면 이미 알고 있을 법한 채널들이다. 유튜브를 시작한 것도 미국인 Ramsey가 2008년, Jimmy Di Resta는 2006년, 캐나다의 Wanndel이 2007년

bird feeder 유튜브를 보고 응용해서 만든 bird feeder (새 모이통). 버려질 자투리를 재활용했다.

남태령 벌레집 경기도 남태령 텃밭 한쪽에 부탁을 받고 만들었던 벌레 집.

강아지 집 샌드위치 판넬로 만든 강아지 집. 진돗개 두 마리가 함께 사는 연립주택이다. 지붕은 뒤로 경사를 주었고, 물청소를 하기 쉽게 경첩으로 연결했다.

이니 이들은 초창기부터 지금까지 열심히 활동 중인 스타들이다. 이들 채널 구독자 수는 각각 200만명 안팎, 세 채널의 시청 회수를 모두 합치면 무려 10억뷰가 넘는다. 컨텐츠에서는 세 사람의 결이 조금 다르다. Ramsey는 목공 초보자들 쪽에 비중을 두는 반면, Di Resta는 칼과 도끼 제작, 구식 총 복원 등 철공까지 분야를 넓힌다. Wandel은 나무로 기계를 만드는 등 목공에 '엔지니어의 관점'을 도입하고 있다.

앞서 책 소개에서 언급된 '하이브리드 목공'의 저자 Marc Spagnuolo의 'The Wood Whispcrer'도 볼만한 영상이 꽤 많다. 구독자가 80만명이 넘는다. Spagnuolo 역시 2006년에 유튜브를 시작했으니 1세대에 속한다. 'Diy Creators'라는 채널은 눈높이를 목공 초 중급자에게 맞춰 인기몰이를 하고 있다. 게시 중인 동영상은 200개 언저리로 많지 않지만 구독자 수는 320만명으로 압도적이다. 동영상이 그만큼 보기 편하고, 따라 해볼 만한 내용이 많다는 얘기다.

Jay Bates와 Frank Howarth도 유튜브로 목공을 보기 시작하면 꼭 만나게 되는 인물들이다. 또 미국에 사는 한국 목공인 'Young Je'의 채널에서는 목공 지그제작 달인의 경지를 확인할 수 있다. 그의 2017년 동영상 'How to make a perfect mortising jig(장부 지그 만들기)'는 조회수 370만회가 넘어, 다른 유튜버들의 같은 주제 영상이 도저히 쫓아갈 수 없는 독보적인 인기를 누리고 있다. '서양대패 만들기'도 관심있는 사람이라면 놓치지 말아야 할 컨텐츠다. 그는 '나무야 놀자'라는 이름으로 네이버 블로그도 운영하고 있다. 독일 'HolzWerken'과 프랑스인 Samuel

휴대폰 거치대 각도와 높이 조절이 가능한 휴대폰 거치대. 유튜브를 보고 따라 만들었다. 기성품인 국화 모양의 노브는 나중에 지그를 사용해 로즈우드로 다시 만들었다.

Mamias의 동영상도 가끔 찾아본다. 유럽의 목공 스타일을 유튜브로 체험할 수 있다는 점에서는 눈이 새롭지만 말을 알아듣지 못해 한계를 느낀다.

일본 유튜브도 두 곳 정도는 소개해야겠다. 'Istani Furniture'와 'JSK-koubou'다. 'Istani Furniture'는 가구 만드는 과정을 정갈한 영상에 담아내고 있다. 젊은 사람의 솜씨도 수준급이다. 유튜브 홈페이지에는 '주문 가구 공방의 일상-나무가 오랜 세월 자라는 만큼 시간을 들여 나무를 선택하고, 세심하게 작업한다'고 써놓고 있다. 그래서인지 만드는 가구들이 모두 예쁘다. JSK-koubou에는 가구는 거의 없고, 주로 목공 지그를 만드는 영상이 올려져 있다.

유튜브에 조금 익숙해지면서 필요한 지그나 소품은 컴퓨터나 휴대폰을 켜서 그때그때 해결한다. 박스조인트 지그(box joint jig)는 'Inspire Woodcraft'의 'adjustable box joint jig'를 참고했고, 테이블 쏘 톱날 높이를 재는 지그는 'Young Je'의 'Make a quick height gauge'를 보고 아크릴로 흉내를 냈다. 두 지그 모두 만족스럽게 사용하고 있다. 'Sabz Studio'의 'ipad holder adjustable'을 보고는 월넛을 써서 휴대폰 거치대를 20개나 한꺼번에 만들기도 했다.

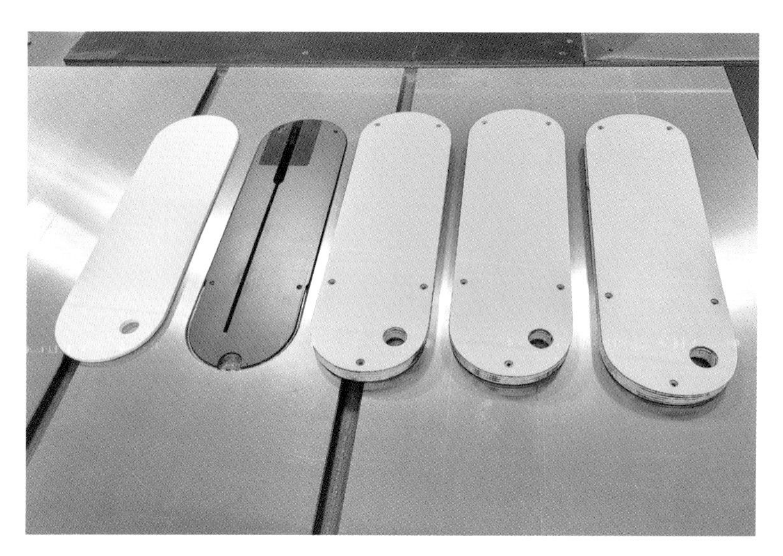

제로 클리어런스 인서트 쏘스탑 테이블 쏘의 '제로 클리어런스 인서트(zero clearance insert)'. clearance에는 두 물체 사이의 간격이라는 뜻도 있다. 톱날과 구멍 사이에 틈이 없는 가리개라는 얘기다.

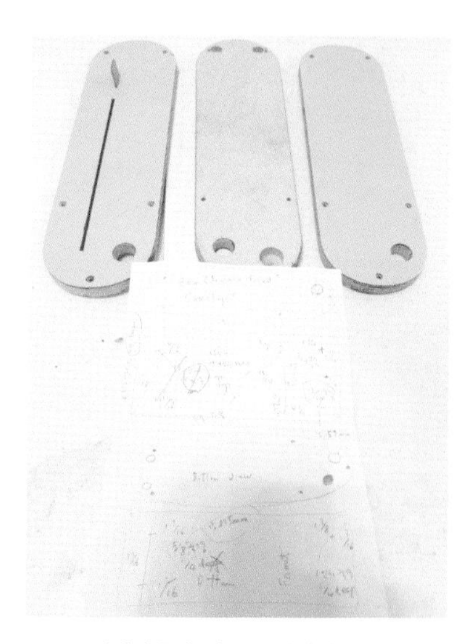

유튜브 따라만들기 제로 클리어런스 인서트의 뒷면. 유튜브를 보면서 볼트 구멍 등의 정확한 위치를 베껴 적었다.

헛 돈 쓰기

컴퓨터 자판에 '충동구매'라고 쳤다. 그랬더니 인터넷에 재미있는 글이 많이 올라와 있다. 한 초등학생은 충동구매 습관을 고치는 방법을 가르쳐 달라고 했다. "문구점에서 무언가를 보았는데 집에 가서도 그 물건이 계속 생각납니다. 그리고 다음 날 문구점에 가서 사 버려요! 그런데 물건을 살 때는 통쾌하지만, 집에 도착했을 때는 후회를 합니다." 한 젊은 여성은 또 이렇게 썼다. "제가 2주쯤 전부터 고민하던 화장품이 있었어요. 딱히 꼭 필요한 것도 아니고, 중요한 것도 아니고 '있으면 좋겠다, 갖고 싶다' 이 정도의 물건인데요. 오늘이 세일 마지막이라서 '쇼부'를 봐야 해요. 그리고 전 그 물건이 아직도 갖고 싶어요. 2주쯤 고민했으면 나중에 후회는 안 하겠죠? 이 정도면 충동구매는 아니죠!!?" 답글이 정곡을 찌른다. "충동구매가 아니고 과소비입니다."

10년 넘도록 목공을 하면서 나 역시 많은 도구와 용품을 샀다. 이 중에서 몇 개는 확실히 '실패한 쇼핑'이었다. '충동구매'와 '과소비'의 중간쯤 되는 것 같다. 몰라서 잘못 사고, 산 뒤에 쓰지도 않고 있다. 다른 사람들이 사겠다면 말리고 싶은 목공용품 몇 가지를 소개한다.

차체용 줄

이건 어디에 쓰는 물건일까? 목공을 꽤 했다는 사람들도 이 사진을 보여주면 고개를 갸웃거린다. 10년 전 어느 봄날. 나는 구내식당에서 점심을 먹고 청계천으로 나섰다. 운동 삼아 걷기 위해서였다. 개울물은 천천히 흘렀다. 물고기들은 그새 꽤 씨알이 굵어졌고, 다리가 긴 새 한 마리가 한쪽 발을 물에 담근 채 꼼짝도 하지않고 수면을 응시하고 있었다. 산책은 보통 40~50분 코스. 동아일보사 앞에서 시작해서 평화시장쯤에서 되돌아왔다. 근데 이날 따라 갑자기 뭔가 하고 싶은 게 있었다. 같이 걷던 친구에게 잠시 들를 데가 있다고 한 다음, 청계천 3가로 올라왔다.

그동안 별러왔던 목공용품을 살 요량이었다. 지금은 없어진 을지면옥 근처 공구가게를 기웃거리다가 한 곳에 들어갔다. 취미로 목공을 시작하려고 한다고 말하고 15㎝, 30㎝, 60㎝ 철자부터 양날 톱, 대패, 끌, 고무망치 등을 샀다. 대패는 중국제 1만5000원짜리, 끌은 국산 브랜드로 날 폭이 25㎜로 큰 놈이지만 5000원. 주섬주섬 하나씩 집어 들다 보니 벌써 목수가 다 된 듯한 기분이 들었다.

이쯤이면 됐을 텐데 한 걸음 더 나갔다. "혹시 목공 줄(rasp)도 있어요?" 나무를 결합할 때 단차가 생기면 갈아 낼 생각으로 줄을 찾았던 것이다. 주인아저씨는 곧바로 큼직한 놈을 꺼내서 내려놓고는 4만5000원이라고 했다. 양손으로 잡고 사용하고,

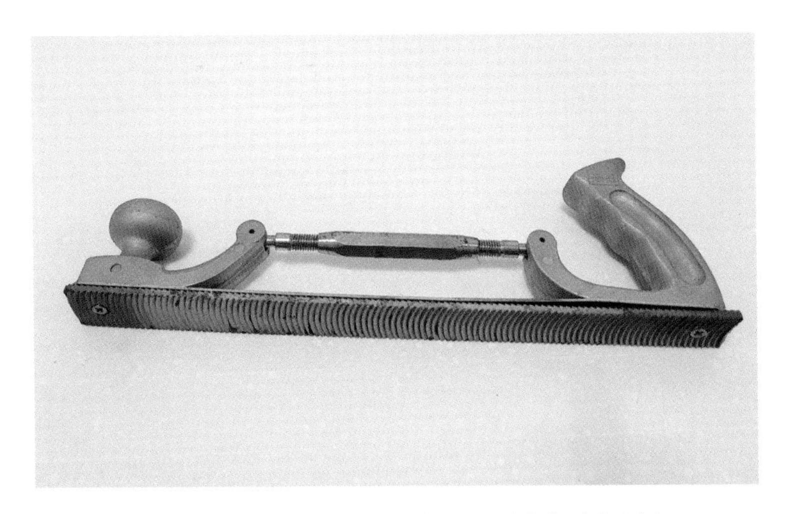

차체용 줄 목공방에서는 거의 찾아볼 수 없는 공구다. 헛 돈 쓰기의 대표적인 사례다.

앞 뒷면에 각각 다른 거칠기의 날이 붙어있다고 했다. 게다가 양쪽 나사를 조이고 풀면 오목하거나 볼록한 면을 갈아낼 때도 요긴하게 쓸 수 있다고 덧붙였다. 노타이 와이셔츠 차림에 시커먼 비닐봉투를 들고 의기양양하게 회사로 돌아왔다.

목공용 줄이라고 산 이 물건이 용도에 맞지 않는다는 사실을 아는 데는 오랜 시간이 걸리지 않았다. 나무를 문질러봐도 제대로 갈리지가 않았다. "아, 이건 한옥 짓는 대목들이 사용하는 도구구나." 이렇게 생각하고 잊어버리고 있었다.

그러던 어느 날 불현듯 생각이 나서 검색을 했다. 이 물건은 작업 현장에서 '판금용 야스리'라고 불리는 '차체용 줄(car body file)'이었다. 금속판이나 비철금속, 혹은 플라스틱의 표면을 가공하는 것이 주 용도라는 설명도 붙어 있었다. 자동차 차체의 일부를 도색하기 전에 거친 부분을 갈아내고, 또 용접 부위를 다듬는 데 사용하는 도구인 것이다. "목공용 줄을 달라고 했는데 왜 이걸 줬을까?" 아직도 잘 모르겠다. 그 후로도 청계천은 자주 다녔지만 그 가게쪽으로는 눈도 주지 않았다. 이 도구는 내 공구함 한쪽 구석에서 먼지만 뒤집어쓰고 있다. 수직으로, 혹은 수평으로 만난 두 부재의 단차를 줄로 갈아내는 것은 어리석은 짓이다. 뭉개져서 작품을 망치기 때문이다. 고수들은 손 대패로 이 문제를 해결했다.

지금 내 공구함에는 일본 신토 줄부터 시작해서 국산 목공용과 철공용 등 줄만 10개 가까이 들어있다. 서울 동묘앞 황학동에서 떨이로 중고 줄을 사고, 목선반으로 손잡이를 깎아서 끼웠다. 그런데 줄이 왜 이렇게 많은 지 나도 이유를 잘 모르겠다. 혼자 이렇게 변명해본다. 취미가 그런 것 아닐까? 시간이나 비용, 그리고 작업의 결과에 대해 스스로 면죄부를 주고 관대해지는 것. 취미라는 이름으로 하는 모든 행위의 장점이고 특권이 아닐런지? 옆 사람에게 욕먹을 일이다.

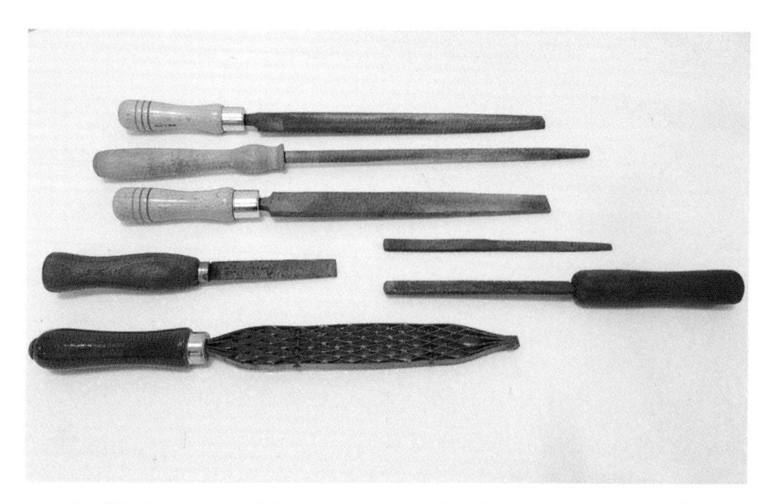

사용 중인 줄들 공구함에서 꺼낸 줄. 가장 밑에 있는 것이 절삭력이 뛰어난 일본 신토줄이다.

손 타카와 조각도

손 타카는 목공을 한답시고 사놓은 것 중에 가장 사용빈도가 낮은 놈 중의 하나다. 역시 청계천에서 1만5000원인가 주고 샀다. 얇은 합판 같은 것은 이 손타카로 고정시킬 수 있지 않을까 하는 기대에서였다. 어리석고 멍청한 생각이었다. 도구는 다 제 용도가 따로 있다. 얇은 합판으로 서랍을 만들 때, 타카를 쓰긴 한다. 하지만 이때도 쓰는 것은 디귿자 손 타카가 아니라 일자형 실 타카다. 하지만 실 타카는 힘이 없다. 타카 핀이 서랍 네 모서리에 수직으로 박히긴 하지만 박스의 틀을 유지하는 것은 전적으로 목공 본드의 힘이다. 또 홈을 파고 끼운 바닥판이 형태를 지탱하는 중요한 역할을 한다. 손 타카는 프린트한 A4용지들을 찝을 때나 쓸까, 목공에선 글쎄다. 아니 한번은 요긴하게 썼다. 레자로 된 의자 시트가 낡아서 헤졌길래 가죽으로 교체하면서였다. 그 이후로는 사용한 기억이 없다.

목공도 여러 분야가 있다. 한옥이나 집을 짓는 대목이 있고, 가구를 만드는 소목이 있다. 영어로 하면 대목은 carpenter, 소목은 cabinet maker다. 통칭해서 woodworker라고 한다. 접시나 꽃병을 만드는 목선반(woodturning)과 성모 마리아상이나 부엉이, 나무 숟가락을 깎는 목조각(woodcarving)도 목공에서 당당하게 한 자리를 차지하고 있다. 청계천을 다니면서 필요할 것 같아서 조각도도 구입했다. 하지만 값싼 학생용 조각도 세트로는 목공에서 할 수 있는 일이 거의 없다. 그래도 배운 게 있다. 도구는 하나를 사더라도 제대로 된 것을 사야 한다는 사실이다.

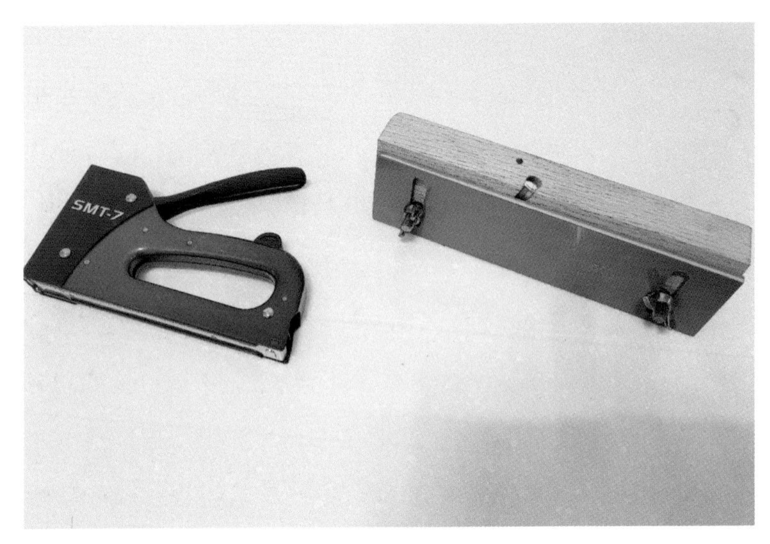

손 타카와 턱 대패 손 타카와 턱 대패. '충동구매'나 '과소비'라기보다는 '무식한 쇼핑'이라는 말이 더 어울리겠다.

턱 대패

목공에 재미를 붙여 정신없이 이것저것 만들 때였다. 수공구 외에는 가진 것이 없었다. 그때의 수준은 톱으로 나무를 자르고 스크류로 체결한 뒤 목다보(dowel)로 못 자국을 가리는 정도였다.

그런 왕초보가 '거울 만들기'에 도전했다. 이 작업의 핵심적인 부분은 나무테두리 안쪽에 턱을 줘서 거울 유리가 끼워질 수 있게 만드는 것. 테이블 쏘나 트리머, 라우터가 있으면 쉽게 해결될 일이지만 그런 장비가 없던 나로서는 나무에 유리두께 깊이의 턱을 만드는 것이 쉽지 않았다. 트리머라는 기계를 사용하면 된다는 얘기를 어디서 듣기는 했었다. 그러나 당시에는 기계를 만지는 데 자신이 없었고, 전동공구를 돌릴 환경도 되지 않았다. 그때의 나는 기술을 제대로 배우고 익히기보다는 결과물을 얼른 만들어내고 싶어 안달했다. 지금도 여전히 이런 조급함이 남아있는 것 같다.

그래서 이 작업을 한 번에 끝낼 수 있는 도구로 '턱 대패'를 선택했다. 물론 가게에서 추천을 받았다. 그러나 턱 대패는 생초보가 쉽게 다룰 수 있는 공구가 아니었다. 우선 테두리 네 곳을 같은 깊이로 파내기가 쉽지 않았다. 대패 날을 턱 깊이만큼 빼서 밀면 될 것 같았으나 대팻날이 나무에 박혀 나아가지 않았다. 생초보니 오죽 하겠는가. 얇게 여러 번 밀면 되겠거니 했으나 이번에는 뾰족한 대팻날 끝이 깨져버렸다. 하는 수 없이 끌과 커터칼로 겨우겨우 작업을 마무리했다. 턱 대패는 아직도 날 끝이 깨진 채 방치돼있다.

거울 트리머가 없던 시절, 간신히 유리가 올라갈 턱을 파내서 완성한 거울.

서랍레일 지그

누군가 "서랍을 달 줄 알면 목공 초보는 면한 셈"이라고 했다. 지금도 그 말이 틀리지 않다고 생각한다. 목공 초창기에 소소한 도구들이 하나둘 늘어나면서 수납함이 필요했다. 서랍 세 개짜리 공구함 세트를 만들 계획을 세웠다. 서랍 레일을 다는 것이 이 프로젝트(?)의 제일 큰 난관. 한 번도 서랍을 만들어 본 적이 없으니 그럴 수밖에. 열심히 유튜브를 봤으나 전혀 감이 오질 않았다. 그래서 고질병이 또 도졌다. 이름하여 '지름길 찾기'. 취목 초보라면 이 부분에서 공감할 수도 있으리라. 곧바로 컴퓨터앞에 앉아 검색하고 미국 Kreg사에서 나온 '서랍 레일 지그(drawer slide jig)'를 샀다. 그것도 같은 회사에서 나온 두 종류나. 지그(jig)는 같은 일을 반복할 때나, 특별한 작업의 편의를 위해 사용하는

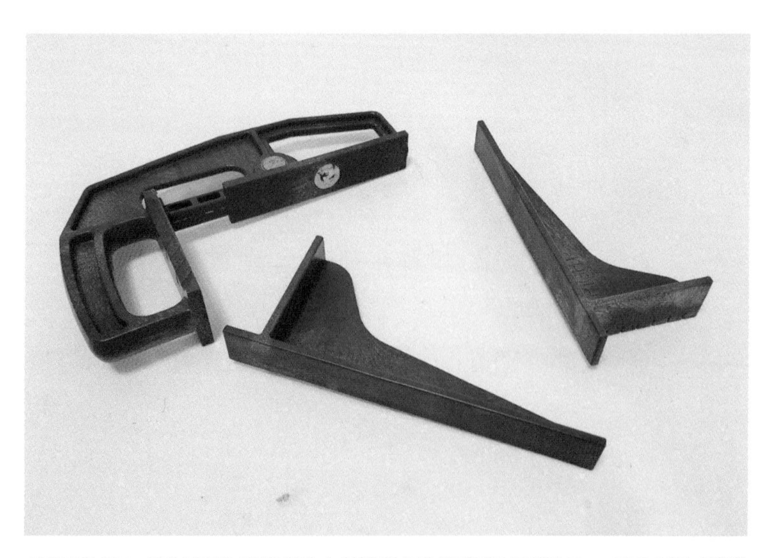

서랍 레일 지그 서랍 레일을 편하게 달 수 있을 것으로 기대하고 구입한 Kreg 지그. 거의 사용한 적이 없다.

보조도구로, 고수들은 대부분 만들어서 쓴다.

Kreg는 목공 지그로 꽤 이름이 알려진 브랜드로, 두 부재를 체결할 때 나사못을 뒤에서 사선으로 박는 '포켓 홀 지그(pocket hole jig)'가 대표 상품이다. Kreg는 이 지그를 만들어 대박을 터뜨리고 회사를 만든 Craig Sommerfeld의 이름에서 따온 네이밍이다. 나 역시 Kreg 포켓홀 지그를 사용하면서 부재의 편리하고 튼튼한 체결에 감탄한 적이 한두 번이 아니었다. 믿고 산 셈이었다.

현실은 또 기대를 배신했다. 우선 지그를 사용하기가 쉽지 않았다. 설명서를 여러 번 읽고, 해당 영상을 몇 번씩 돌려보며 꽤 시간을 보냈다. 이해는 했으나 실전에서는 어딘지 어색했다. 다시 원 위치. 목공 고수들의 블로그와 유튜브를 찾아본 뒤 지그 도움없이 서랍 달기를 마무리했다. 작업실용으로 만든 3단 수납장은 모양이 그럴듯해서 침대 옆으로 지위가 격상됐다.

그때 고생을 한 덕분에 지금은 서랍 만들기가 그리 힘들지는 않다. 네이버 목공카페 '우드워커'에서 '하이매직'이라는 분이 사진과 함께 상세하게 설명해놓은 '나의 서랍 변천사(4.0 버전)'는 지금도 한 번씩 들여다보는 '교본'이다. 여기서는 일단 흔히 사용하는 철제 3단 레일의 두께가 13㎜라는 사실만 기억하고 넘어가기로 하자. 또 서랍을 만들 계획이 있다면 카드나 화투를 잘 챙겨놓으라고 당부하고 싶다. 서랍 앞판을 달 때 아래위 간격 조절에 요긴하게 쓰인다. 내가 샀던 '서랍레일 지그'는 이제 Kreg 홈페이지에서도 찾아볼 수 없다. 같은 용도의 비슷하게 생긴 지그를 시판중인데 아마 기능을 개선시킨 모양이다.

송풍기

목공은 '먼지와의 전쟁'이라고 해도 과언이 아니다. 작업실에서 조금만 일을 해도 톱밥이 날리고 주변에 나무 먼지가 뽀얗게 앉는다. 집진기를 연결해 테이블 쏘로 작업을 하면 아래쪽 분진은 어느 정도 해결이 된다. 그렇지만 톱날은 부재를 자르면서 나무 가루와 먼지를 얼굴 쪽으로 토해낸다. 톱날이 작업자의 몸쪽으로 회전하기 때문이다. 지금은 3마력짜리 집진기도 있고, 바퀴가 달린 휴대용 집진기도 갖추고 있지만 작업실은 여전히 먼지투성이다. 목공을 하면서 집진은 늘 숙제다.

구식 청소기로 집진을 대신하던 시절, '청소할 때 필요하겠다'는 생각에서 덜컥 보쉬 유선 송풍기(Bosch GBL800E)를 구입했다. 송풍기(blower)는 말 그대로 바람을 불어내는 도구지만 이 제품은 먼지 주머니를 부착하고 빨아들이는 기능까지 있었다. 집에서 작업을 할 때였다. 창문을 열고 송풍기를 돌려도 톱밥과 나무 먼지는 잠시 허공에 떴다가 다시 가라앉을 뿐 소용이 없었다. 게다가 소음은 감당하기 힘들 정도였다. 덩치도 조그만 놈이 무슨 소리가 그렇게 우렁찬지….

인터넷을 보니 요즘은 무선 송풍기가 대세인 듯 하다. 송풍기는 전원주택에 사는 사람이라면 낙엽을 쓸거나 눈을 치우기 위해 하나쯤 갖고있어도 괜찮을 것 같다. 승용차 내부를 청소하고, 세차 후 차체에 남아있는 물기를 제거하는 데 아주 효과적이었다는 후기도 본 적이 있다. 하지만 취목의 리스트에서는 빠져도 되는 장비라고 생각한다. 송풍기에 전원을 꽂아본 게 몇 년 전인지 기억도 잘 나지 않는다.

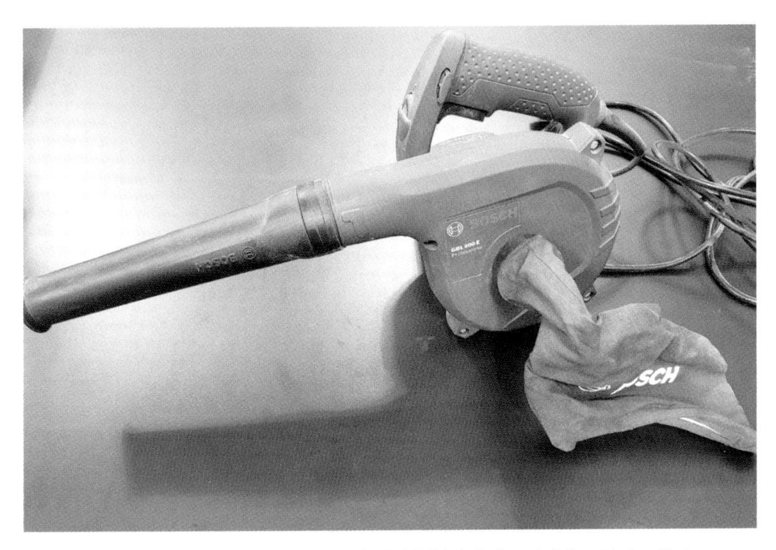

송풍기 목공에서는 거의 쓸 일이 없는 송풍기. 낙엽을 불어낼 때 요긴하게 쓰인다고 한다.

칸자와 이다기리 K-202

목공을 하다 보면 나무에 구멍을 뚫을 일이 자주 생긴다. 장부 맞춤을 하느라 직사각형으로 만들 때도 있지만 대부분은 둥근 구멍이다. 이 둥근 구멍도 지름이 10㎜ 안쪽일 때는 큰 어려움이 없다. 드릴 날(bit) 세트를 사면 0.5㎜, 혹은 1㎜ 단위로 10㎜까지 같이 들어있다. 그리고 조금 더 큰 구멍을 뚫을 때는 개발자의 이름을 딴 포스너 비트(forstner bit)도 있고, 날이 삽지창처럼 생긴 스페이드 비트(spade bit)도 사용한다. 내 공구함에는 포스너 비트가 15-20-25-30-35㎜짜리가 있고, 1/2인치(12㎜)-3/4인치(19㎜)-1과1/2(38㎜) 등 인치(inch) 버전도 있다. 스페이드 비트는 10㎜부터 12, 16 등 짝수로 듬성듬성 28㎜까지 구비하고 있다. 구멍 크기가 다양한 홀 쏘(hole saw) 세트도 두 종류나 된다. 그러나 작업해야 할 목봉의 지름이 17㎜이거나, 43㎜짜리 등 사이즈가 어중간한 구멍을 뚫어야 할 때는 난감한 상황이 벌어진다.

일본에서 만든 '칸자와 이다기리' K202는 이 용도로 구입했다. 칸자와(Kanzwa)는 회사의 이름이고, 이다(板)는 널빤지. 기리(きり)는 송곳, 구멍 뚫는 도구다. 이 제품은 직경 22㎜부터 76㎜까지 뚫을 수 있다. 이 범위 내에서는 크기에 구애받지 않고 편하게 작업을 할 수 있을 것 같아 구입했다. 그러나 새 도구에 익숙해지기에는 시간이 제법 소요됐다. 몇 번의 실패 끝에 겨우 원하는 크기의 구멍을 뚫었다. 그 무렵에야 그 방법이 최선인 줄

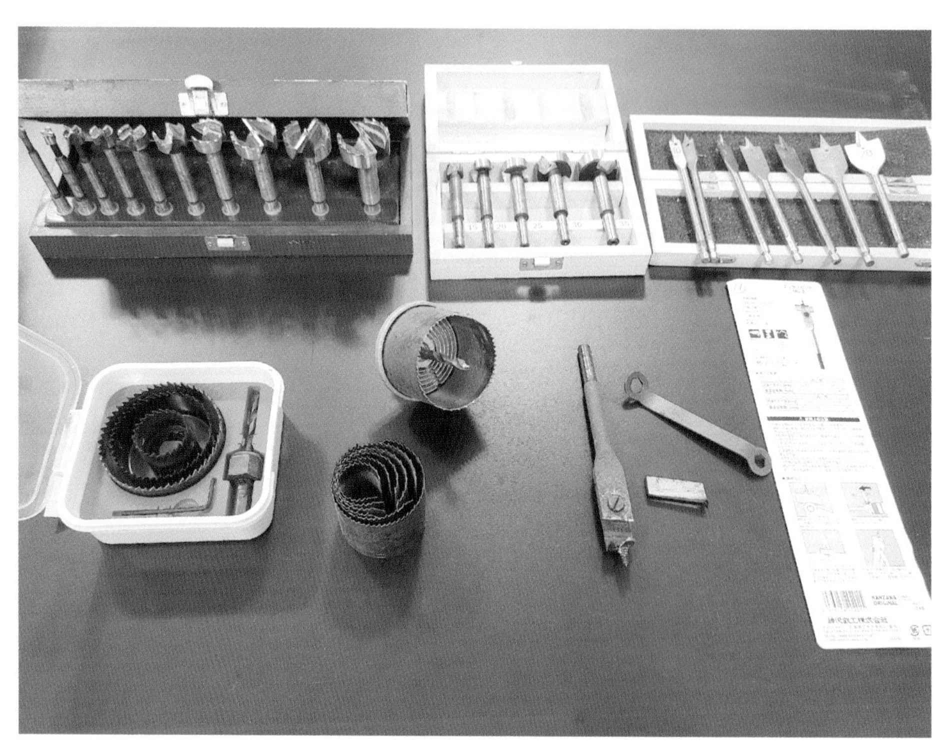

구멍 뚫는 도구들 왼쪽 위부터 시계방향으로 인치 버전의 포스너 비트, 15~35㎜의 마끼다 포스너 비트 세트, 스페이드 비트, 칸자와 이다기리, 홀 쏘(hole saw) 두 가지. 이다기리는 잔뜩 녹이 슬어있다.

알았다. 지금은 구멍을 조금 넓히기도 하고, 끼워 넣을 목봉을 살짝 갈아내는 등 어떻게든 일을 해낸다. 이후 나무에 구멍을 뚫을 일이 있을 때면 이다기리를 한 번씩 꺼내 본다. 하지만 이다기리는 구멍 내부를 긁어내면서 파내려 가기 때문에 조금만 원이 커도 나무에 박혀 회전을 멈추기 일쑤다. 충전 드릴로는 힘이 달려 반드시 드릴 프레스에 물려서 작업해야 한다. 드릴 프레스에서도 부재를 확실하게 고정시키지 않으면 비트가 구멍을 뚫던 나무를 물고 함께 돌아가 다칠 위험도 있다. 한두 번 사용해 보고는 다칠까 싶어 좀처럼 꺼내 들지 않게 된다. 취목들에게 그다지 추천하고 싶지 않은 물건이다.

앵글 클램프와 홀드다운 클램프

클램프(clamp)는 두 물체를 함께 붙잡아 고정시키는 도구다. 우리가 잘 아는 바이스(vise)와 같은 역할을 한다. 대부분 쇠로 되어있으나 더러는 나무와 플라스틱을 소재로 사용하기도 한다. 클램프를 '목공을 하는 또 다른 나의 손'이라 표현하는 사람도 있다.

베세이(Bessey) 클램프는 빨강, 어윈(Irwin)은 파랑, 포니(Pony)는 오렌지, 울프 크래프트(wolfcraft)는 녹색과 검은색…. 목공인들에게는 익숙한 브랜드이자 눈에 익은 색깔들이다. 이 회사들이 생산하는 클램프들은 세계적으로 인기를 끌고 있다. 구색을 갖추려고 한 것도 아닌 데, 어쩌다 보니 나도 이들 제품 한 가지 이상씩을 갖게 됐다. 베세이와 울프 크래프트는 독일 회사, 어윈은 미국회사다. 역시 미국에서 출발한 포니는 몇 년 전 중국

회사로 소유권이 넘어갔다.

잠깐 클램프 회사들을 훑어보자. 독일 슈튜트가르트에 본사를 둔 베세이는 1889년 Max Bessey가 금속 가공 회사로 출발해 1930년대 중반부터 클램프를 생산하기 시작했다. 스프링 클램프, C-클램프, 기어 클램프, 바(Bar) 클램프, 경량 KliKlamp, 파이프 클램프, 패러랠 클램프…. 베세이 홈페이지에 들어가 보면 소개하고 있는 제품의 종류가 하도 많아 머리가 어지러울 정도다. 제품 중에서 특히 책장 등 부피가 큰 가구제작이나 판재 집성 때 사용하는 K Body 패러랠 클램프와 파이프 클램프는 뛰어난 품질로 정평이 나있다. 국내외를 통틀어 공방 클램프 거치대에 베세이 제품이 걸려있지 않은 곳이 없다고 보면 된다. 이 회사는 'To stop improving is to stop being good'이라는 창립자 Max의 말을 모토로 삼고 있다. 국내의 한 블로거는 '개선을 멈추는 것은 나빠짐의 시작'이라고 멋지게 번역했다.

포니는 회사 역사가 재미있다. 이 회사는 1903년 미국 시카고에서 나사 방식의 나무 클램프를 만들어 파는 작은 가게로 출발했다. 회사를 만든 사람은 Adele V. Holman이라는 오페라 가수였던 여성. 미국이지만 당시에도 이런 분야에 여성의 존재는 흔한 일이 아니었다. 그래서 그녀는 회사 결재서류나 거래처와 주고받는 문서에도 자신의 성(性)을 숨기기 위해 'A. V. Holman'이라고 서명했다. 그녀는 기술 혁신, 고객 서비스, 품질 향상 등 세 마리 토끼를 함께 쫓으면서 의욕적으로 사업을 추진했다. 그녀는 곧 덴마크계 가구제작자 Hans Jorgensen, 목공용품 세일즈맨 Marcus Russ와 파트너쉽을 맺는다. 이 또한 그 시대에서는 획기적인 시도. 이렇게 해서 'Pony Jorgensen'이라는 브랜드가 만들어지고 C-클램프, 바(bar) 클램프 등 후속작이 연이어 히트를 치면서 포니의 이름을 세상에 알렸다. 하지만 포니는 지난 2018년 중국 항주에 본사를 둔 'Greatstar'에게 소유권이 넘어간다.

어윈의 역사에는 대장장이 두 명이 등장한다. 1884년 미국 오하이오주 마틴즈빌(Martinsville)에서 약국을 운영하던 Charles Irwin은 고객 중의 한 사람인 동네 대장장이로부터 '오거 비트(Auger bit·나무에 구멍을 내는 나사 송곳)'의 아이디어를 사지 않겠느냐는 제안을 받는다. 어윈은 권리를 사들이고 1년 뒤 특허를 낸다. 이렇게 만든 회사가 '어윈 오거 비트 Co.'다. 40년쯤 뒤 미국에서는 또 다른 독창적인 아이디어를 지닌 대장장이가 나타난다. 네브라스카주에 사는 덴마크 이민자 William Petersen이다. 그는 자신이 발명하고 대장간에서 만든 로킹 플라이어(locking pliers·플라이어, 렌치 및 바이스로 이용하는 도구. 물체를 잡거나 고정하기 위한 가변 턱이 있다.)를 차 트렁크에 싣고 다니며 농부와 주변 사람들에게 팔기 시작했다. 그는 자신의 새 아이디어를 특허내고 바이스 그립(Vise-Grip)이라고 이름을 붙인다. Petersen 가족이 운영하던 'American Tool'은 1993년 어윈을 인수하고, 2002년 'IRWIN Industrial Tool Company'로 이름을 바꾼다. 목공을 하면서 나는 컴퓨터로 공구회사 홈페이지에서 'history'난을 꼭 찾아서 읽는다. 개인사든 회사의 성장 과정이든 역사는 참 재미있지 않은가? 회사의 역사를 읽고 나면 내가 사용 중인 공구와 더 친해졌다는 느낌을 받는다.

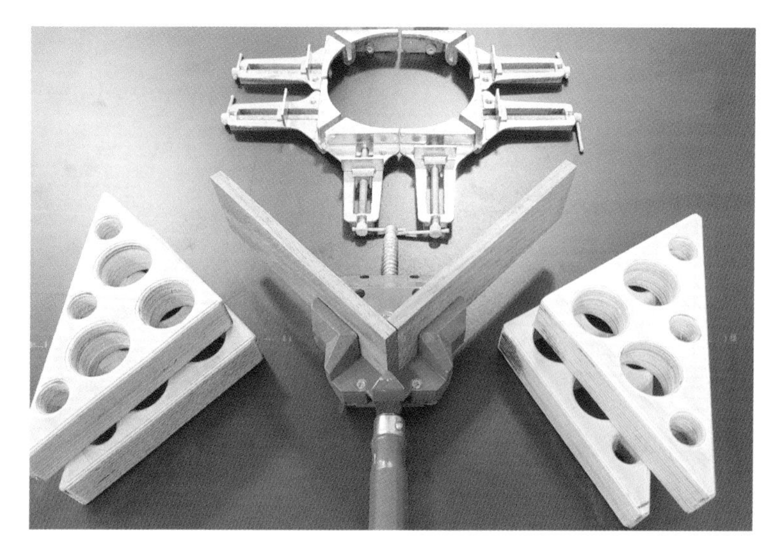

앵글-코너 클램프 사진 위가 포니의 코너 클램프. 4개가 한 세트다. 아래 빨간색이 베세이 앵글클램프. 아래 양쪽은 자작 합판으로 만든 코너클램프로 기성품보다 더 자주 사용한다.

나는 파이프 클램프로 포니와 어윈 것을 사용 중이고, 베세이 바 클램프와 경량 클램프도 몇 개씩 있다. 7~8년 전 미국에 여행을 갔다가 6개 세트로 싸게 샀던 어윈 퀵-그립(Quick-grip) 클램프는 지금도 잘 쓰고 있다. 문제는 여기서부터 시작이다. 한 회사의 특정 제품을 잘 사용 중이라고 해서, 다른 제품도 품질이 좋고 용도에 적합할 것으로 기대해서는 안된다. 내 경우, 그 대표적인 것이 베세이의 앵글(angle) 클램프와 포니의 코너 클램프다. 목공에서 두 부재를 직각으로 연결할 일은 수없이 많다. 직각을 유지한 채 본드를 바르고, 나사 못을 박는다. 이 때는 앵글 클램프를 쓴다. 코너 클램프는 박스의 네 모서리를 직각으로 잡아준다. 제품 자체에 대해서는 둘 다 크게 나무랄 것이 없다. 처음 한두 번은 나도 잘 썼다. 그러나 목공하는 시간이 쌓일수록 점점 멀리하게 됐다. 조그만 앵글클램프 위에서 각도를 잡고, 코너 클램프를 조절하느라 쇠꼬챙이 나사를 돌려야 하는 일이 번거로웠다. 코너클램프가 4개 한 세트이니 서랍을 하나 조립하려면 나사 8개를 돌려야 세팅이 끝난다. 게다가 서랍을 여러 개 만들 때는 내가 가진 코너 클램프 1세트로는 역부족이다. 언제 풀고 조이고 하겠는가? 그렇다고 서랍 개수만큼 코너 클램프 세트를 갖출 수도 없는 노릇이다.

홀드다운(hold-down) 클램프도 같은 신세다. 작업대에서 부재를 눌러줄 무언가가 필요했고, 이렇게 해서 사게 된 것이 포니 홀드다운 클램프다. 그것도 두 종류나. 이것들을 잘 쓰고 있는 사람도 있을 것이다. 그러나 내게는 맞지 않았다. 쓰다 보니 플라스틱 제품은 힘이 부족하다는 느낌을 받았고, 쇠뭉치로 된 녀석은 망치질 몇 번에 작업대에 물려놓은 나사가 풀려 흔들거리기 일쑤였다. 한참 뒤 보조작업대를 만들고 강하게 압착하는 클램프를 부착해 이 문제를 해결했다.

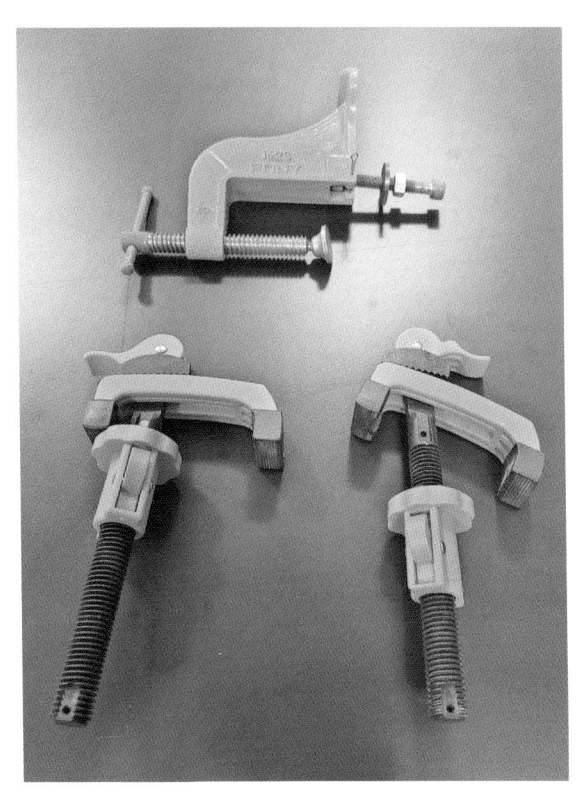

홀드다운 클램프 포니의 홀드다운 클램프 두 종류. 제품이 썩 만족스럽지는 않다.

초보 때는 늘 장비가 부족하다. 공구나 도구만 있으면 일을 제대로 할 것 같은 유혹에 빠진다. '지름신'이 강림하는 것도 이 무렵이다. 누군가 목공 카페에 "취목인데 클램프는 몇 개가 적당하고, 어떤 걸 사야 하나요?"라고 질문했다. 다른 이가 대답했다. "클램프는 필요할 때, 필요한 만큼 사면 됩니다. 클램프는 사도 사도 언제나 부족해요. 대신 비싸더라도 좋은 거 사세요. 힘이 없거나, 힘에 못 이겨 부러지거나 망가져서 다시 사게 됩니다."

백번 맞는 말이다. "클램프가 충분한 목수는 없다." 외국의 목공 격언이기도 하다. 그러나 정말로 꼭 필요한 물건인지, 또 5년 후 10년 후라도 계속 잘 사용할 물건인지 판단하기는 쉽지 않다. 초보 때는 어쩔 수가 없다. 수업료를 냈다고 생각해야지 어쩌겠는가?

밴드 클램프와 깔깔이 바

목공인들이 '늑대표', 혹은 '늑대공예사'라고 부르는 울프 크래프트는 DIY용 공구를 생산하는 회사다. Robert Wolff의 창립연도가 1949년이니 100년이 훨씬 넘은 베세이나 포니, 어윈에 비하면 역사가 일천한 셈이다. 하지만 작업대부터 드릴 비트, 직각자, 샌드페이퍼에 이르기까지 웬만한 목공 보조도구는 없는 게 없다. 그 종류만도 500가지가 넘는다.

밴드(band) 클램프는 작은 박스나 액자 같은 것들을 조립할 때 적당한 힘으로 잡아주는 역할을 한다. 무슨 작업을 할 때 샀는지 이제 기억도 나지 않는다. 하여튼 '목공 물정'에 어둡던 시절 울프 크래프트의 밴드클램프를 5만원쯤 주고 샀다. 그때는 구하기도 쉽지 않았으나 지금은 베세이나 포니 밴드클램프도 국내에서 판매되고 있고, 가격도 2~3만원이면 살 수 있다.

코로나가 시작되기 전인 2019년. 형제들과 해외여행을 한 적이 있다. 이때 찍은 사진들을 인화해서 선물할 요량으로 액자 30개를 한꺼번에 만든 적이 있다. 액자는 네 귀퉁이가 45도로 만난다. 테이블 쏘로 부재 양쪽을 45도로 자르면서 길이를 같이 맞춘다는 게 쉽진 않았다. 세 귀퉁이가 잘 맞아도 마지막에 결국 틀어져서 낭패한 적이 한두 번이 아니었다. 액자 분량만큼 실패

밴드 클램프 · 깔깔이 바 사진 아래 왼쪽이 울프 크래프트의 밴드 클램프. 오른쪽은 깔깔이 바. 위쪽은 전산볼트와 자작 합판으로 만든 경량형 박스 클램프.

작을 내고서야 간신히 일을 마무리했다. 조립도 까다로운 만큼 클램핑에 신경을 써야 한다. 하지만 이때도 밴드클램프는 동원되지 않았다. 외국 목공잡지에 나온 액자 지그(jig)를 만들어 어렵지 않게 조립했다. 내가 가지고 있는 '늑대표' 밴드클램프는 이제 단종이 되었는지 안 보이고, 디자인도 다른 상품이 팔리고 있다.

'깔깔이 바'는 다른 목공인의 블로그를 보고 구입한 물건이다. 이 녀석은 트럭에서 짐을 고정할 때 주로 쓰인다. 이름도 '화물차 짐바', 혹은 '자동바', '라쳇(ratchet) 벨트'로 제각각이다. 라쳇은 사전을 보면 '미늘 톱니', 역진 방지장치라고 설명이 되어 있다. 사전을 다시 찾아보니 '미늘'은 '낚시 끝의 안쪽에 있는, 고기가 물면 빠지지 않게 만든 작은 갈고리'다.

깔깔이 바는 큰 가구를 만들 때 잘 쓰겠다 싶었다. 길이가 5m나 되니 침대나 책장 만들면서 클램핑으로 애를 먹을 일은 없어 보였다. 게다가 다른 분야의 저렴한 도구(2개 세트에 1만5천원쯤 줬다.)를 이용할 수 있으니 금상첨화였다. 그러나 생각만큼 네 귀퉁이가 고루 잘 조여지지 않았다. 더구나 처음 꺼내서 쓴 날부터 문제가 생겼다. 초보는 어쩔 수가 없다. 지금도 내 깔깔이 바는 한쪽 벨트가 라쳇뭉치 속에서 뒤엉켜있는 상태다.

벤치 쿠키

미국 목공용품 회사 Rockler의 제품 홍보 동영상이 재미있다. 벤치 쿠키(Bench cookies)는 샌딩이나 라우팅을 할 때 부재가 미끄러지지 않도록 받쳐주는 보조도구다. 생긴 모양이 아이스하키

벤치 쿠키 벤치 쿠키들. 광고와는 달리 샌딩때 기계 진동 때문에 자꾸 움직여서 쿠키가 제 역할을 못한다. 가운데 포개 놓은 검은 플라스틱은 오일이나 바니쉬를 바를 때 올려놓는 '페인트 콘'이다.

퍽, 둥근 쿠키처럼 생겨서 이런 이름이 붙었다. 동영상에서는 작업자가 나사못과 나무토막, 목공풀 등 잡다한 재료를 믹서기에 넣고 갈고, 오븐에 넣고 찌면 비스킷 모양의 파란색 제품이 나온다. 둥근 판 아래 위에는 미끄럼 방지 고무가 붙어있어 큼지막한 판재를 올려놓고 샌딩을 해도 나무는 미동도 하지 않는다. 대패로 나무 모서리를 다듬을 때도 올려놓고 사용한다. Rockler사 인터넷 몰의 후기에는 500개가 넘는 댓글이 달려있고 평점은 5점 만점에 4.8을 받고 있다. 리뷰에는 '필수품(must-have)'이라거나 'great product(훌륭한 상품)'이라는 찬사가 줄을 잇고 있다. 내가 처음 구입한 벤치 쿠키는 정사각형으로 생긴 중국제로 제품이 시원찮았다. 그 후에 장만한 Rockler사의 제품 역시 홈페이지의 리뷰만큼 완벽하지는 않았다. 나는 샌딩할 때는 다이소에서 산 미끄럼 방지 패드를 작업대 위에 깔고 작업한다. Rockler의 벤치쿠키보다 훨씬 편하다. 벤치쿠키 위에 나무를 올려놓고 라우터를 돌리는 작업은 시도도 안 해 봤다. 불안해서다. 다른 사람은 어떤지 모르겠지만 내 경험으로는 '없어도 전혀 불편하지 않은 액세서리'다.

수공구

자

'Measure twice, cut once(두 번 재고, 한 번 잘라라).' 목공인들 사이에 가장 잘 알려진 이 경구는 측정의 중요성을 강조한다. 잘못 재면 모든 것이 어긋날 수 밖에 없다. 자(ruler)는 목공의 출발점이다. 목공용품 쇼핑몰에서 '측정공구' 항목에 들어가 보면 그 종류만해도 수십 개가 넘는다. 줄자, 철자, 이동 스퀘어, 연귀자, 직각자, 자유자, 곱자, 수평·수직·각도측정, 버니어 캘리퍼스, 윤곽측정기, 그무개·휠마킹 게이지 등등…. 들여다보는 사람이 어지러울 지경이다. 도대체 뭘, 또 어떤 것을 준비해야 하나?

내 작업대 첫 번째 서랍 역시 각종 측정도구들로 가득하다. 하나에 2만원 넘게 주고 산 작은 직각자에, 줄자도 인치 겸용을 포함해서 6개나 된다. 발음도 어려운 일본세 게가끼 게이지(scriber gauge)도 있고, 버니어 캘리퍼스(vernier calipers)도 디지틀, 수동 합해서 3개가 있다. 게가끼 게이지는 같은 폭으로 금긋기를 할 때 자주 쓰고, 버니어 캘리퍼스로는 어미 자는 고정된 채 아들 자(vernir)를 이동시켜 외경, 내경, 깊이를 잰다. 초등학교 앞

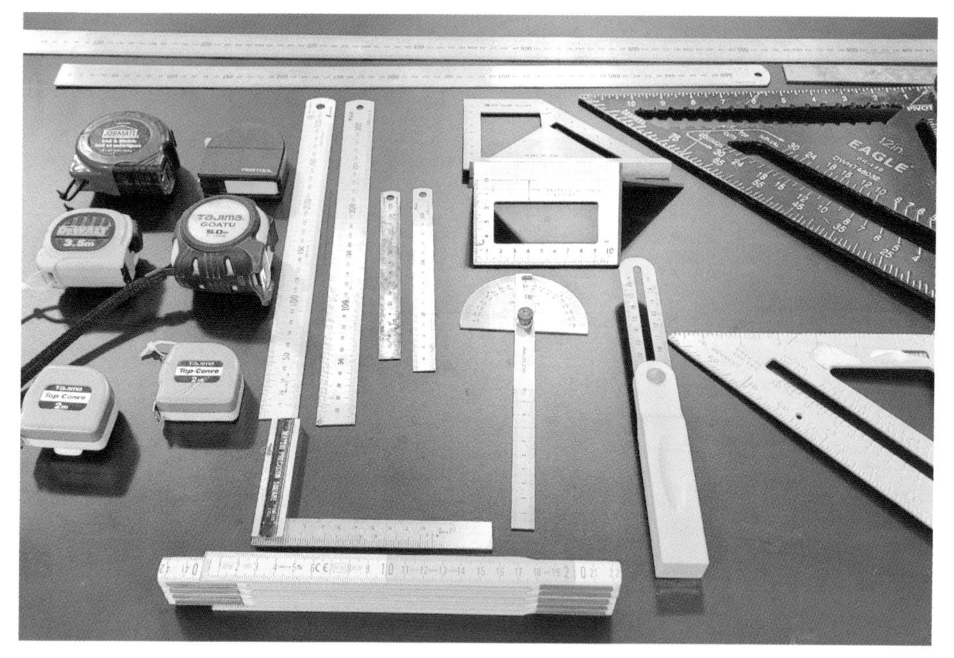

자 작업대 서랍을 가득 채우고 있는 각종 자들. 철자는 15㎝, 30㎝, 60㎝, 1m짜리가 있고, 줄자 중 2개는 인치 겸용이다. 나무 접자 바로 위에 있는 것이 일제 직각자. 조그마한 놈이지만 가격은 2만원이 넘는다. 노란색은 자유 각도자.

문방구에서 1,000원 주고 산 콤파스도 있고, 이케아에서 얻어온 종이 줄자도 있다. 하나씩 꺼내들고 살펴보면 다 사연이 있는 물건들이다. 목공하는 사람들 대부분 나와 비슷하지 않을까? 목공 10년에 내공은 안 쌓이고, 서랍에는 잡동사니만 가득하다.

결론부터 이야기하자. 5m짜리 줄자 한 개와 30㎝짜리 콤비네이션자 하나만 있으면 충분히 '목공 여행'을 시작할 수 있다. 줄자는 필수품이라고 할 수 있다. 옛날 목수들이 쓰던 나무로 된 접이식 자도 줄자를 대신할 수 있고, 30㎝, 60㎝, 1m짜리 철자도 줄자만큼 쓰임새가 많다. 하지만 간단하게 부재의 길이를 잴 때나, 서랍이나 박스의 대각선을 체크할 때도 줄자만큼 편한 것이 없다. 잠금장치를 눌러서 여러 부재의 크기를 비교할 수도 있고, 단추만 누르면 줄자는 금방 원상태로 돌아간다. 줄자는 클립이 있어 허리띠에 끼울 수도 있고, 앞치마 주머니에도 쏙 들어가서 항상 몸 가까이에 둘 수 있다. 작업을 하다보면 금방 쓴 연필이 안보여서 찾느라 시간을 허비하는 일이 생기기도 한다. 줄자는 그런 일이 거의 없다.줄자를 사용할 때 주의할 점이 있다. 작업을 할 때 가급적 줄자 하나로 일을 마치는 편이 좋다. 다른 브랜드의 줄자 2개, 혹은 줄자와 철자 등 다른 자를 섞어 쓰면 미세하게 치수가 달라질 수 있다. 영어권에서는 줄자에 대해 얘기하년서 "Bury an inch(1인치를 감춰라)."라는 표현을 자주 쓴다. 정확하게 재려면 줄자 끝에 달린 철물을 기준으로 하지 말고 1인치(25.4㎜)가 마크된 부분을 출발점으로 삼아 측정하라는 얘기다. 물론 실제 치수는 읽은 값에서 당연히 1인치를 빼야 한다. 줄자를 쓰다 보면 고리를 걸고 잴 때와 고리를 부재 안쪽에 붙이고 잴 때의 철물 유격이 신경쓰이는 것도 사실이다. 그러나 줄자를 유심히 들여다보면 철물이 고리의 두께만큼 움직이도록 만들어져 있다는 사실을 알게 된다. 이를테면 '줄자의 비밀'이다. 나는 줄자를 쓸 때 10㎝ 지점을 기준점으로 한다. 그런데 종종 10㎝ 빼는 것을 깜빡한다.

컴비네이션 스퀘어(combination square)는 다재나능한 친구다. 선을 긋고 길이를 재는 것은 기본이고, 45도나 직각을 확인할 수 있다. 또, 깊이를 측정하고 모서리에서 일정한 거리의 선긋기 작업도 반복해서 할 수 있다. 철자, 연귀자, 직각자, 버니어 캘리퍼스, 게가끼 게이지의 역할을 두루 수행한다. 고가품은 각도계가 달려있어 임의의 각을 재고, 긋고 할 수 있다. 또 목선반 작업을 할 때 원의 중심을 찾아내는 데에도 요긴하게 쓰인다. 컴비네이션 스퀘어는 팔방미인임에도 불구하고, 국내에서는 제 대접을 받지 못하고 있다. 비싸지 않은 가격에 쉽게 구할 수 있지만 하나같이 정확하지 않더라는 이유에서다.

콤비네이션 스퀘어에서 제일 중요한 것은 직각이다. 먼저 몸체를 자 아래쪽에 고정시킨 채 연필로 A4 용지나 판재에 선을 긋고, 다시 자를 뒤집어 선을 그어보라. 선이 겹쳐야 정상이지만 저가형 제품들은 대부분 끝이 벌어진다. 직각이 아닌 것이다. 또, 눈금이 음각으로 새겨져 있는지, 인쇄되어 있는지도 자의 퀄리티를 나누는 기준이 된다. 자의 중간에 나 있는 슬라이딩 홈으로 몸체가 잘 미끄러지고 정해진 위치에 흔들림 없이 고정되는지도 체크해야 한다. 자에 붙어있는 수평계나 선을 긋는 철필은

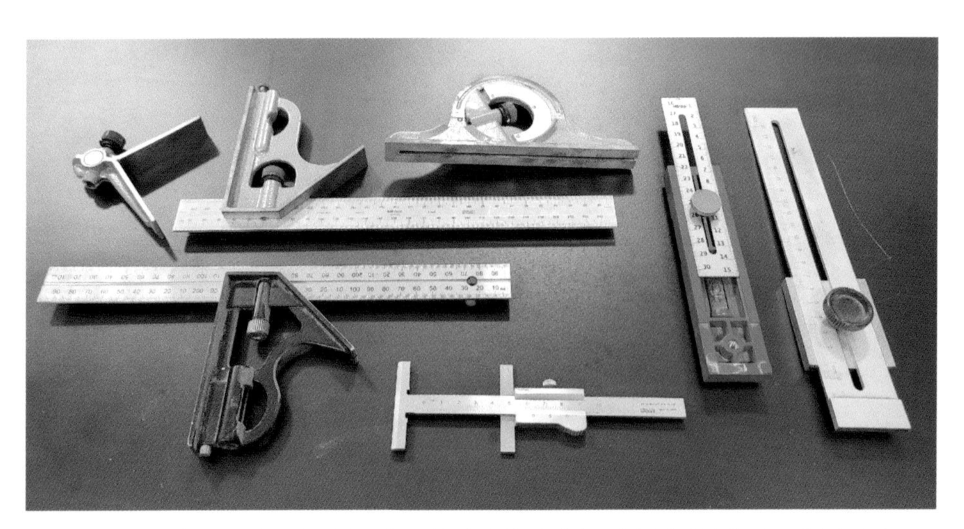

콤비네이션 스퀘어 왼쪽 두 개가 콤비네이션 스퀘어. 가운데 아래쪽이 게까끼 게이지다. 콤비네이션 스퀘어 윗 사진(마츠토요 제품)에서 왼쪽이 원의 중심을 찾는 센터 헤드, 오른쪽은 각도계다.

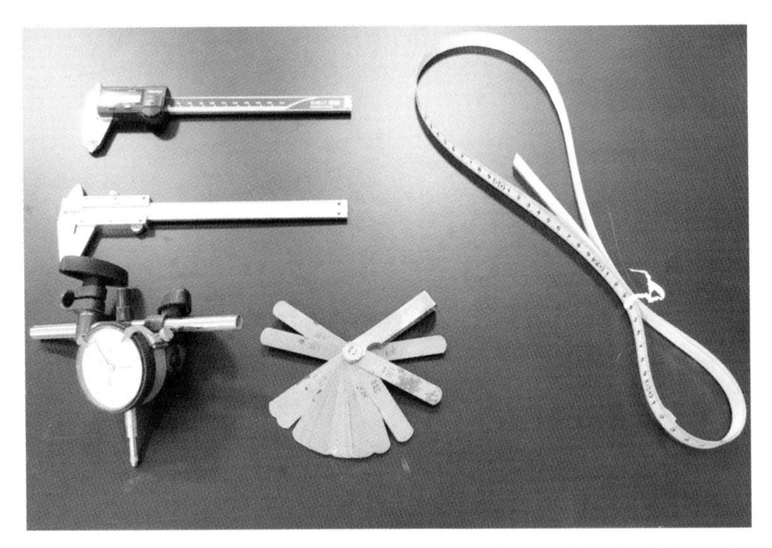

틈새 게이지 왼쪽 위에 있는 두 개가 버니어 캘리퍼스. 아래쪽 것은 수동이다. 왼쪽 위부터 아래로 다이얼 게이지, 틈새 게이지, 접착식 줄자.

큰 의미가 없는 것 같다.

컴비네이션 스퀘어는 미국의 Laroy. S. Starrett이 1877년 만들어 세상에 소개했다. Starrett이 이 제품을 처음 내놓았을 때 가장 큰 과제는 몸체가 자에 파여진 홈을 따라 움직이면서 어느 위치에서나 정확한 직각을 유지하는 것이었다. 그로부터 140년이 넘게 지났지만 아직도 다른 많은 회사들은 이 숙제를 풀지 못하고 있다. Starrett의 이름을 딴 이 회사의 제품은 오늘날까지 컴비네이션 스퀘어의 대명사로 꼽히고 있다.

측정도구가 준 '새로운 경험'으로 최근 혼자 흥분했던 적이 있다. 내게 기쁨을 선사한 녀석은 틈새게이지(feeler gauge, 혹은 thickness gauge). 사전을 찾아보니 feeler는 '곤충의 더듬이(촉수)'라고 되어있다. 주로 기계 분야에서 사용하는 이 게이지는 두께를 재고, 부품을 조립할 때 틈 사이를 정밀하게 맞춰 조절하는 용도로 사용된다. 여러 가지 두께의 박강판 게이지를 조합한 것으로, 내가 쓰는 것은 두께 0.03~1㎜까지 25장이 1세트로 구성되어 있다. 유튜브를 보고 '조절 가능한 박스조인트 지그(adjustable box joint jig)'를 만들 때였다. 박스조인트는 나무를 같은 간격으로 엇갈리게 파서 체결하는 짜맞춤의 일종이다. 지그는 완성했지만 작업 초반의 결과물은 실망스러웠다. 두 부재가 빡빡해서 잘 끼워지지 않거나, 때론 헐거워서 금방 훌러덩 빠지곤 했다. 내 테이블 쏘 톱날의 두께는 3.3㎜. 톱날이 지나간 공간(암놈, 3.3㎜)과 살려둔 수놈의 두께가 달랐던 것이 원인이었다. 수놈이 3.4㎜이면 들어가질 않았고, 3.1㎜이면 헐렁했다. 틈새 게이지로 지그의 간격을 미세 조정했더니 깔끔하게 잘 들어맞았다. 참 신기했다. 간단한 일로 호들갑을 떤다고 전문가들은 웃을 것이다. 하지만 나는 목공을 하면서 불과 몇 천원짜리 물건이, 그것도 서랍속에서 몇 년씩 방치되어 있던 녀석이 이런 결정적인 역할을 하리라고는 생각도 못했다. 이제는 서랍을 짜거나 트레이를 만들 때는 서슴없이 박스조인트 지그를 테

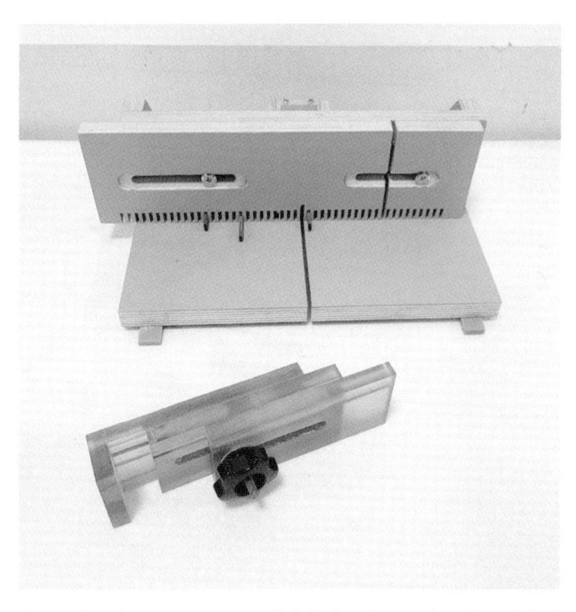

박스조인트 지그 유튜브를 보고 따라서 만든 박스 조인트 지그. 아래 반턱 지그는 아크릴보다 훨씬 단단한 폴리카보네이트를 써서 만들었다.

이블 쏘에 올려놓는다. 다 틈새 게이지 덕분이다.

대패

오랜만에 만난 후배가 "요새도 목공을 하세요?"라며 인사한다. 그러면서 두 손으로는 대패질하는 시늉을 한다. 이 친구에게 대패(plane)는 목공의 대명사인 모양이다. 하지만 어찌 알겠는가? 내게 있어 대패는 실패와 좌절의 동의어라는 사실을.

사실이 그렇다. 대패는 목공 장비의 '지존'이다. 기능도 다양한, 수많은 공구가 있지만 목공에서 대패가 차지하는 위치는 예나 지금이나 변함이 없다. 작업할 부재의 면을 다듬거나 두께를 맞추고, 조립 후 단차를 없애는 마무리까지. 대패는 작업의 시작부터 끝까지 참여한다. 날 갈기가 힘들어서, 또는 소질이 없어서 아무리 피해 다녀도 목공을 하는 한, 어느 시점에서는 결국 대패에 도움을 청할 수 밖에 없다.

내가 처음 대패를 만져본 것은 50이 넘어서였다. 가끔 구경은 했으나 대패로 직접 나무를 밀어본 적은 그때가 처음이었다. 대패를 사긴 했으나 어미날과 덧날 세팅은 커녕, 날 가는 방법도 몰랐다. 샀으니까 그냥 사용했을 뿐이었다. 그랬기에 나무를 깎아내기보다 살을 덜어내는, 심하게 얘기하면 '뜯어내는' 수준이었다. 자연스럽게 대패는 관심에서 멀어졌다.

그 후 짜맞춤 공방에 등록을 하면서 다시 대패를 만나게 됐다. 수업에서 선생님이 시범을 보였다. 예리한 대팻날이 나무 위를 스치듯 지나갔다. 깎아낸 대팻밥은 신문 활자가 선명하게 보일 정도로 얇고 투명했다. 사각사각. 대패질하면서 나는 소리가 음악처럼 들렸다. 나무마다 그 소리가 다르다는 것도 그때 처음 알았다. 목공을 조금 했다고 선생님께 아는 체를 했다. "이 정도 매끈한 단면이 나올 정도면 사포는 몇 방까지 샌딩을 해야 합니까?" '방'은 '빼빠'라는 단어가 더 친숙한 샌딩 페이퍼의 연마석 입도(grit)를 말한다. 숫자가 낮을수록 거칠고, 높을수록 표면이 부드럽고 곱다. 선생님은 쿨하게 대답했다. "10,000방까지는 해야겠죠?" 나는 보통 샌딩은 400방 정도로 끝을 낸다. 월넛으로 독서대를 만들면서 작심하고 2,000방까지 샌딩을 했던 적이 있다. 그때는 150방에서 시작해서 220방, 400방, 600방, 1,000방의 단계를 거쳤다. 사포를 계속 갈아끼면서 했던 반복작업은 힘도 들고 짜증이 나기도 했다. 칼을 숫돌에 갈면서 1,000방으로 시작해서 6,000방이나 8,000방으로 마무리하는 데 10,000방이라면 대패질 단면이 얼마나 매끈한지 짐작이 갈 것이다. 대패만 잘 다루면 샌딩은 생략할 수도 있겠다는 생각이 들었다.

이어서 선생님의 강의는 대팻날 갈기, 대패 바닥 평을 잡는 방법, 대팻날 세팅의 순으로 이어졌다. 첫날 강의를 마치면서 툭 하고 던진 선생님의 말씀이 두고두고 족쇄가 되어 나를 괴롭혔다. "작업실에 도착하면 매번 대패를 세팅하세요. 일주일 만에 다시 대패를 잡는다면 대팻집이 틀어졌다고 보면 됩니다. 이 작업은 30분만에 끝내야 합니다. 그래야 수업을 시작합니다."

수업 준비물은 '욱부사(旭富士)'라는 이름의 초벌과 마무리용 장·단대패 두 개. 이름에서 알 수 있듯 일본에서 대팻날을 수입해서 국내에서 만든 것으로 개당 10만원쯤 한다. 세팅의 시작은 날 갈기. 먼저 대팻날을 1,000방과 6,000방 숫돌에 얼굴이 비

대패들 사용중인 대패들. 사진 아래 왼쪽 두 번째가 라리 손 대패. 그 위가 마무리용으로 사용하는 욱부사 단대패. 한눈에 봐도 대패들 상태가 엉망이다.

칠 정도로 갈았다. 이어 덧날도 연마한다. 날을 갈면서 400방짜리 다이아몬드 숫돌을 이용해 수시로 물 숫돌의 평을 잡았다. 다음은 대팻집 차례. 대패에 날을 끼운 채 150방짜리 사포를 붙인 폭 12㎝, 길이 60㎝짜리 유리판에서 바닥 평을 잡고, 다시 날 아래위 두 부분을 구두칼로 긁어냈다. 0.5㎜ 정도 긁어내라는 주문이었다. 그리고 대패를 뒤집어 머리카락 한 올 정도 날이 나오게 하는 것이 마지막 순서였다. 특히 마무리대패는 대팻밥이 글자를 읽을 수 있을 정도로 얇게 나와야 합격이었다.

그러나 나는 공방을 그만둘 때까지 이 30분을 지키지 못했다. 공방에서 대패를 준비하는 시간을 줄여보겠다고 금요일마다 퇴근 후 자정이 넘도록 숫돌과 씨름한 적이 한두 번이 아니었다. 대패 날 갈기가 왜 그렇게 힘들었나 모르겠다. 항상 재미있던 목공이 진절머리가 나도록 싫어졌던 시간이었다.

그렇지만 시간이 갈수록 대패의 필요성을 절감한다. 책장을 만들었는데 가로 세로판의 단차가 생기거나, 날카로운 모서리를 다듬을 때도 대패를 꺼낸다. 이때 내 손에 들려있는 것은 욱부사 대패가 아니라 서양대패인 베리타스(Veritas) 블록플레인이거나 라리(Rali) 손대패다. 블록플레인은 목재 마구리면 같은 좁은 부분을 작업할 때나 모서리치기 등 소소한 작업에 특화된 대패다. 라리 손대패는 면도날처럼 날이 교체식이고, 사이즈도 손에 쏙 들어와 애용하고 있다. 도피처를 찾은 셈이다. 짜맞춤 공방에서의 트라우마로 한때 서양 대패로의 '전향'도 생각했다. 그래서 영국으로 출장 간 친구에게 대패를 사오라고 부탁하기도 했다. 서양대패는 언뜻 보기에는 마냥 편할 것 같다. '호닝 가이드(honing guide)'라고 부르는 날갈이

사이드 테이블 결혼하는 조카 선물용으로 만든 사이드 테이블. 상판 단차를 잡기 위해 대패를 비교적 많이 사용했다.

지그(jig)도 여러 종류가 출시돼 있다. 호닝 가이드가 있으면 날 갈기가 수월한 것은 사실이다. 서양 대패는 대부분 몸체가 쇠로 되어있어 나무대패처럼 틀어질 일도 없고, 바닥을 긁어서 단차를 만드는 수고를 할 필요도 없다. 날의 깊이를 조정하는 일도 나무 대패보다는 쉽다. 하지만 영국에서 건너 온 대패는 바닥의 평이 전혀 맞질 않았다. 쇠로 된 바닥을 반듯하게 갈아내는 일은 지금도 엄두가 나지 않는다. 서양 대패는 가짓수가 많아서 익숙해지기 위해서는 꽤 공부를 해야 한다. 벤치(bench) 플레인, 스크럽(scrub) 플레인, 라벳(rabbet) 플레인, 블록(block) 플레인, 숄더(shoulder) 플레인 등등…. 우리 나무대패 이상 머리가 아픈 것이 이 서양 대패다. 미국에서 활동 중인 유명 목수 Paul Sellers는 이 많은 대패 중에서도 4번 대패(벤치 플레인은 각각 번호가 붙어있다) 하나면 모든 작업을 다 할 수 있다고 했다. 서양 대패는 웬만한 놈이면 20만 원 이상 줘야 살 수 있다.

목공을 하면 어떤 것을 만들더라도 마지막에는 대패나 톱, 끌 등 수공구로 마무리할 수밖에 없다는 것이 그동안 배우고 체험한 결론이다. 1년 차 취목이 두께가 각각 다른 판재 여러 장을 대패쳐서 집성했다는 이야기를 들으면 부럽다는 생각이 든다. 그리고 하도 날을 많이 갈아서 종잇장처럼 얇아진 숫돌 여러 장의 사진을 올려놓은 또 다른 취목의 블로그를 보면 존경심마저 든다. 중요한 것은 역시 열정과 노력인 모양이다. 나는 대패를 보면 늘 미안한 느낌이 든다.

톱

‘등대기 톱(saw)’이라고 들어보았는가? 탕개 톱은? 등대기 톱은 날이 아래쪽에 있고, 자루와 연결된 긴 철물이 톱 몸체를 받쳐주는 형태다. 얇고 긴 톱날이 휘어지는 것을 막기 위해 등에 쇠를 대었고 주로 정밀한 가공에 쓰인다. 탕개 톱은 흥부가 박씨를 잘랐을 때 썼을 법한 전통 톱이다. 나무 양 끝을 탕개줄로 연결한 뒤, 탕개를 조이면 줄이 아래쪽에 있는 톱을 팽팽하게 만들어 반듯하게 톱질을 할 수 있게 만든 톱이다. 판재 내부를 따낼 때 쓰는 ‘붕어톱’은 생긴 모양이 꼭 붕어를 닮았다. ‘쥐꼬리 톱’도 ‘붕어톱’처럼 이름만 들어도 어떻게 생겼는지 연상이 될 것이다.

대패와 달리, 톱은 그래도 일반인에게 친숙한 편이다. 성인 남자 중에 톱질 못 하는 사람이 있을까? 설렁설렁 몇 번 왔다 갔다 하면 톱질은 그냥 끝나는 것 아닐까? 나도 그렇게 생각했다.

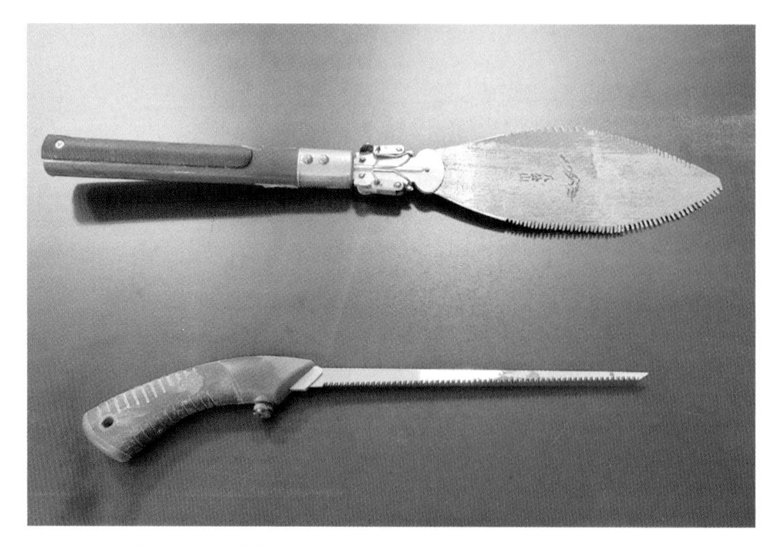

붕어톱, 쥐꼬리톱 실제로 사용한 적은 거의 없다. 취목의 수준에서는 없어도 좋을 장비다.

하지만 대패와 끌 등 다른 수공구와 마찬가지로, 톱 역시 제대로 다루기 위해서는 웬만큼 연습을 해야 한다. 판재에 30㎝ 선을 긋고 한번 톱질을 해보면 이 말에 금방 공감할 것이다. 연필로 그은 선을 따라가며 톱질하기란 정말 쉽지 않다. 일을 하다보면 선을 남겨두어야 할 때가 있고, 선을 죽여야 할 때가 있다. 이런 경지가 고도의 집중력이나 부단한 연습 없이 가능하겠는가?

집에서 혼자 어설프게 목공을 하던 시절, 나는 한때 톱과 사투를 벌였다. 판재는 아무리 잘라도 직선이 나오질 않았다. 5㎝, 10㎝는 그럭저럭 문제가 없었다. 그러나 길이가 길어질수록 톱질은 비틀거렸고 직사각형이든 정사각형이든 결과물은 참담

톱 사진 위부터 양날 톱, 등대기 톱, 세공용 레이저 쏘(razor saw). 맨 아래쪽은 나무못을 잘라낼 때 쓰는 플러그 쏘(plug saw).

했다. 각재를 자를 때면 네 귀퉁이가 직각이 맞지 않아 꼭 샌딩이나 끌로 손질을 해야 두 토막을 연결할 수 있었다. 의욕적으로 도브테일(dovetail·나무판을 비둘기 꼬리 모양으로 만들어 끼우는 짜맞춤 기법)에 도전했으나 번번이 실패했다. 나무 두께라야 18㎜나 38㎜에 불과한데 이 놈을 7도 정도로 경사를 줘서 비스듬히 잘라내는 일이 왜 그렇게 어려운지. 꼬리(tail)를 7개 만들면 같은 모양이 하나도 없었다. 정말 '이를 악물고' 주말마다 한 달 이상 씨름하고서야 간신히 흉내를 낼 수 있었다. 그 후로 도브테일 작업은 미국 포터케이블(Porter-Cable)이란 회사에서 출시한 지그에 전적으로 의지하고 있다.

톱질도 짜맞춤 공방의 기초 과정중의 하나다. 수업 첫날 선생님은 굵기가 1㎝ 조금 넘는 나뭇가지를 한 다발 던져 준 뒤 3㎝씩 잘라보라고 했다. 톱 오른쪽에 스토퍼(stopper)를 만들고

짜맞춤 연습 혼자 집에서 구조목으로 짜맞춤을 연습했다. 여기저기 틈이 많이 보인다.

구조목 스툴 상판을 짜맞춤해서 스툴을 만들었다. 구조목은 나무가 물러서 짜맞춤 하기에는 적합하지 않다.

하염없이 잘라나갔다. 오전에 시작한 톱질은 오후 5시가 넘어서 집에 돌아갈 때까지 계속됐다. 선생님은 작업하는 나를 쳐다보지도 않고 "좀 더 천천히 하세요." "힘이 많이 들어갔네요."라고 지적했다. 톱질하는 소리만 듣고 안 것이다. '힘을 빼라'는 말은 골프를 배울 때 수없이 듣던 소리였다. 또 있다. '헤드 업을 하지 말라', '클럽 헤드의 무게를 느껴라'…. 톱질도 마찬가지였다. 톱의 무게를 느끼면서 힘을 빼고 하는 것이 요령이었다.

이렇게 크고 작은 굵기를 가진 나뭇가지 토막들은 나중에 예쁜 액자로 재탄생하게 된다. 나뭇가지를 다 자르자 선생님은 다시 굵기가 5㎝쯤 되는 긴 각재를 하나 꺼내왔다. "1㎝ 간격으로 각재 4면에 선을 긋고, 연필 선이 보이지 않게 잘라보세요." 힘을 빼고, 손이 아니라 어깨로 민다고 생각하고 천천히 톱질을 했다. 결과는? 눈에 보이는 윗면만 얼추 비슷할 뿐, 옆이나 아래쪽은 형편없었다. 어느 한 토막도 제대로 선을 지우지 못했다. "다시 한번 해보세요." 똑같이 애꿎은 각재만 썰어낼 뿐이었다. 수업을 마치면서 선생님이 말했다. "하루 종일 톱질만 시키니 짜증나죠? 짜맞춤을 하기 위해서는 톱질을 잘해야 합니다. 집에서도 틈틈이 연습하세요." 이후 톱질 수업은 '선 남기기' '선 죽이기' 등으로 이어졌

생나무 가지 액자 교육공방에서 톱질 연습으로 생나무 가지를 하루 종일 자른 적이 있다. 그리고 한참 뒤 그럴듯한 나무액자가 됐다.

다. 나는 시간이 흐르면서 수업이 테이블 쏘 등 기계로 넘어가자 겨우 한숨을 돌릴 수 있었다. 대패나 톱은 아마추어가 며칠 연습한다고 잘 쓸 수 있는 도구가 아니다. 인내심을 가지고 연습하는 것 외에는 왕도가 없는 것 같다. 나처럼 뭐든지 대충하는 스타일은 이런 평범한 진리도 받아들이지 못하는 것이다. 결국 짜맞춤 수업은 이런저런 스트레스 속에 계획했던 1년을 채우지 못하고 막을 내리게 된다. 지금도 내 톱질은 어설프다.

대패와 마찬가지로 톱도 서양톱이 있다. 우리 전통공구와 서양수공구는 힘을 주는 방식이 완전히 다르다. 우리 톱과 대패는 모두 당길 때 잘리고 깍인다. 반면 서양에서는 미는 힘으로 작업을 한다. 대패도 밀면서 나무를 깎고, 톱도 밀면서 나무를 자른다. 이 차이가 어디서 오는 지 아직도 모르겠다. 조선 시대 민화에는 우리 목수들도 미는 방식의 대패를 사용하는 것으로 그려져 있다. 그러던 것이 일본 강점기를 거치면서 당기는 방식의 일본식 대패가 '우리 대패'가 되어버렸다. 씁쓸한 현실이다.

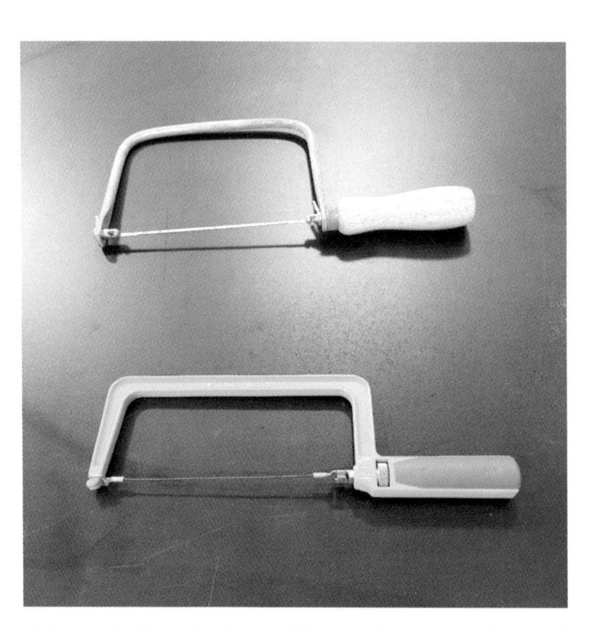

실톱 주로 곡선을 따내는 용도로 사용되는 실톱들. 성능이 만족스럽지 않다.

톱질에는 자르기(cross cut)와 켜기(rip)가 있다. 자르기란 목재의 섬유질을 수직으로 끊어내는 작업이고, 켜기는 나뭇결을 따라가며 톱질하는 방식이다. 당연히 톱날의 생김새도 다르다. 자르기용 톱은 켜기용 톱보다 날수도 많고, 간격이 촘촘하고, 날어김이 크다. 날어김이 큰 이유는 켤 때에 비해 나무를 자를 때 저항을 많이 받기 때문이다. 자르기용은 뾰족한 날의 양쪽 면이 칼날처럼 연마되어 있다. 반면 켜기용 톱날은 끌처럼 나뭇결을 긁어내면서 잘라내는 구조다. 양날톱에는 한쪽은 자르기, 다른 쪽에는 켜기 톱날이 붙어있다. 사용하다 보면 확실하게 차이를 느낄 수 있다. 자르기용 톱날로 켜기를 해보고, 켜기용 톱날로 잘라보라. 용도에 맞게 작업할 때와는 확연히 느낌이 다를 것이다.

목공을 시작하는 사람에게는 양날톱보다는 등대기 톱을 추천하고 싶다. 양날톱은 작업을 해보면 톱날이 낭창거려서 다루기 쉽지 않다. 반면 등대기톱은 직진성이 좋다. 다만 두께가 있는 나무를 작업할 때, 톱 등이 나무에 걸려 톱질이 힘들 수 있다. 양날톱이 생각나는 순간이지만, 이때도 약간 수고를 하면 어려움을 헤쳐나갈 수 있다. 짜맞춤이나 도브테일 작업을 위해 조금 더 욕심을 내는 사람에게는 일반 톱보다 날도 얇고, 사이즈도 더 작은 레이저 쏘(raser saw)라는 이름의 세공용 등대기톱을 권한다. 자르기, 켜기 모두 할 수 있고, 날도 교체해서 쓸 수 있다.

끌

"날물 앞에 손 두지 말라." 목공을 시작하면 한 번쯤은 이 이야기를 듣게 된다. 대패나 톱, 칼처럼 날카로운 날이 있는 도구들이 모두 해당하지만, 이 말은 특히 끌(chisel)을 잡았을 때 반드시 기억해야 하는 경구다.

끌에 다쳤을 경우, 다른 수공구에 비해 상처의 깊이나 부상 정도가 심한 편이다. 끌을 잡으면 대부분 손에 힘이 들어간다. 날이 무디면 더더욱 힘을 쓰게 되고, 이 끌이 미끄러지거나 해서 궤도를 이탈하면 여지없이 다치게 되는 것이다. 이 지점에서 다시 한번 날 갈기의 중요성이 부각된다. 날이 날카로우면 조심스럽게 다룰 수 밖에 없다. 예리한 날물이 역설적으로 더 안전한 것이다.

내가 처음 산 끌은 날폭 25㎜짜리 '철마'라는 국산 제품이다. 5,000원쯤 했던 것 같다. 얼마 후 6㎜짜리 국산 끌도 추가로 구입했다. 가격도 비슷했다. 목공을 시작하면 장비 구입에 돈이 적지 않게 들어간다. 그러다 보니 가급적 저렴한 제품들로 구색을 갖추게 된다. 게다가 끌은 자주 쓸 일도 없는 데 굳이 비싼 놈을 살 필요가 있을까 싶었다. 그러나 얼마 지나지 않아 이 생각이 틀렸음을 알게 됐다. 우선 이 끌들은 연마하기는 쉬웠지만 조금만 작업을 해도 금세 날이 무뎌졌다. 나무를 깎다가도 중간중간 숫돌에 날을 갈고 일을 다시 계속할 수도 있지만 그게 어디 말처럼 쉬운가. 또 하드우드를 다루다 보면 끌 이빨이 깨지는 경우도 자주 있었다. 고수들은 국산 끌도 연마만 잘해서 사용하면 쓸만하다고 했지만 내 느낌은 전혀 달랐다.

날물, 쇠의 차이인 것 같았다. 그래서 끌이나 대팻날에 어떤 쇠를 사용하는지 찾아보았다. 백지강(白紙鋼) 청지강(靑紙鋼)에, 또 고속도강(高速度鋼)까지 생소한 용어들이 튀어나왔다. 포스코(POSCO) 경영연구원의 자료에 따르면 철은 탄소 함유량을 기준

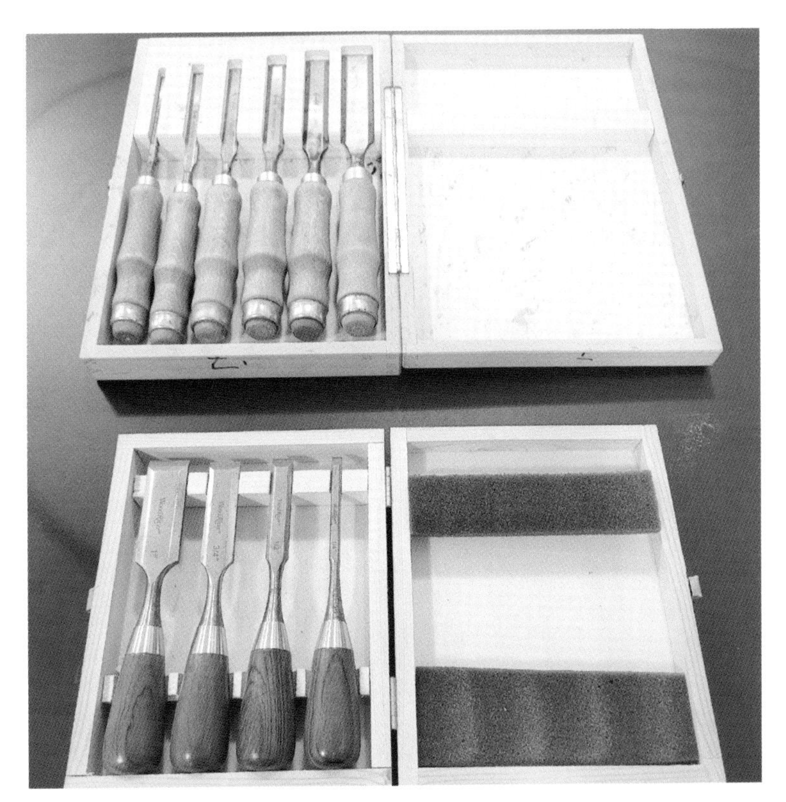

타격끌과 주먹끌 타격용 스위스제 페일(Pfeil) 끌과 미국회사 우드리버의 주먹끌 세트.

으로 크게 순철(Armco), 선철(Pig Iron), 강(Steel) 세 가지로 구분한다고 한다. 철은 탄소가 적게 들어있을수록 부드럽고 잘 늘어나는 성질을 가지고, 탄소가 많으면 경도(硬度)가 높아지고, 강해지기 때문에 부서지거나 부러지기 쉽다고 되어있다. 순철은 탄소 함량이 0.035% 이하이고, 불순물(규소, 망간, 인, 유황 등)이 거의 없는 순도 99.9% 이상의 철이다. 불순물이 거의 없는 순철은 재질이 너무 연해서 기계구조용에는 거의 쓰이지 않고 전기용 재료나 철강 성질을 알아보는 실험용 등으로 사용된다고 한다. 선철은 탄소 함량이 1.7% 이상 들어있는 제품으로 무쇠, 혹은 주철로 불린다. '마징가 Z'의 주제가에 나오는 '무쇠 팔, 무쇠 주먹'은 철의 종류에서 보면 선철에 해당하는 것이다. 일반적으로 사용하는 선철은 3.5%~4.5%의 탄소를 함유하고 있으며, 전성과 연성(늘어나거나 펴지는 성질)이 거의 없어 그대로는 가공할 수 없다는 단점이 있다. 무쇠솥을 망치로 치면 '쩍'하고 갈라지는 이유가 바로 이 때문이라고 설명하고 있다.

강(鋼)은 탄소 함유량이 0.035~1.7%이니 순철과 선철 사이에 있다. 열처리에 따라 성질을 크게 변화시킬 수 있어 여러 가지 기계, 기구의 재료로 쓴다. 강에서 탄소를 주로 합금 원소로 내포한 것을 탄소강, 다른 합금 원소를 첨가한 것을 특수강 또는

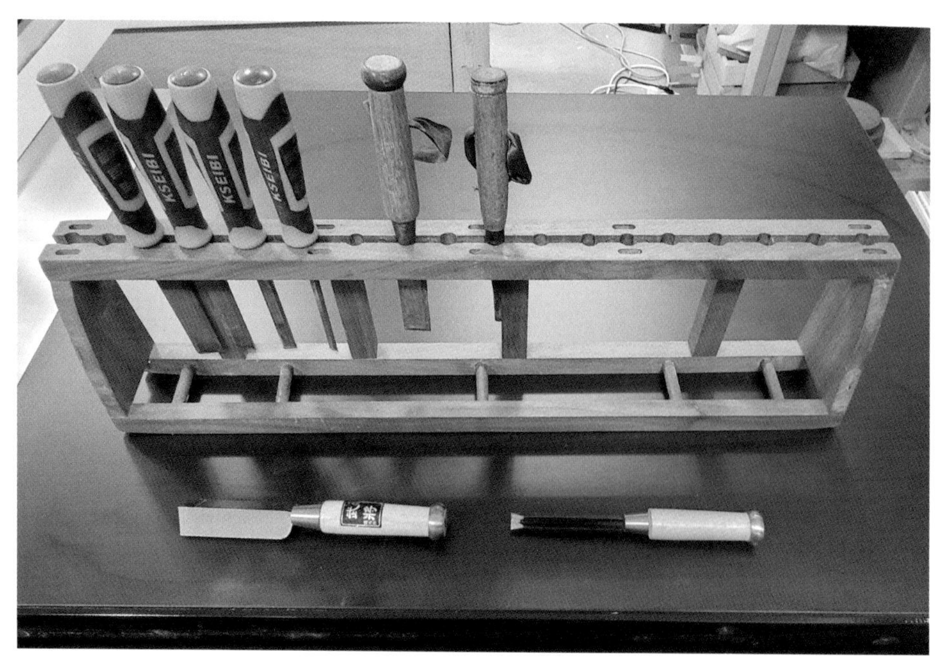

끌 거치대 왼쪽 4개가 싸구려 중국제 끌 세트. 오른쪽 두 개는 국산이다. 아래는 짜맞춤을 배울 때 준비했던 직각 끌들.

합금강이라고 한다.

백지강, 청지강은 일본 히타치사의 포장지 색깔에 따른 이름이다. 히타치의 홈페이지에는 황지강(黃紙鋼)도 있다. 이 황지강에서 불순물을 제거한 것이 백지강, 백지강에 텅스턴(tungsten)과 인(phosphorus) 등을 추가한 것이 청지강이라고 되어있다. 히다치사의 도표 꼭대기에 나와 있는 '슈퍼 청지강'에는 내마모성(wear-resistance)은 강하나, 연마가 어렵다고 표시돼 있다.

고속도강(high-speed steel)은 현장에서는 '하이스강'으로 통용되고 있다. 일본사람들이 하이-스피드 강을 줄여서 그렇게 부른 것이 지금까지 이어지고 있는 것이다. 보통 직쏘 날이나 원형톱 날, 드릴 비트에 'HSS'라고 적혀있으면 고속도강이 재료라는 얘기다. 탄소강은 열에 약한 단점이 있다고 한다. 강이 쇠를 깎는 고마찰 연삭 작업시 탄소강 날물은 냉각수를 공급해도 금방 물러지고 수명이 짧다. 탄소강에 크롬을 추가해 마찰열을 견딜 수 있게 만든 것이 바로 이 고속도강인 것이다.

일본 장인들은 주로 백지강으로 끌을 많이 제작한다. 백지강이 절삭력도 좋고 연마가 쉬워 날도 빨리 세울 수 있기 때문이다. 하지만 백지강은 오크, 흑단, 웬지 등 단단한 목재를 가공할 때는 청지강에 비해 날이 잘 상하는 단점이 있다고 한다.

여기서 또 '로크웰 경도(HRC)'라는 어려운 단어가 등장한다. HRC는 미국의 로크웰(Rockwell)이라는 사람이 만든 경도기 C 스케일로 측정한 것으로 경도(hardness)는 단단한 정도이다. HRC의 숫자가 높을수록 제품 재질의 강도가 강하다는 말이고, 가격도 비싸진다. 일반적으로 서양 끌은 경도가 RC 58~62인데 비해 일본 끌은 대부분 RC 60이 넘는다고 한다. 국내 블로거가 올려놓은 글에 따르면 스탠리(Stanley·미국) 스윗하트 750이 RC 58~62, 투 체리(Two Cherries·독일)는 RC 59, 페일(Pfeil·스위스)과 솔비(Sorby·영국) 끌은 RC 61으로 되어있다. 일본 백지강은 RC 64, 청지강은 RC 67이라고 한다. 국산 '철마' 평끌은 고급 탄소강 날 재질로 수명이 길다고 홍보하고 있으나 날의 경도는 나와 있지 않다. 사실 끌이나 대패를 쓰면서 날물의 재료를 따지고, HRC를 알아보는 일은 취목으로서는 부질없는 짓이다. 한 목공인은 이렇게 썼다. "저도 여러 브랜드 끌 사용하지만 제일 좋은 끌은 정성들여 관리하고 연마해준 끌입니다." 백번 옳은 말이다.

일본 끌 세트 중고로 샀다가 되판 일본 장부끌들. 일반 끌에 비해 자루가 굵고 날도 두껍다.

끌도 종류가 많다. 날 생김새에 따라 평끌, 장부끌, 환끌, 직각끌 등의 이름이 붙고, 작업방법에 따라 밀끌과 타격끌로 분류한다. 평끌(Bevel-edged chisel 혹은 Bench chisel)은 날 옆면에 경사가 져 있는 우리가 흔히 보는 끌이다. 강한 절삭력이 요구되는 장부끌(Mortise chisel)은 날 윗부분 전체가 사각 기둥꼴이고, 평끌에 비해 날이 두껍다. 둥글게 파내는 환끌이나 직각끌은 모양이 특이해서 금방 식별할 수 있다. 대부분의 끌이 나무나 고무망치로 타격할 수 있지만, 밀끌(Butt chisel)은 손과 팔 힘으로 밀어서 나무를 깎는다. 밀끌은 끌 머리에 쇠가락지가 없는 것이 많고, 날 길이도 짧은 편이다. 나는 타격용은 페일, 밀끌용으로는 우드리버 팜(palm) 치즐을 쓰고 있다.

목공용품 중에는 세트로 파는 것들이 많이 있다. 트리머나 라우트 비트, 구멍을 뚫는 포스너비트, 드릴 날도 세트로 판다. 일반적으로 세트는 주로 쓰는 것만 쓰고, 나머지는 잘 사용하지 않는 경우가 많은 데 끌은 그렇지 않은 것 같다. 내 경우, 세트로 사서 가장 불만이 없는 것이 끌과 목선반 칼 세트다.

끌을 장만하려는 취목에게는 체코산 나렉스 평끌세트를 추천한다. 가격도 적당하고 사용 후기가 나쁘지 않다. 끌은 만졌으면 반드시 WD-40 같은 방청유를 묻힌 천으로 닦아주면서 세심하게 관리해야 한다. 내 페일 끌 세트는 구입한 바로 그 해 장마철을 지나면서 날 곳곳에 새까만 녹덩어리가 앉아 볼품없게 되어버렸다. 사포질을 해서 녹을 긁어내기도 했지만 흔적은 여전히 남아있다. 목공도 제대로 하려면 부지런해야 한다.

망치

작업실에 걸려있는 망치(hammer)들이 꽤 숫자가 많다. 짜맞춤을 배우면서 준비물로 구입한 '장구 망치'부터, 인터넷을 보고 비슷하게 만든 말렛(mallet)까지 10개가 넘는다. 언제 이렇게 망치가 많아졌는지 나도 영문을 모르겠다.

그동안 목공을 하면서 망치로 못을 박아본 적은 거의 없다. 주로 나사못을 쓰고, 전동 드릴이나 드라이버를 이용하기 때문이다. 그런데도 망치가 왜 이렇게 많아졌을까?

우리는 망치라고 하면 곧바로 머리 뒤에 노루발이 달린 놈을 떠올린다. 못을 박고, 또 뽑고. 나도 이런 망치를 네 개나 갖고 있다. 두 개는 전체가 쇠로 되어있다. 나머지 둘은 머리 쪽이 헐거워져 안 쓰는 것을 얻어오고, 또 전부터 갖고 있던 망치머리에 자루를 만들어 끼웠다. 꼭 필요하지는 않은 데 굳이 일을 만들어서 한 셈이다. 나는 목공을 하면서 이런 작업을 할 때가 참 재미있고 즐겁다. 하지만 이 망치들은 나무 파레트를 분해할 때나 가끔 동원될 뿐 거의 공구걸이에 매달려 있는 신세다.

작업을 하면서 가장 애용하는 것은 2,500원을 주고 산 노란색 우레탄 망치다. 망치(hammer)라기 보다는 말렛(mallet)이라고 부르는 게 더 정확한 것 같다. 말렛은 사전을 보면 마림바, 비브라폰같은 타악기를 연주할 때 악기를 쳐서 소리를 만들어 주는 도구라고 되어있다. 우리 말로는 '메'. 묵직한 나무토막이나 쇠토막에 자루를 박은 모양이고, 무엇을 치거나 박을 때에 사용한다. 이 노란색 말렛으로는 굵기가 6㎜, 8㎜, 10㎜짜리 나무못을 박을 때나, 도미노 칩으로 부재를 연결할 때 주로 쓴다. 가벼워서 손에 쥐기 편하고, 쇠 망치처럼 나무에 상처를 내지도 않는다. 침대나 책장 등 덩치가 큰 가구를 만들 때는 묵직한 빨강색 우레탄 말렛을 집어 든다. 비슷한 용도의 검은 색 고무망치도 있지만 조금 힘을 줘서 때리면 나무에 자국이 남아 거의 쓰지 않는다.

말렛은 가장 필요할 때가 끌 작업을 할 때다. 어느 정도 무

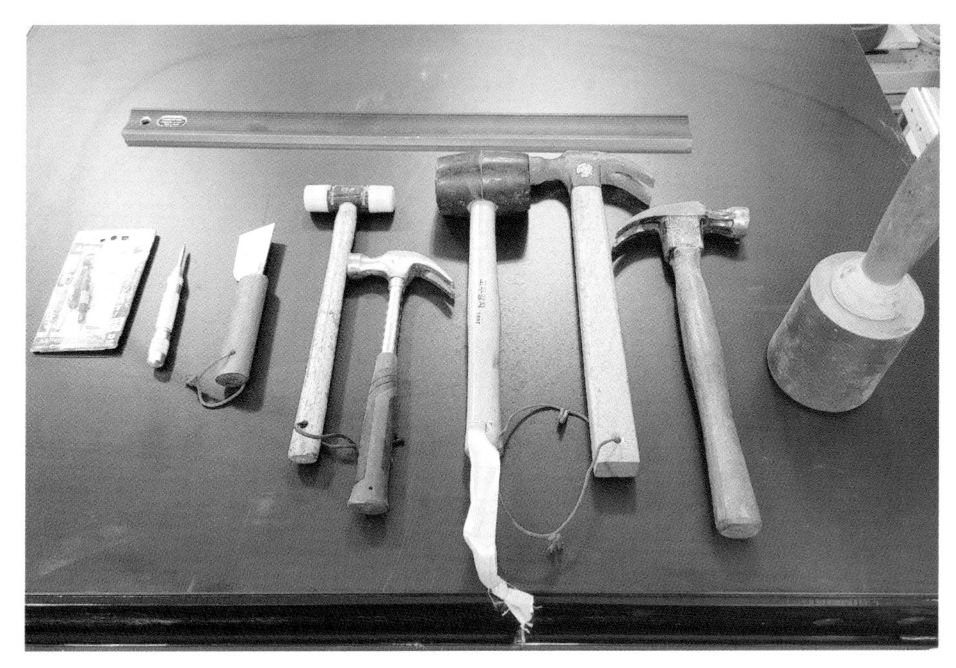

망치들 망치와 말렛. 맨 오른쪽과 구두칼 옆의 우레탄 말렛을 가장 자주 사용한다. 사진 위쪽 검은 것은 수평을 체크하는 스트레이트 에지(straight edge), 왼쪽은 머리가 뭉개진 나사를 빼내는 일제 '히다리 탭' 세트.

게감이 있으면서도 다루기 쉬워야 한다. 끌 타격용 말렛도 몇 개나 된다. 목공카페에서 공동구매를 할 때 'shop fox'라는 미국 브랜드의 황동 말렛을 구입했고, 종로 5가 닭칼국수 집에 갔다가 근처 '덕영상사'에서 7,000원을 주고 박달나무로 만든 둥근 말렛도 산 적이 있다. '덕영상사'는 지방 목공인들도 서울에 오면 시간을 내서 꼭 들러본다는 목공 용품가게다. 나도 회사 다닐 때 동대문 근처에 가면 한 번씩 찾아갔는데 주인아저씨가 참 친절했던 것으로 기억한다.

장구망치는 머리 모양이 마치 두드리는 악기 '장구'처럼 생겼다고 해서 붙은 이름이다. 머리 한쪽은 평평하고, 다른 한쪽

나무 망치 이페와 오크를 써서 만들어 본 나무 망치. 오른쪽은 덕영상사에서 구입한 박달나무 망치.

은 약간 볼록하다. 나무 대패를 만지면서 날의 깊이를 조정하고, 어미날-덧날을 끼고 뺄 때 주로 사용한다. 덩치는 작아도 꽤 무게감이 느껴진다. 광고에 혹해서 독일제 '할더(Halder)' 조립식 망치도 샀던 적이 있다. 망치라는 이름이 어울리지 않게 가볍고, 경질-연질의 양쪽 고무머리는 용도에 맞게 갈아 끼울 수 있는 구조로 활용도가 높지만 가격이 만만찮다. 잘 쓰지 않는 장비들을 모아둔 내 플라스틱 공구함에는 파괴 망치 '오함마(sledgehammer)'도 들어있다. 화장실 타일을 교체하면서 콘크리트에 붙은 시멘트 떡을 떼어내는 데 유용하게 썼다.

'나무 망치 만들기'는 취목이라면 한 번씩 도전해보는 프로젝트다. 나도 흑단만큼 단단하고 무거운 '이페(ipe)'라는 나무로 망치를 몇 개 만들었다. 망치 자루는 '오크(oak)'. 머리 쪽에 쐐기를 박아 자루와 몸체를 고정시키니 버려진 토막들이 번듯한 나무 망치로 거듭났다.

렌치 세트

작업대를 만들면서 전산볼트를 사용해서 다리쪽을 보강했다. 문제는 육각머리 모양의 너트를 나무속에 파묻고 조여줘야 하는 데 기존의 몽키 스패너(spanner)로는 작업이 힘들었다. 이때 쓸 요량으로 구입한 것이 미국 Husky라는 브랜드의 소켓 렌치

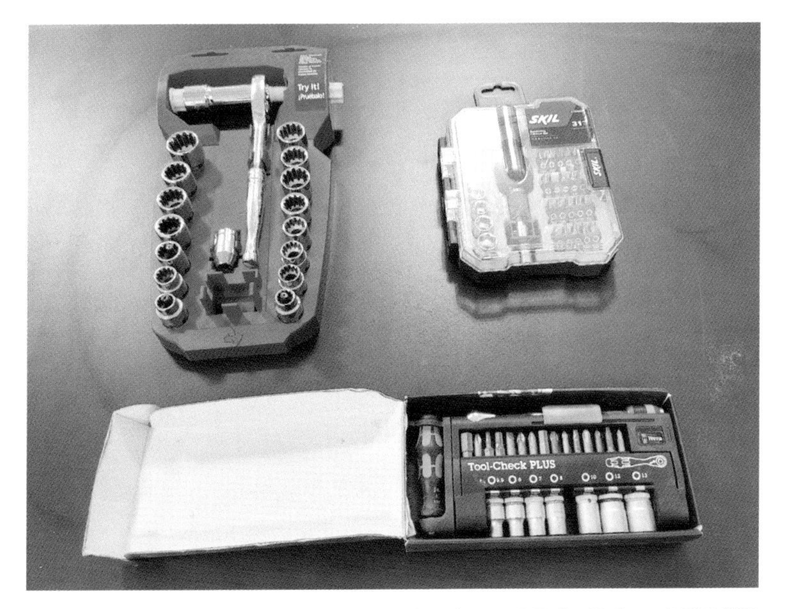

렌치 세트 왼쪽 위가 Husky의 소켓 렌치 세트. 아래 쪽이 Wera의 툴체크 플러스. 오른쪽은 목공 기계를 사고 덤으로 받은 Skil의 라쳇 T 드라이버 세트.

(socket wrench) 세트였다. mm와 inch 버전 10여 개의 소켓이 크기대로 있으니 너트 머리에 맞는 소켓을 끼우고 돌려서 조이면 끝이었다. 이번에는 작은 나사못. 공구나 전기제품을 해체하다 보면 나사못 머리에 파진 홈이 일자(-)나 열십자(+)가 아니라 별이나 사각형, 심지어 삼각형 등 다양한 스타일의 나사들을 만난다. 일자나 십자드라이버로 억지로 풀어낼 수는 있지만 나사 홈은 뭉개져서 회복 불능의 상태가 된다. 그 부속에 맞는 연장을 찾아서 작업을 해야 일이 제대로 되는 것이다. 그러다가 자전거, 오토바이 매니아들이 극찬하는 독일 공구회사 'Wera'의 'Tool Check Plus'라는 수공구 세트를 구입했다. 손바닥 사이즈의 패키지에 육각, 별 비트, 소켓렌치와 드라이버, 깔깔이까지…. 이

세트는 가히 '가정용 공구의 끝판왕'이라고 부를 만했다. 특히 라쳇 기능이 들어있는 미니 깔깔이는 좁은 공간 나사못 작업을 할 때 특히 유용하게 쓰인다. 나는 Wera의 퀄리티에 반해 십자 드라이버도 구해서 잘 쓰고 있다. 명품은 역시 이름값을 하는 것 같다.

그무개와 금긋기 칼

그무개는 국어 사전에 '목재에 정해진 치수의 평행선을 긋거나 자리를 내는 데 쓰는 공구'라고 되어있다. 영어로는 마킹 게이지(marking gauge). 짜맞춤을 하게 되면 필수적으로 갖춰야 하는 수공구다. 일반적인 스타일은 나무에 금을 긋는 핀이나 칼날이 붙어 있지만, 작은 원반 날이 달린 휠 마킹 게이지(wheel marking gauge)라는 녀석도 있다. 초보때 날이 2개 달린 '장부 그무개'를 샀지만 불편해서 이내 서양식 휠 마킹 게이지로 갈아탔다.

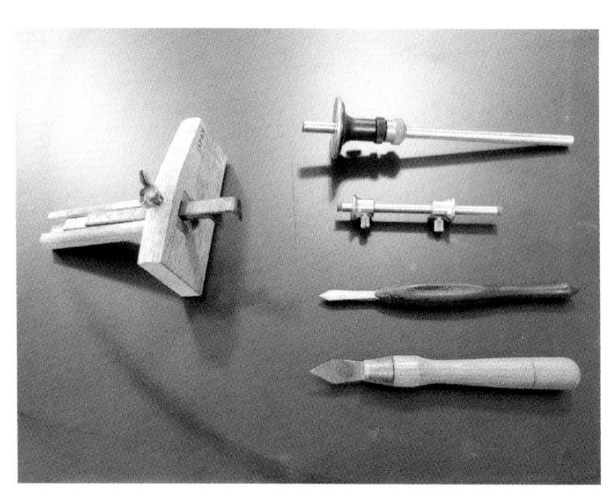

그무개와 금긋기 칼 그무개와 금긋기 칼. 오른쪽 위 두 개가 휠 마킹 게이지. 맨 아래에 있는 것이 국산 철마 금긋기 칼이다.

목공을 모르는 사람들에게 금긋기 칼을 보여주면 "이런 도구까지 꼭 필요하나?"라며 고개를 갸웃거린다. 나도 같은 생각을 했다. "연필 깎는 칼을 사용해도 나무에 금만 그을 수 있다면 되지, 무슨 전용 금긋기 칼?" 그러나 실제로 작업을 해보면 일반 칼과 금긋기 칼의 차이점을 금세 깨닫는다. 금긋기 칼은 주로 끌 작업 때 많이 사용한다. 금긋기 칼은 칼 한쪽 방향으로만 날이 세워져 있다는 게 특징이다. 칼날의 반대편을 자에 밀착시키고 그으면 원하는 곧은 칼금이 나온다. 손톱깎이에 붙어 있는 칼로 금을 긋는 목공 고수의 작업 광경을 가까이서 본 적도 있다. 그러나 금긋기 칼은 칼금에 대한 의심이나 고민을 덜어준다는 점에서 충분히 존재 가치가 있다. 나는 금긋기 칼로 국산 철마표와 캐나다 회사 베리타스(Veritas)의 제품 등 2개를 사용 중이다.

전동공구와 기계

전동 드릴

굳이 목공을 하지 않더라도 집에 드릴은 하나씩 있는 것 같다. 나사못을 조이거나 액자를 거는 등, 집에서 간단한 작업을 할 때 꼭 필요한 것이 이 전동 드릴(electric drill)이다. 나 역시 드릴을 하나 갖고 있었다. 디월트(DeWalt) 024라고 지금도 판매 중인 유선 드릴이다. 6만 원쯤 줬던 것 같다. 그때까지 이 드릴로 한 것이라고는 콘크리트 벽을 두어 번 뚫어본 것이 전부였다.

목공을 하면서부터는 드릴을 쓸 일이 많아졌다. 나무에 8㎜나 10㎜ 구멍을 내고, 나사못을 박고 또 풀고…. 내가 갖고 있는 유선 드릴은 이 작업에 맞지 않았다. 무거웠고, 비트를 교체할 때마다 드릴에 붙어있는 키(key)로 척(chuck)을 풀고 조이는 일도 성가셨다. 또 힘이 너무 세서 작업중에 손목이 꺾이는 경험을 하기도 했다.

괜찮은 드릴을 찾던 중 한 목공 전시회의 보쉬(Bosch) 부스에서 해머(hammer) 기능이 있는 18V짜리 드릴을 20만 원쯤 주고 장만했다. 그러나 드릴 구입은 하나로 끝나지 않았다. 목공에서 보통 드릴 작업은 2개가 한 팀이다. 드릴 비트는 보통 접시비트(이중기리)나 카운터싱크(counter sink)와 한 쌍으로 움직인다. 나사못을 박을 때에는 나무가 갈라지는 것을 막고, 나사못을 수월하게 넣기 위해 접시 비트로 먼저 길을 낸다. 혹은 3㎜짜리 비트로 파일럿 홀(pilot hole)을 뚫고, 접시 모양의 못 머리를 나무속에 숨기기 위해 카운터 싱크로 한번 더 작업을 한다. 그러니 드릴이 2개 이상 필요한 것이다.

목공에 슬슬 재미를 붙여가던 어느 날 보쉬 3.6V짜리 충전 드릴이 눈에 들어왔다. 크기도 손에 쏙 들어왔고, 가격도 만만했다. 드라이버로 나사못을 돌리는 것보다는 편하겠지 싶었다. 하지만 오산이었다. 우선 18V와 3.6V 드릴의 조합은 어울리지 않았다. 3.6V 충전 드릴은 힘이 부족해 나사못이 조금만 굵거나 길어도 버거워했다. 그렇다고 이 드릴로 구멍을 파거나 다른 작업을 할 수도 없었다. 이 3.6V 드릴은 컴퓨터를 조립하거나 가전제품의 작은 나사를 풀고 조이는 용도였다. 할 수 없이 마끼다(Makita) 10.8V 무선드릴 콤보 세트(임팩과 드라이버)를 구입했다. 이후 한 목공 전시회의 경품행사에서 운 좋게 페스툴(Festool) 충전 드릴이 당첨돼 지금껏 잘 쓰고 있다. 지금 내 작업실에는 110V짜리 유선 드릴을 포함해 전동 드릴만 8개가 있다. 목공 장비를 갖추면서 드릴 하나만 해도 얼마나 헛발질을 했고, 또 먼 길을 돌아왔는지 모르겠다.

새내기 취목이 지금 드릴을 사겠다면 10.8V짜리 세트, 혹은 18V와 10.8V 드릴 2개를 마련하라고 조언하고 싶다. 콘크리트 벽에 구멍을 뚫는 일없이 목공만 한다면 10.8V로도 큰 불편이

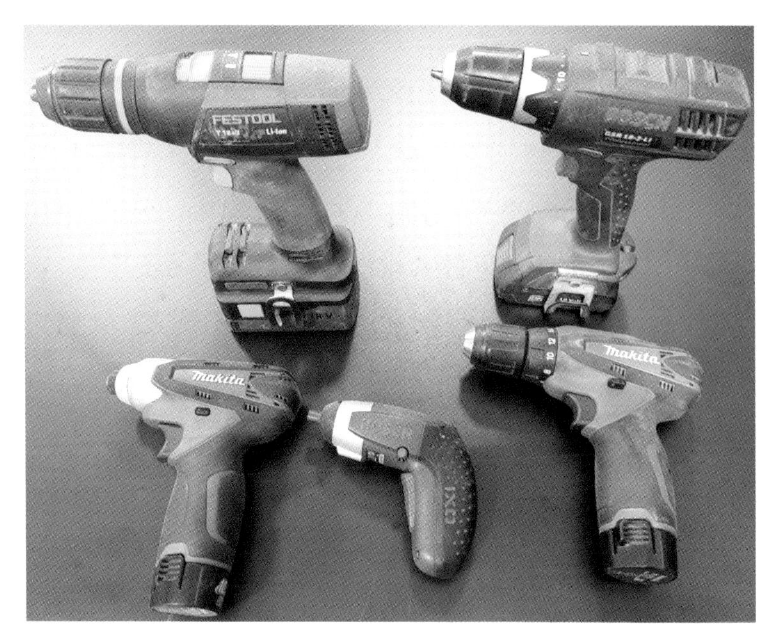

충전 드릴 왼쪽 위가 페스툴, 오른쪽이 보쉬 18V 충전 드릴이다. 아래 양쪽이 마끼다 10.8V 충전 드릴 세트. 왼쪽 주둥이가 짧은 것이 임팩 드릴이다. 가운데는 3.6V 충전 드릴.

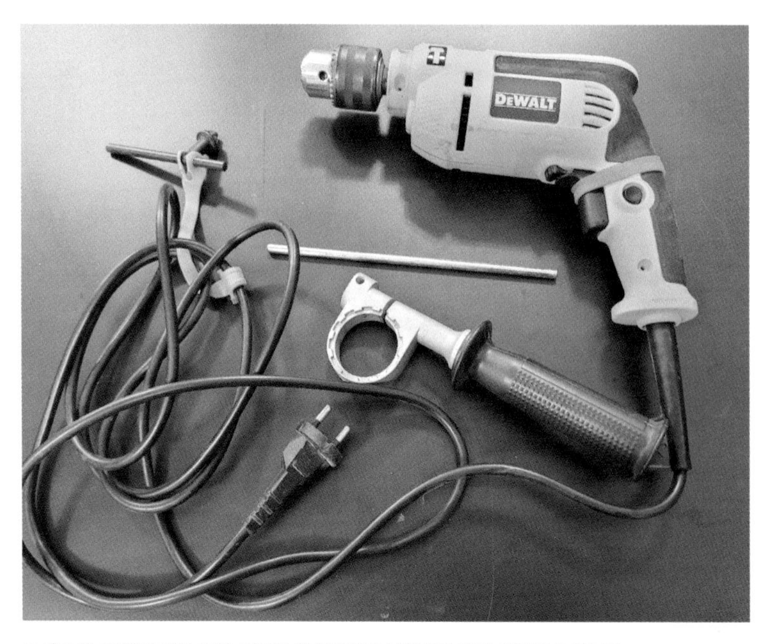

유선 드릴 디월트 유선 드릴. 비트를 갈아끼기가 불편해서 거의 사용하지 않는다.

없다. 가장 힘이 센 드릴이 꼭 나에게 필요한 드릴이라고는 할 수 없을 것이다.

충전 공구를 구입할 때는 가급적 같은 브랜드로 장만하는 것이 좋다. 배터리는 회사가 다르면 호환되지 않지만 같은 회사의 다른 제품군에는 사용할 수 있기 때문이다. 예를 들어, 보쉬 10.8V 드릴이 있다면 같은 회사의 10.8V짜리 원형톱이나 직소 등 다양한 베어툴(baretool·충전기와 배터리를 제외한 본체)을 사용할 기회가 생긴다. 배터리 값을 절약할 수 있으니 경제적이다. 최근에는 대부분의 전동공구들이 유선에서 무선으로 넘어가고 있는 추세여서 자신이 선호하는 브랜드를 하나 정해서 제품군을 꾸려가는 것도 방법이다. 드릴을 포함해서 원형톱, 샌딩기, 트리머 등 내가 사용중인 소형공구들을 살펴보니 페스툴부터 메타보, 디월트, 보쉬, 마끼다, 밀워키 등 제조사가 제각각이다. 중구난방 충동적으로 구입한 결과다. 다른 제품보다 전동 드릴은 특히 브랜드별 차이가 크지 않은 것 같다. 마끼다나 디월트, 보쉬, 밀워키 모두 훌륭하다. 현장에서는 국산 계양이나 아임삭도 많이 사용한다. 평도 좋은 편이다. 요즘은 유선 드릴은 잘 쓰지 않는 만큼 브러쉬리스(brushless) 모터와 리튬이온(Lithum-ion) 배터리를 장착한 충전 드릴이면 무난한 선택이라고 할 수 있다.

여기서 드릴에 관해 잠깐 이야기할 게 있다. 드릴(drill)은 말 그대로 나무나 금속에 구멍을 뚫고, 드라이버(driver)는 나사못을 박거나 빼는 공구다. 우리가 보통 드릴이라고 할 때는 드릴-드라이버(drill-driver)를 의미한다. 마끼다 10.8V 콤보 세트에는 임팩(impact) 드릴이 포함돼있다. 임팩 드릴과 해머 드릴은 무슨 차이가 있을까? 쉽게 말해서 임팩은 돌면서 옆으로 충격을 주고, 해머는 수직 방향으로 힘을 가한다. 임팩 드릴은 부하가 걸리면 회전 방향으로 작동하는 공이를 연속적으로 타격하면서 힘을 실어 돌려준다. 볼트-너트 작업에 특화된 장비인 셈이다. 반면 해머 드릴은 작업대상물을 망치처럼 직접 타격한다는 점에서 차이가 있다. 콘크리트에 구멍을 뚫을 때는 해머 드릴이 제격이다. 목공을 하면서 나는 임팩 드릴은 자주 사용하지 않는다. 나사못이 야무지게 체결되는 맛은 있으나, 나사 머리가 뭉개지고 못이 나무속으로 너무 깊이 들어가는 일이 자주 발생해서다. 임팩 드릴을 써서 체결한 작업대를 해체하면서 아주 애를 먹은 적이 있다. 목공용은 드라이버 작업만으로도 충분하다.

많은 사람이 드릴을 쓰고 있지만 무심코 지나치는 부분이 있다. 드릴의 1단과 2단 속도 조절기능이다. 자동차의 수동 변속과 똑같다. 드릴의 1단(저속)은 강한 힘이 필요할 때, 2단(고속)은 작업량이 많을 때 사용한다. 2단은 비트가 빠르게 회전하는 만큼 작업시간을 단축시킨다. 오크나 월넛 같은 하드우드를 작업할 때 간혹 못 머리가 댕강 부러지거나, 나사못의 홈이 뭉개지는 경우가 자주 생긴다. 이는 나무의 저항으로 나사못이 잘 들어가지 않는 데 비트의 회전이 빨라 생기는 현상이다. 드릴을 1단에 놓고 천천히 돌려줘야 한다. 철판에 구멍을 뚫을 때도 마찬가지다. 기어를 1단으로 설정하고 스위치를 서서히 당기면서 힘을 가해줘야 철판이 뚫린다. 2단으로 놓으면 철판만 뜨거워지고 구멍은 잘 뚫리지 않을 것이다.

드릴마다 머리 쪽에 1~15, 혹은 1~25까지 숫자가 적힌 다이

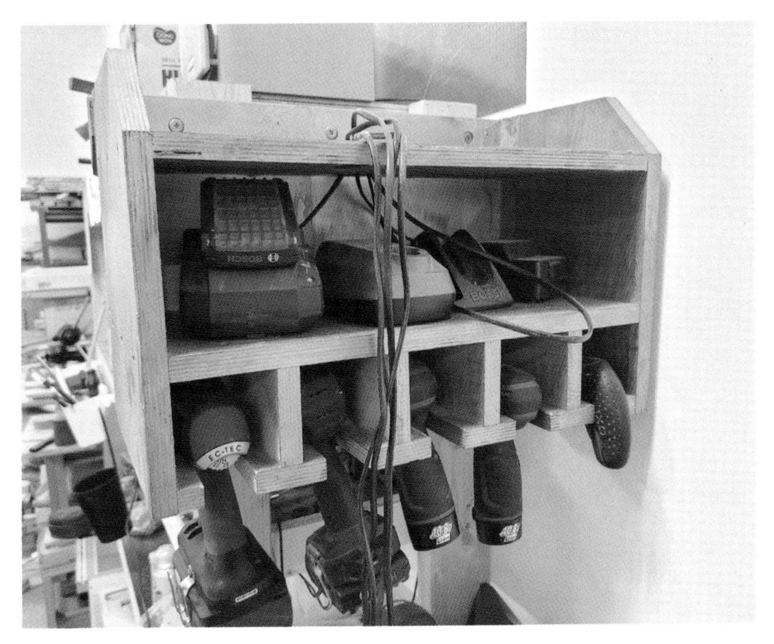

드릴 거치대 미국 목공잡지를 보고 따라 만든 충전 드릴 거치대.

얼이 있다. 이것은 토크-클러치(torque-clutch)다. 토크는 회전력을 의미하고, 클러치는 동력을 끊어주거나 이어주는 장치다. 드릴의 토크-클러치는 일정한 힘이 걸리면 더 이상 드릴비트가 돌지 않도록 동력을 끊어줘 부재의 손상을 막아주는 역할을 한다. 드릴로 나사못을 박을 때 어느 순간 '드르륵' 하는 소리를 내면서 비트가 헛도는 듯한 느낌을 받을 때가 있다. 이때가 바로 토크 클러치가 작동하는 순간이다. 토크 숫자가 높을수록 드릴 모터는 강한 힘을 낸다. 재료가 단단해서 드릴링이 잘 되지 않을 때는 토크 숫자를 높여보는 것도 방법이다. 하지만 토크를 지나치게 높게 설정하면 의도했던 것보다 구멍이 훨씬 깊게 뚫릴 수 있다. 나무가 갈라지거나, 나사못이 부러지는 경우도 같은 이유에서 비롯된다. 나무의 단단함에 따라서도 토크 설정을 달리해서 작업한다. 토크 설정은 각자 사용중인 드릴의 종류나 경험치에 따라 다르기 때문에 일률적으로 이야기하기는 힘들다.

직쏘

내가 보기에 목공에 발을 들여놓은 사람들의 공통점 하나는 '참을성이 없다'는 것이다. 뭐랄까. 마치 어린애가 되어버린달까? 신기한 장난감에 눈을 반짝이고, 또 금방 싫증 내고, 끊임없이 뭘 사달라고 조른다. '장비병'에 걸리고, '지름신'을 맞이하는 것도 취목 대다수가 비슷하게 경험하는 일이다. 오죽하면 인터넷에서 목공용품을 판매하는 한 카페의 이름이 '지름교(ZRM)'일까. 1만 명에 가깝게 많은 취목이 가입한 이 카페 회원들은 운영자를 '교주'라고 부른다. '지름교 교주'라는 말이다. 이 카페는 첫 화면에 '지름 천국, 저축 지옥! 네 지름을 마눌에게 알리지 말라.'고 큼지막하게 적어놓았다. 조금 아래쪽에는 '피할 수 없다면 질러라! 돈 다 떨어져도 지를 구멍은 있다.'고 씌어져 있다. 재미있지 않은가?

나 역시 예외가 아니었다. 수공구로 사부작거렸으나 결과물은 늘 신통치 않았다. 기계로 하면 잘 될 것 같았다. 곧바로 전동공구 쪽으로 눈길을 돌렸다. 누구처럼 나도 '마이더스의 손'이 아니라 '마이너스 손'인 모양이었다. 테이블 쏘, 밴드 쏘, 스크롤 쏘, 수압대패, 자동대패, 드릴 프레스, 라우터, 트리머, 샌딩기…. 사고 싶고, 갖고 싶은 것이 너무 많았다. "공구는 비싼 만큼 값을 한다.", "처음 살 때 제대로 된 놈을 사야 두 번 돈을 들이지 않는다.” 이런 충고도 여러 번 듣고, 또 읽었다. 하지만 비용이 발목을 잡았고, 결정적인 것은 공간의 제약이었다. 기계를 어디에 놓고, 어디서 목공을 할 것인가. 또 소음과 집진은 어떻게 처리할지 대책도 없이 내 마음속에서는 욕심만 무럭무럭 자라났다.

수공구보다 비싼 만큼 전동공구는 선택하는 데 시간이 걸렸다. 나는 목공의 첫 본격 장비로 직쏘(Jigsaw)와 샌딩기를 선택했다. 초보 취목의 눈에는 ‘머스터 해브(must-have) 아이템’으로 보였다.

직쏘를 첫 번째 리스트에 올린 이유는 그동안 숱하게 경험한 ‘자르기’로 인한 실패와 좌절 때문이었다. 일반 톱으로 나무판을 50㎝ 정도 잘라 보라. 아니, 가로세로 20㎝ 크기의 사각형

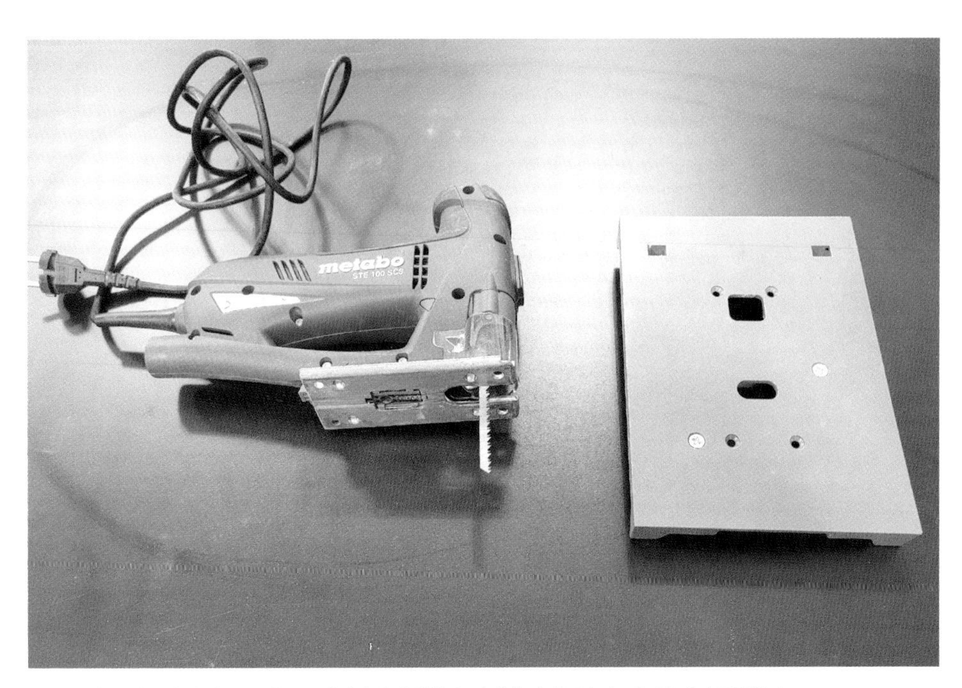

직쏘 메타보 직쏘와 이 제품을 거꾸로 매달아서 사용할 수 있게 출시된 금속판. 아마존에서 구입했다.

옷걸이 옷걸이 받침대를 4개 같은 모양으로 따낼 때 직쏘를 사용했다.

을 한번 만들어 보라. 10년이 넘었지만 나는 아직도 자신이 없다. 목공을 조금이라도 해본 사람은 직선과 직각 만들기가 쉽지 않다는 데 동의할 것이다. 인터넷 카페에서는 비슷한 과정을 밟고 있는 취목들이 종종 "나무를 자르려면 직쏘와 원형톱 중 어느 것을 사야 할까요?"라는 질문을 올린다. 그들의 심정을 충분히 이해한다. 내가 대답을 해야 한다면 이렇게 말할 것이다. "직쏘와 원형톱으로 대충 흉내를 낼 순 있지만, 둘 다 똑바로, 정확하게 자르기는 힘들어요."

톱날이 아래위로 움직이는 직쏘는 조기대를 대고 직선을 자를 수도 있으나 기본적으로는 곡선을 잘라내는 기계다. 원형톱은 가재단을 할 때나 주로 쓰인다. 원하는 직선 자르기는 테이블 쏘에서나 가능한 것이다.

직쏘는 전기모터를 동력원으로 해서 나무나 철판을 자르는 공구다. 직선용, 곡선용, 목재용, 금속용 등 톱날을 갈아끼면서 다양하게 사용할 수 있다. 날 교체도 쉽고, 속도도 조절할 수 있다. 오비탈 모드(orbital mode)로 놓으면 날이 아래위는 물론, 앞뒤로도 움직이면서 빠른 속도로 작업물을 잘라낸다. 그렇다고 만능은 아니다. 직쏘로 판재를 일직선으로 재단하기는 쉽지 않다. 나는 구입 초반 몇 번 직선 재단을 시도했다가 실패한 후로, 아예 곡선이나 귀통이 따내기 전용으로 쓰고 있다. 초보 취목의 기대나 희망과는 달리 직쏘는 특별한 쓰임새가 있는 공구다. 일반 공방에서 곡신 가공은 보통 밴드 쏘나 스크롤 쏘가 담당한다. 하지만 부재가 무겁고, 폭이 넓거나 두꺼워서 정반에 올리지 못할 경우, 휴대용인 직쏘가 진가를 발휘하는 것이다.

공구를 검색하던 중 메타보(Metabo)라는 브랜드가 눈에 들어왔다. 1924년 핸드 드릴을 시작으로 출발한 회사는 금속 가공 분야에서 명성을 떨친다. 메타보라는 회사의 이름도 '쇠를 뚫는다'는 'metal boring'에서 따왔다고 한다. 독일 공구라는 점, 회사의 이름, 진한 녹색의 제품 이미지가 상승작용을 일으키면서 나는 직쏘와 샌딩기를 메타보로 결정했다. 직쏘의 모델은 Metabo STE 100. 30만원쯤 줬던 것으로 기억한다. 독일 메타보는 2016년 일본 히다치그룹에 인수된다.

직쏘는 목공은 하고 싶으나 집에 테이블 쏘 같은 제대로 된 장비를 들일 형편이 안되는 취목들의 중간 선택지다. 직쏘는 덩치도 크지 않고 소음도 견뎌낼 만하다. 목돈이 들어가지 않는다는 것도 큰 강점이다(싼 것은 몇만 원이면 살 수 있다). 그래서 그런지 직쏘는 국내 취목의 '갖고 싶은 목록(wish list)' 최상위권에 자리 잡고 있다. 비싼 외제 공구가 반드시 좋은 작품을 만들어낸다는 법은 없다. 요즘에는 '언플러그드(unplugged) 목공'이라고 해서 전통 수공구만으로도 놀랄만한 결과물을 만들어내는 취목들도 인터넷에서 종종 만난다. 직쏘는 목공 초보 때의 희망과 기대, 환상과 거품을 같이 담고 있는 정겨운 공구다. 직쏘는 목공을 하면 할수록 점점 쓸 일이 줄어드는 장비다. 톱질이 잘 안된다고 덜컥 직쏘부터 사는 일은 말리고 싶다. 굳이 직쏘를 사겠다면 10만원 언저리의 제품을 추천한다.

샌딩기

좋아서 한다고 하지만 목공에서 가장 힘들고 괴로운 일은 아마 사포질(sanding)이 아닐까 싶다. 샌딩은 오일이나 스테인, 혹은 바니쉬로 작품을 마무리할 때 반드시 거쳐야 하는 과정이다. 마감 직전의 샌딩은 나무의 찌든 때나 페인트 자국을 제거할 때와 달리 신경이 쓰일 수 밖에 없다. 작품의 퀄리티에 크게 영향을 미치기 때문이다. 사실 샌딩 기술은 누구에게 특별히 배우고 할 것이 없다. 샌딩기(sander)에 적당한 힘을 주고 나무의 결을 따라 일정한 속도로 문지르면 된다. 고수들은 대패나 스크래퍼로 말끔하게 최종 정리를 하지만 대부분의 취목은 샌딩에 의지한다.

열쇠 공방을 다닐 때였다. 도마를 한꺼번에 스무 개 정도 만들면서 몇 시간 동안 계속 샌딩을 했다. 선물받을 사람들의 미소를 떠올리면서 위안을 삼았지만 고역이었다. 120방, 220방, 400방 등 샌딩 페이퍼를 바꿔가면서 작업을 했다. 120방, 220방이라고 할 때의 방(grit)은 같은 면적에 채워지는 연마재 입자의 숫자를 말한다. 방수가 높을수록 부드러운 사포다. 안경은 나무 먼지로 덮여 앞이 잘 보이지 않았고, 마스크는 답답하기만 했다.

잠깐 쉬는 시간이었다. 작업을 지켜보던 공방장은 안쓰러운 표정으로 "내가 가구를 만들지 않는 이유는 비싼 나무 값을

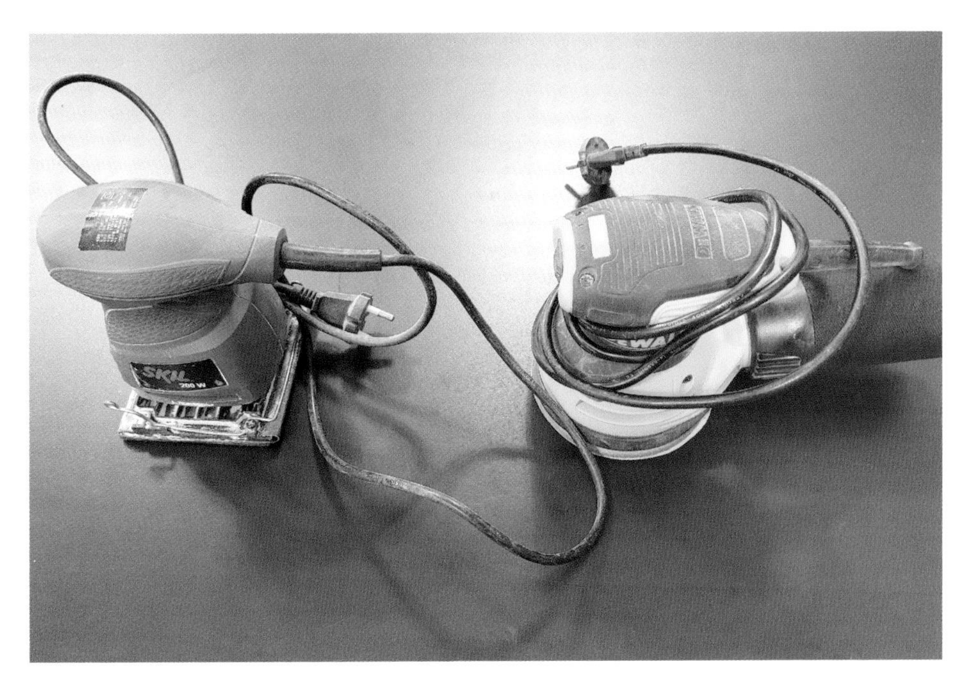

샌딩기 왼쪽은 집진도 안되고 시끄럽지만 성능은 나무랄 데가 없는 스킬 샌더. 오른쪽은 디월트 5인치 원형 샌더.

감당할 수 없기도 했지만 샌딩이라면 진저리가 나서요."라고 했다. 공방장은 나무로 만드는 자동차 미니어처 분야에서 이름이 꽤 알려진 실력파다. 옆에서 또, 누가 "몇 방까지 샌딩할 거예요?"라고 물어본다. 이 사람은 자칭 '샌딩의 달인'이다. 공방에 등록한 첫날 나는 이 사람으로부터 컵 받침(tea coaster) 2개를 선물받았다. 두께 8㎜, 가로세로 10㎝ 크기의 이 느티나무 컵 받침은 무늬도 예술이었지만, 표면은 마치 유리판처럼 매끄럽고 광이 났다. 그는 뭘 만들 때마다 2000방까지 샌딩을 했다. 그의 샌딩 비결은 '4인치 그라인더'. 집진이 안돼 매번 공방 밖에서 작업했지만 일반 샌딩기에 비해 훨씬 힘이 좋고 속도가 빠르다고 했다. 나도 월넛 독서대를 만들면서 120방부터 시작해서 220방,

400방, 600방, 1000방, 2000방까지 한번 따라서 샌딩을 해 본 적이 있다. 면이 더 매끄러워지는 느낌은 있었으나 너무 고생스러웠다.

내 샌딩의 출발점은 청계천이었다. 구조목으로 만든 '작품'을 예쁘게 다듬겠다며 5,000원짜리 사포홀더와 방수 별로 천 사포를 몇 장 샀던 것이 시작이었다. 손 샌딩은 나무 몇 조각은 그럭저럭 할 만했다. 그러나 시간이 30분만 넘어가도 힘들었다. 나뭇가루는 사방에 날리고, 손과 팔목도 욱씬거리고…. 손에서 기계로 옮아가는 데는 얼마 걸리지 않았다.

내가 처음 썼던 샌딩기는 바닥이 사각형인 스킬(Skil)사의 오비탈 샌더 7232 모델. 원형톱으로 유명한 스킬은 미국회사였으나 지금은 독일계 보쉬의 저가형 브랜드로 자리를 잡고 있다. 당시는 내가 목공을 계속하리라는 생각을 하지 못했다. 스킬사의 이 제품은 한 손에 잡히는 그립(grip)감이 좋았고, 저렴한 천 사포를 4분의 1씩 잘라서 사용할 수 있다는 점도 매력적이었다. 무엇보다 2만원 정도로 가격이 저렴했다.

지금도 간혹 이 샌딩기를 꺼내서 쓰곤 한다. 내 기준으로 목공기계 중에서 가성비로만 따지면 이 녀석을 따라올 것이 없다고 생각한다. 하지만 이 샌딩기를 처음 켰을 때의 당혹감은 지금도 생생하다. 스위치를 켜는 순간부터 조그만 기계가 얼마나 우렁찬 소리를 내는지. 나무와 접촉하면 그 소리는 '굉음'으로 바뀌었다. 포터블 테이블 쏘인 디월트(DeWalt) 745에 대해 "비행기 이륙하는 소리가 난다"고 하는 데 이 샌딩기도 못지 않았다. 한쪽 손에 쥔 작은 기계에서 이런 소리가 나니 얼마나 끔찍하겠는

가. 게다가 집진이 안되는 모델이다보니 샌딩을 하고나면 마스크 안쪽까지 나무 가루가 들러붙었다. 샌딩은 해야겠지만, 스킬 샌더의 소음과 먼지는 견딜 수가 없었다.

이후 직쏘와 함께 장만한 샌딩기는 메타보 6인치 원형샌더 SXE 450 터보텍. 5인치와 6인치 사이에서 조금 망설이기도 했으나 샌딩 패드가 1인치(2.54㎝) 큰 만큼 일도 줄어들 것으로 기대하고 6인치로 선택했다. 작은 먼지주머니도 있지만, 집진기와 직접 연결할 수 있어 분진 걱정을 덜 해도 된다는 점이 좋았다. 속도 조절도 가능하고, 사이드 핸들이 달려있어 두 손으로 기계를 쥐고 안정적으로 샌딩할 수 있었다. 30만원이상 투자한 보람이 있었다. 그러나 몇 년 동안 잘 사용했지만 나는 결국 이 샌딩기를 처분했다. 이유는 2.2㎏라는 기계 자체의 무게 때문이었다. 터보텍이라는 단어가 붙은 만큼 파워는 나무랄 데가 없었으나 무거웠다. 한 시간쯤 샌딩을 하면 다음 날까지 손과 팔이 뻐근했다.

메타보(metabo) 6인치 원형샌더 SXE 450 터보텍.

여기서 잠깐 짚어봐야 할 부분이 있다. 앞서 스킬사의 제품을 오비탈 샌더라고 했는데, 메타보 샌딩기에는 어떤 이름이 붙어 있을까? 메타보는 랜덤(random) 오비탈 샌더다. 오비탈과 랜덤 오비탈은 기능의 차이다. 오비탈(orbital)이라고 하면 특정 궤적을 따라 움직이는 것을 의미한다. 꼭 원이라고는 할 수 없다. 반면 랜덤 오비탈 샌더는 '무작위 궤도'를 움직인다는 얘기다.

샌딩기에서 오비탈과 랜덤 오비탈의 가장 큰 차이는 샌딩 바닥판의 회전 여부이다. 오비탈 샌더는 특정한 궤도로 진동(vibrate)하지만 회전(rotate)하지는 않는다. 휴대폰의 진동기능을 떠올리면 이해하기 쉽다. 반면 랜덤 오비탈 샌더는 샤프트가 회전하고 중심을 벗어나 진동하면서 나무의 표면을 갈아낸다. 오비탈 샌더는 바닥이 대부분 사각형이고 저가인 반면, 랜덤 오비탈

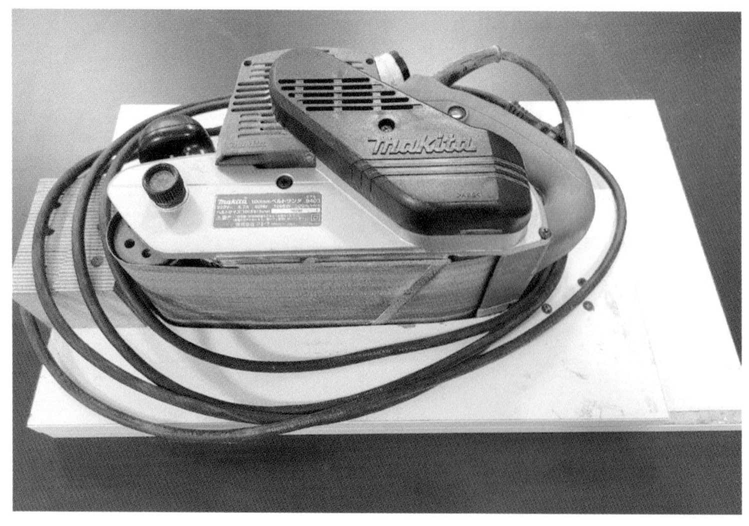

벨트 샌더 마끼다 벨트 샌더. 마루처럼 주로 넓은 면을 작업할 때 사용하지만 지그를 만들어 작업대 위에 올려놓고 작은 부재를 샌딩하기도 한다.

샌더는 원형이 일반적이다. 랜덤 오비탈 샌더는 연삭력은 뛰어나지만, 목공인들이 '돼지꼬리'라고 부르는 동글동글한 샌딩 자국이 남는 경우가 있다.

메타보 샌딩기를 처분한 뒤 나는 TV 선반을 만들면서 다시 마끼다 9403 벨트샌더를 구입했다. TV 장의 크기가 폭이 50㎝, 길이가 2m나 돼서 힘이 좋고 넓은 면을 갈아낼 수 있는 샌딩기가 필요해서 였다. 벨트샌더는 또 간단하게 지그(jig)만 만들면 작업대 위에 놓고 작은 부재를 샌딩할 수 있어 여러모로 유용했다.

공방에 다니면서 스핀들(spindle) 샌더, 디스크(disk) 샌더, 대형 벨트샌더 등 다양한 샌딩기를 사용할 기회가 있었다. 이중에서 페스툴 6인치 원형샌더 ETS EC 150/5는 '명품'이라 부를 만했다. 무게가 메타보의 절반인 1.1kg로 손에 부담도 없고, 스위치를 끄면 곧바로 작동이 멈췄다. 특히 집진에서 다른 샌딩기가 따라올 수 없는 탁월한 능력을 발휘했다. 미국 제트(Jet)사의 벤치탑 드럼(drum)샌더 10-20 plus도 기억에 남는 기계다. 책장을 만들면서 두께가 8㎜, 10㎜짜리 하드우드 쫄대가 여러 개 필요한 적이 있었는 데 이때마다 이 녀석의 도움을 받았다. 테이블 쏘로 부재를 켜면 나무에 시커먼 톱날 자국이 생기는 경우가 있는 데 이 샌딩기에 넣고 두어 번 밀어주면 말끔하게 지워졌다.

원형 샌딩기는 없으면 아주 불편하다. 페스툴 제품이 욕심나지만 현재로는 디월트 5인치 유선 원형샌더로 만족하면서 지내고 있다. 취목용으로는 보쉬나 마끼다, 혹은 디월트의 5인치짜리 제품이면 무난할 것 같다.

원형 톱

둥근 금속판에 날카로운 톱날이 수십 개가 붙어있고, 톱날은 1분 동안 5000번(rpm) 가까이 회전한다. 나는 목공을 시작하고 한참 동안은 원형 톱(circular saw)으로 작업할 엄두를 내지 못했다. 아예 쳐다보지도 않았다. 전원을 켜자마자 무지막지한 소리를 내며 거침없이 돌아가는 톱날은 공포스럽기까지 했다.

원형 톱은 목조 주택이나 인테리어 일을 하는 사람들의 필수 공구다. 현장에서 단 하나의 장비만 주어진다면 목수 대부분은 원형 톱을 선택할 것이다. 합판 원장(1220㎜×2440㎜)을 필요한 폭으로 켤 때나 3m60㎝ 길이의 각재를 자를 때에도 원형 톱처럼 편한 장비는 없다. 현장에서는 스피드가 생명이다. 소음이나 분진, 심지어 정확함도 속도에 자리를 양보할 수 밖에 없다. 노련한 목수들은 판재에 싱크대를 앉힐 사각 구멍을 따내거나 구조목 옆구리에 각도를 줘서 쳐내는 일도 원형 톱 하나면 충분하다. 2020년 한국철강협회에서 주관한 스틸 하우스(steel house) 교육을 받으면서 30대 후반 여자 강사가 원형 톱을 자유자재로 다루는 모습을 보고 감탄을 금치 못했다. 원형 톱을 갖고 놀 정도가 된다면 그만큼 현장 경험이 많다는 얘기가 아니겠는가.

현장에서 많이 쓰는 원형 톱은 10만원대 초반이면 살 수 있다. 톱은 일반적인 공구함 스타일의 플라스틱 케이스가 아니라 종이 박스에 들어있다. 애지중지 닦고 기름칠해서 쓰는 공구가 아니라, 거칠고 험하게 다루는 소모품이라는 느낌이 물씬 풍긴다. 그러나 원형 톱은 결코 만만하게 봐서는 안되는 공구다. 킥백(kick back) 때문이다. 작업자의 몸쪽으로 회전하는 톱날이 강

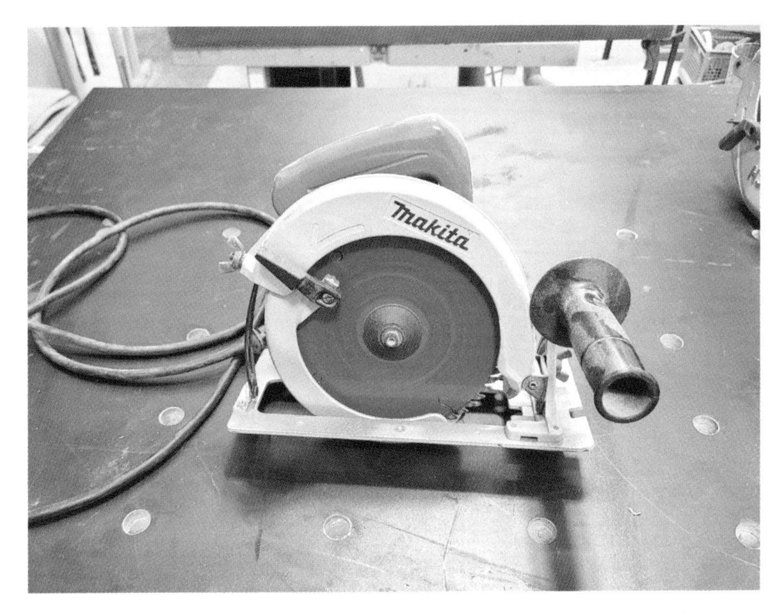

원형 톱 인테리어나 목조주택 현장에서 많이 쓰이는 마끼다 7인치 원형 톱. 집진이 안된다.

한 저항을 받을 때 톱 전체가 뒤로 튕겨나가는 현상이다. 부재를 단단히 고정시킨 뒤 양손으로 원형톱을 누르고 작업을 해나가도 킥백이 발생하면 몸이 주춤하며 뒤로 밀려나갈 정도다. 그러나 한 손으로 부재를 잡고, 다른 손으로 어설프게 톱을 작동시킨다면 사고 위험성은 더 커진다. 톱날이 계속 회전하는 데 손이 톱을 놓쳤다고 생각해보라. 끔찍한 상황이 벌어질 것이다. 원형톱은 체인 쏘, 테이블 쏘, 그라인더와 함께 목공을 하면서 가장 조심스럽게 다뤄야 할 장비인 것이다.

그러나 나 역시 원형톱이 절실하게 필요했던 적이 있다. 소파 앞에 놓을 낮은 테이블을 만들면서 상판을 가로 1m80cm, 세로 70cm로 자르는 작업이었다. 18t 자작 합판 위에 두께 1cm 폭 5cm짜리 로즈우드 쫄대를 이어 붙였기 때문에 무게도 엄청났다.

덩치가 커서 포터블 테이블 쏘에 올라갈 수도 없었고 바닥에 놓고 작업해야 하는 데, 꼭 이 장면에서 원형 톱이 필요했던 것이다. 이 경우 장비가 제대로 갖춰진 공방이라면 아마 플런지 쏘(plunge saw)를 꺼내 들었을 것이다. 플런지 쏘는 원형톱에 덮개가 씌워져 있는 형태다. 원형톱에 비해 안전하고, 집진도 훨씬 잘 된다. 게다가 가이드를 장착하면 테이블 쏘 못지않게 직선 절단을 할 수 있다. 합판이나 집성판 원장을 켜거나 자를 때 특히 유용하다. 문제는 가격. 원형톱도 없던 시절에 포터블 테이블 쏘 값에 육박하는 플런지 쏘는 언감생심이었다.

마침 회사 동료가 충전 원형 톱이 있다고 해서 빌려왔다. 그러나 보쉬 10.8V 충전 원형 톱은 힘이 부족해 자를 때 톱날이 나무에 끼여 멈추기 일쑤였다. 자작 합판뿐이라면 괜찮을 텐데 로즈우드까지 붙어 있는 28t를 요리하기에 이 작은 공구는 역부족이었다. 몇 번을 실패하다 보니 좌탁 크기는 점점 줄어들었다. 우여곡절 끝에 엇비슷하게 자른 뒤 나머지는 손톱으로 간신히 작업을 마쳤다. 물론 직선은 포기할 수 밖에 없었다. 지금도 그 좌탁을 보면 충전 원형 톱으로 고생했던 일이 생각난다.

그로부터 얼마 뒤. 나는 한동안 잘 사용했던 보쉬 테이블 쏘를 처분했다. 사진액자에 유리 대신 쓸 요량으로 아크릴을 자르다가 톱날이 손가락을 스치면서 몇 바늘을 꿰맸다. 다친 후로는 테이블 쏘를 만지기가 싫어졌다. 트라우마일 수도 있을 것이다. 하지만 목공을 포기할 생각은 없었다. 그래서 테이블 쏘의 대안으로 마련한 것이 원형 톱이었다. 정석대로라면 가이드를 대고 직선 재단을 할 수 있는 플런지 쏘를 선택하는 것이 해결책

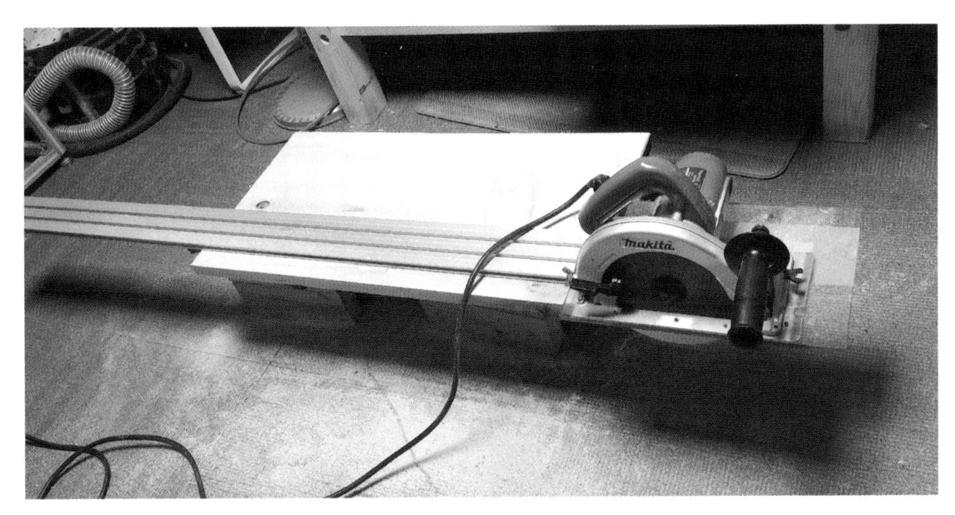

원형 톱 지그 알루미늄 프로파일과 폴리카보네이트 판, 베어링 등을 사용해서 만든 원형 톱 지그. 기대한 만큼 성능이 좋지는 않았다.

이었을 것이다. 그렇지만 가이드만 잘 만들면 굳이 원형 톱보다 4~5배나 비싼 플런지 쏘를 살 필요가 없겠다는 생각이 들었다. 결과론이긴 하지만 알루미늄 프로파일과 베어링, 그리고 폴리카보네이트까지 구해서 만든 원형 톱 가이드는 실패작이었다. 정확하게 자르는 것도 힘들었지만 무엇보다 준비과정이 복잡했다. 역시 비싼 놈은 다 이유가 있는 것 같다.

나는 마끼다 5740NB 제품을 선택했다. 원형 톱은 날 직경이 7인치, 9인치짜리가 일반적인 데 마끼다 5740NB는 7인치(정확하게는 7과 4분의 1인치, 185㎜) 모델이다. 같은 회사의 9인치(235㎜) 모델 N5900B는 덩치도 더 크고, 가격도 더 비싸다. 물론 힘도 차이가 많이 난다. 길이가 2m쯤 되는 월넛 30t짜리 제재목을 켜면서 7인치 원형 톱으로 고생을 바가지로 했던 기억이 난다. 톱날이 나무에 끼여 종종 회전을 멈췄다. 그때마다 톱날을 뽑아내느라고 곤욕을 치르고, 다시 처음부터 자르면서 또 같은 일이 반복됐다. 간신히 잘라낸 나무의 단면에는 군데군데 시커먼 톱날 자국이 나 있었다.

원형 톱은 테이블 쏘나 각도절단기도 마찬가지이지만 제조회사 마다 사양이 다르기 때문에 자신의 장비와 사용하는 톱날에 대한 기본적인 수치는 알고 있어야 한다. 원형 톱의 날을 구입할 때는 네 가지 숫자를 체크해야 한다. 톱날의 외경과 톱날 두께, 톱날 내경, 그리고 날의 갯수다. 마끼다 7인치 원형 톱날을 보면 톱날 전면에 185㎜, 1.6t, 19㎜, 60x라고 적혀있다. 톱날 외경 185㎜, 톱날 두께(목재의 잘리는 단면의 폭) 1.6㎜, 톱날 내경 19㎜, 톱날 60개라는 이야기다. 디월트 745 포터블 테이블 쏘에서 사용했던 톱날은 프레우드(Freud) LP40M 027P라는 자르기-켜기 겸용 제품인데 255, 2.8/1.8, 25.4, 60이다. 10인치 톱날이니 외경이 255㎜이다. 2.8/1.8은 톱날 끝에 붙은 팁의 폭이 2.8㎜고, 톱날 금속판 두께가 1.8㎜이다.

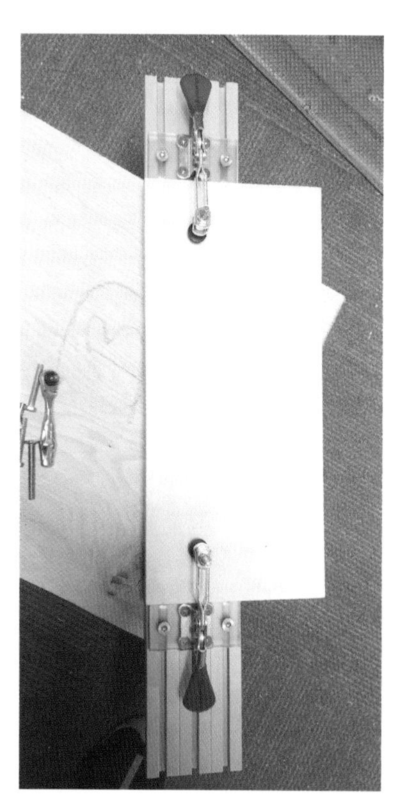

원형 톱 지그 지그는 아래 쪽에서 토글 클램프로 부재를 고정시킨다. 세팅이 번거로워 지금은 거의 사용하지 않는다.

7인치 원형 톱에 10인치 날을 장착할 수는 없다. 당연한 얘기지만 톱 크기에 맞는 톱날을 사용해야 한다. 톱날 내경에 대해서는 특별히 관심을 가져야 한다. 톱날 내경은 모터와 연결된 축(arbor)에 톱날을 꽂기 위한 구멍의 크기를 말한다. 마끼다 7인치 원형 톱은 톱날 내경 19㎜, 20㎜짜리를 소화할 수 있고, 보쉬나 디월트 테이블 쏘에 장착되는 톱날은 내경이 25.4㎜(1인치)다. 하지만 쏘스탑이나 파워매틱, 라구나 같은 회사의 제품은 내경 15.8㎜짜리 톱날을 써야 한다. 내경이 클 경우 톱날에 가락지(ring)을 끼워 사용하기도 하지만 톱 떨림 현상이 발생하고 절단면이 좋지 않을 수도 있다. 톱날은 얇을수록 목재 손실이 적고 단면이 깔끔하다는 장점은 있지만 날이 쉬 무뎌지기도 한다. 3마력 이상의 테이블 쏘에서 하드우드를 작업할 때는 두께 3㎜짜리의 톱날을 사용하는 것이 일반적이다.

트리머와 라우터

목공을 잘 모르는 사람도 테이블 쏘와 드릴 프레스는 어떻게 생겼고, 대충 어떤 일을 하는지 안다. 하지만 트리머(trimmer)와 라우터(router)라는 장비를 언급하면 고개부터 갸웃거린다. “트리머? 트리밍하는 기계인가? 라우터? 라우터는 인터넷 중계장비 아닌가?” 생소할 수 밖에 없을 것이다. 나 역시 목공을 하기 전에는 들어본 적이 없는 단어들이었다. 트리머는 사전에 찾아보면 ‘(생울타리나 잔디 등을) 다듬는 기계’라고 되어있다. 나무에 일정한 두께와 깊이의 홈을 파거나, 가구 테두리에 모양을 낼 때 사용하는 전동공구다. 트리머는 한 손에 쥐고 작업을 한다고 영어권에서는 ‘compact router’, 또는 ‘palm(손바닥) router’라고 부르기도 한다. 트리머와 라우터는 하는 일은 거의 같지만 크기와 힘에서 차이가 난다. 과일 깎는 칼과 식도로 비유하면 될 것 같다.

원통형으로 생긴 트리머와 라우터는 아주 단순한 구조다. 모터와 바닥 판(base plate)이 있고, 비트를 끼우는 콜렛(collet·물건을 둘러싼 원, 띠 모양의 물건)이 전부다. 속도 조절용 다이얼이나 집진구 등은 비교적 최근에 첨부된 부가 장치들이다. 구조는 간단하지만 하는 일은 무궁무진하다. 비트만 갈아끼면 다양한 작업(multi-function)이 가능한 장비로 거듭나게 되는 것이다. 인터넷에 '트리머 비트', 혹은 '라우터 비트'라고 입력하면 생김새나 크기, 가격도 제각각인 녀석들이 몇 페이지나 계속될 것이다. 일자비트, 몰딩비트, 베어링 라운드비트, 알판 비트, 서랍 비트, 슬롯커터, 라베팅 비트, 도브테일비트, 각도날 등…. 족히 수십 개는 될 것이다. 각 종류별로 사이즈가 여러 개가 있으니 비트는 백가지가 더 된다. 그 숫자만큼의 일을 수행한다는 이야기다. 목공기계중에서 다재다능하다고 얘기되는 테이블 쏘도 트리머나 라우터 앞에서는 울고 갈 수 밖에 없다.

내가 트리머의 필요성을 절감했던 것은 목공 초보때 거울을 만들면서였다. 나무로 사각 틀을 짜고 거울 유리를 끼워야 하는데 방법을 몰랐다. 그때 알게 된 것이 트리머였다. 기계를 사서 혼자 사용하기가 무서웠던 나는 한참 후에 이 장비를 구입했다.

마끼다 RT0700C라는 제품이었다. 높이 20㎝, 무게 1.8㎏. 소비전력은 710W. 힘은 1마력에 조금 못 미친다. 주목해야 할 부분은 무부하 속도가 10,000~30,000rpm(revolution per minute)이라는 점. 비트가 장착된 상태에서도 1분에 30,000번까지 회전하는지는 모르겠으나 하여튼 엄청나게 날물이 빠르게 회전하는 공구인 것이다. 한 손으로 이런 놈을 들고 작업을 한다고 생각을

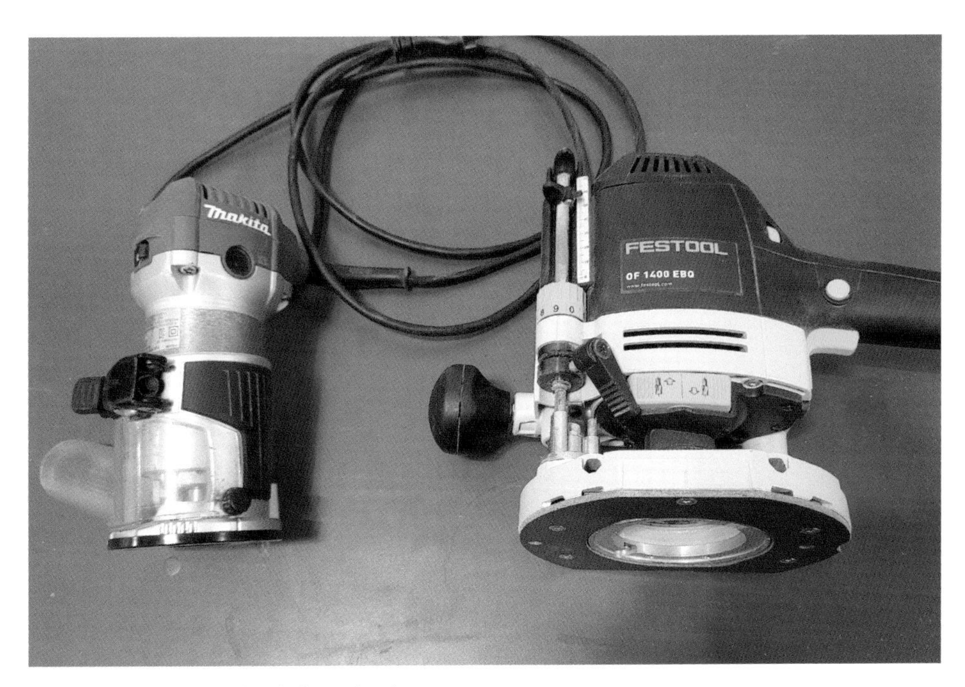

트리머와 라우터 마끼다 트리머와 페스툴 라우터.

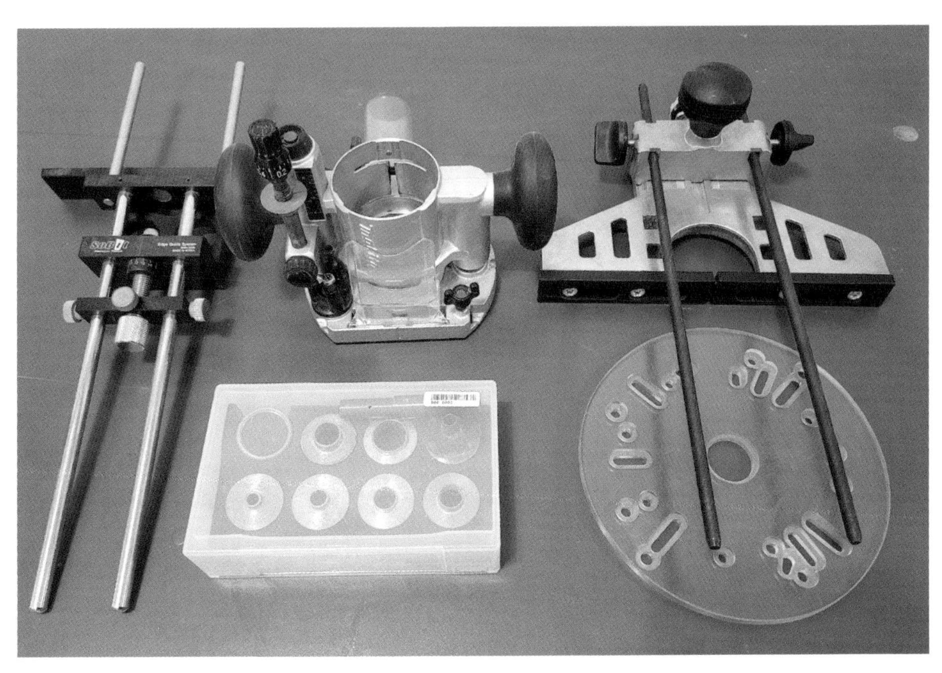

액세서리들 트리머와 라우터 액세서리들. 오른쪽 아래위가 라우터용이다.

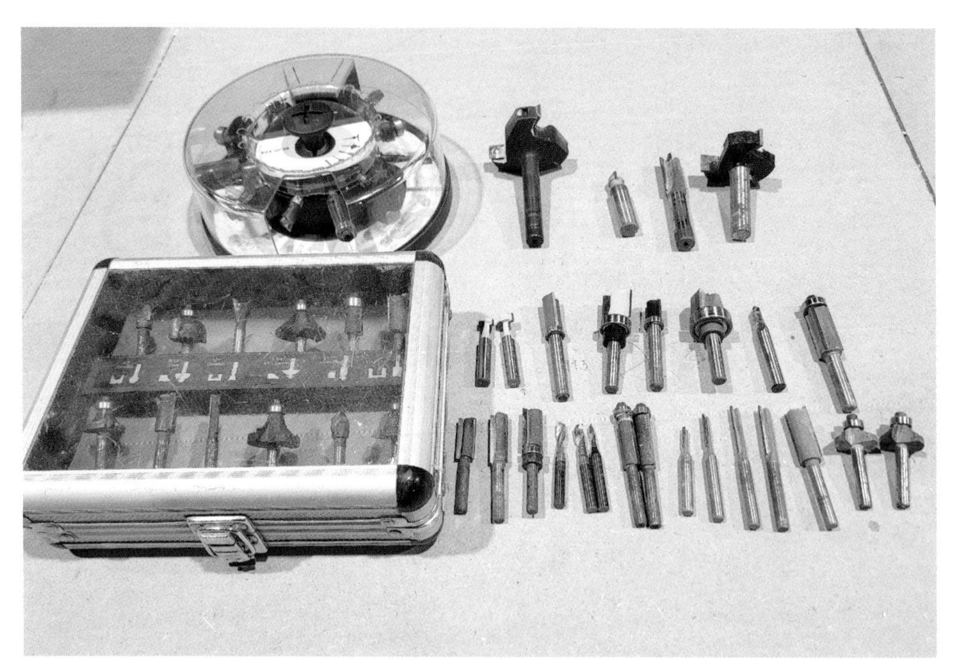

트리머와 라우터 비트들 트리머 비트의 생크(자루 굵기)는 전부 6㎜, 라우터는 8㎜, 12㎜, 12.7㎜ 제각각이다. 비트가 비싸다 보니 필요할 때마다 가격을 따져서 구입하느라 이렇게 됐다.

해보라. 지금은 익숙해져서 그러려니 하지만 당시는 트리머 전원을 켤 때마다 잔뜩 긴장했다.

비트는 고수들의 조언대로 저렴한 중국제 12개짜리 세트를 샀고, 자주 쓰게 될 라운딩 비트나 패턴 비트 등은 낱개로 국산을 구입했다. 비트는 개당 평균 2만원이 넘어 가격이 사악했다. 트리머 본체는 10만원대 초반이었으나 날물 값에 두 배가 넘는 돈을 지출했다. 집 아래층에서 목공을 하던 시절 옆집 아주머니가 다육이를 키웠다. 마침 구조목 남은 게 있어서 화분 받침대를 여러 개 만들었다. 손바닥 크기의 받침대니 나무를 자르고 못만 몇 개 박으면 일이 끝나는 쉬운 작업이었다. 마침 트리머를 산지 얼마 안 된 터라 받침대 윗부분을 몰딩하듯 3단으로 트리밍해서 모양을 냈다. 선물받은 옆집에서 찬사가 쏟아졌다. "실력이 대단하네요. 이런 기술까지 있는 줄 몰랐습니다." 트리머 덕분에 나는 동네에서 본의 아니게 솜씨있는 목수 대접을 받았다.

트리머에 어느 정도 익숙해지면서 눈높이도 같이 올라갔다. 불만은 트리머의 힘이 약하다는 것. 트리머는 구멍을 팔 때 한 번에 3㎜씩 여러 번 나눠서 작업을 해야 한다. 10㎜ 구멍을 판다면 최소한 3번 이상은 트리머를 밀어야 한다. 이 무렵 트리머를 쓰던 중에 비트가 부러지면서 총알처럼 튕겨 나가는 일이 발생했다. 다행히 몸 반대편으로 날아가는 바람에 다치지는 않았지만 '회전하는 공구의 무서움'을 실감했다.

새 프로젝트로 독서대를 만들면서 라우터를 장만할 핑계가 생겼다. 독서대는 책을 받칠 판에 가로 15㎝, 세로 2㎝ 정도의 구멍을 내서 아래 판을 끼우는 구조로 디자인했다. 재료로 쓸 월넛이나 오크의 두께가 25t나 되니 트리머로는 역부족이었다. 손도 많이 가지만 무엇보다 깔끔하게 작업할 자신이 없었다. 라우터에 날 폭이 20㎜인 일자비트를 꽂아서 몇 번 밀면 괜찮겠다 싶었다. 그리고는 '폭풍검색'을 했다. 보쉬나 마끼다의 라우터도 괜찮다는 평이었지만 여기서 한 걸음 더 나갔다. 이 제품들의 두 배 값을 주고 독일제 페스툴(Festool) OF1400이란 모델을 영입했다. 팔랑귀는 초보 취목의 일반적인 증상. 미국 페스툴 매니아들의 사용 후기를 보니 찬사 일색이었다. "평생 라우터를 하나만 쓰게 한다면 나는 OF1400을 쓰겠다." "이 제품 덕분에 목공이 즐거워졌다."

Festool은 3대째 내려오는 독일기업이다. 1925년 공동 창업자 알버트 페제르(Albert Fezer)와 고틀립 슈톨(Gottlieb Stoll)의 이름을 따서 회사 이름을 지었다. 'Fezer & Stoll'에서 'Festo'를 거쳐 2000년부터 'Festool'이라는 회사명을 사용중이다. 페스툴 매니아들은 빠르고(fast), 조작하기 쉽고(easy), 튼튼한(strong) 공구라는 뜻을 담았다고 주장하기도 한다. 문제는 가격. 공구를 편하게 사용할 수 있도록 다양한 액세서리들을 출시하고 있지만 Festool 로고가 붙은 녹색 제품은 다 비싸다.

페스툴 라우터 1400의 소비전력은 1400W. 무부하 속도는 10,000~22,500rpm. 무게는 4.5㎏으로 같은 급 다른 라우터들에 비해서는 가벼운 편이다. 마끼다 라우터 RP1800은 6㎏, 보쉬 GOF 1600CE는 5.8㎏이다. 두 손으로 들고 작업을 할 때 1.2~1.5㎏라면 무시할 수 없는 차이다. Festool에는 OF1010이 있고, 힘이 센 전문가급의 OF2200이란 라우터도 있지만 '취목의 로망'이라는 말에 혹해 OF1400을 선택했다.

사용해보니 Festool은 역시 대단한 회사라는 생각이 들었다. 라쳇(ratchet·역진 방지장치) 기능이 있어 비트 교체가 쉽고, 카피링이나 집진후드를 원터치 방식으로 탈착할 수 있어 편리했다. 작업물의 결과도 만족스럽지만 집진력도 아주 뛰어났다.

취목들이 트리머나 라우터로 가장 많이 하는 일은 모서리 다듬기. 서랍 밑판을 넣을 홈을 파기도 하고, 지그(jig)를 활용해 원형 판을 만들기도 한다. 고수들은 장부 맞춤을 하면서 홈을 파기도 하고, 글자나 문양을 새기는 데 나는 아직 거기까지는 해보지 못했다.

테이블 쏘로 재단을 하고 자동대패로 두께를 맞춘 나무의 날카로운 모서리를 손 대패로 다듬는 일은 성가신 작업이다. 나무의 네 모서리를 같은 힘을 주고 손 대패로 5번씩 만지는 것보다 트리머나 라우터로 한 번 미는 게 훨씬 효율적이다. 부재가 한두 개일 경우는 손대패가 빠르겠으나 20~30개가 되면 이야기는 달라진다. 트리머나 라우터로 작업한 뒤 가볍게 샌딩을 해주면 끝이다. 서랍 밑판 홈파기는 테이블 쏘로도 하지만 깔끔한 뒤처리를 위해 트리머나 라우터를 자주 사용하는 편이다.

트리머와 라우터를 사용하게 되면 작업 영역이 점점 더 넓어질 수 밖에 없다. 필요에 의해서 자연스럽게 트리머 테이블, 라우터 테이블을 만들게 된다. 비트 착탈의 편의성, 정확성 측면에서는 시판중인 제품들과 비교할 수 없지만 '자작'은 취목의 특권이다. 나 역시 서너 번의 시행착오를 거쳐 트리머, 라우터 테이블을 만들었고, 지금은 대부분의 작업을 이 테이블 위에서 하고 있다. 나는 자동차 자키로 비트의 높낮이를 조절하고, 프로파일로 펜스를 만든 라우터 테이블을 사용중이다. 나름 집진구도 달고 흉내를 냈지만 많이 부족하다. 조만간 다시 만들 계획이다. 라우터 테이블은 반복작업을 할 때 아주 쓸모가 있다. 같은 크기의 타원형 손잡이

독서대 월넛으로 만든 조립식 독서대.

트리머 테이블 면치기 등 간단한 작업을 할 때 사용하는 트리머 테이블. 저렴한 중국제 트리머를 달았다.

라우터 테이블 취목이라면 다들 한 번쯤은 도전해보는 라우터 테이블. 시판중인 제품들에 비해 정밀도나 편의성은 부족하다.

평잡이 지그 라우터로 월넛 판재의 평을 잡고 있다. 테이블 쏘는 가끔 작업대 대용으로 쓰이기도 한다.

를 만들 때 지그와 패턴 비트를 활용하면 개수에 상관없이 일정한 모양을 만들어 낼 수 있다.

가끔 장부맞춤을 해야 할 때가 있다. 이때는 포터 케이블(Porter Cable)이라는 미국회사의 도브테일(dovetail) 지그를 활용해서 짜맞춤을 하곤 한다. 최근에는 합판 원장(1220-2440㎜) 길이의 길고 큰 지그(jig)를 만들어 라우터로 가로 50㎝, 길이 2m가 넘는, 뒤틀어진 30t짜리 월넛 제재목의 평을 잡기도 했다.

마끼다 트리머는 비트 자루의 굵기(shank)가 6㎜짜리를 끼우도록 되어있다. 제품 박스에는 8㎜ 콜렛도 들어있지만 사용해보진 못했다. 6㎜ 비트로도 힘에 부치는 데 8㎜를 꽂으면 오죽할까 싶어서다. 간혹 인터넷 목공카페에는 미국에서 산 드리머의 콜렛이 6.35㎜(1/4인치)인데 6㎜ 날을 사용해도 되느냐는 질문이 올라온다. 절대로 안된다. 반드시 콜렛 규격에 맞는 비트를 사용해야 한다. 페스툴 라우터 OF1400의 박스에는 8㎜와 12㎜짜리 콜렛이 두 개 들어있다. 통상 라우터는 12㎜짜리 비트를 사용한다. 하지만 나는 같이 구입한 비트 세트의 생크가 모두 8㎜짜리다. 독서대를 만들면서는 12㎜짜리 날을 몇 개 더 구입했다. 도브테일을 하겠다고 미국 지그를 샀더니 이놈은 또 생크가 12.7㎜(1/2인치)다. 할 수 없이 12.7㎜짜리 콜렛을 추가로 구입했다. 중복투자라고 해야 할까? 이래저래 라우터에는 돈이 많이 들어갔다.

트리머나 라우터를 사용할 때 명심해야 할 것이 있다. 바로 진행 방향이다. 기계를 손에 들었을 때 비트는 시계 바늘이 도는 방향으로 회전한다. 부재를 몸 왼편에 놓고 몸 바깥으로 밀어야 한다. 이게 무슨 말인지 이해가 안되면 손등을 하늘로 향하게 해서 오른손을 쭉 펴보라. 엄지 손가락이 가리키는 쪽에 나무가 있고, 나머지 네 손가락쪽이 트리머와 라우터의 진행방향이다. 어려울 것 같지 않지만 트리머나 라우터를 테이블에 매달고 작업을 하면 간혹 방향이 헷갈리기도 한다.

테이블 쏘

목공을 이야기할 때 테이블 쏘(table saw)를 빼놓을 수 없다. 테이블 쏘는 어느 공방이든 작업장의 한 가운데 놓여져 있다. 작업의 중심, 공방의 심장과 같은 존재라고 할 수 있다. 가구작가로 이름을 날리고 있는 한 친구는 테이블 쏘를 '숟가락'으로 비유했다. 밥 먹을 때처럼, 목공에서 항상 사용하는 장비라는 이야기였다.

쏘스탑 테이블 쏘 현재 사용중인 쏘스탑(Saw stop) 테이블 쏘. 이 기계는 말 그대로 작동 중에 손이 닿으면 미세 전류를 감지해 순간적으로 톱날을 멈춰 세운다.

목공을 시작한 뒤 테이블 쏘를 처음 본 순간을 잊지 못한다. DIY 공방을 견학할 때였다. 작업중이던 한 회원이 기계 앞에서 전원을 켰다. 톱날은 굉음을 내며 돌아갔다. 톱날의 회전 방향은 작업자의 몸쪽. 지켜보는 것만 해도 무서운데 당사자는 덤덤하게 자르고 켜기를 반복했다. 톱날의 기세와 소리에 압도당한 나는 "테이블 쏘를 사용하지 않고 목공을 할 순 없을까?" 하는 생각까지 들었다. 한동안 나무를 자를 일이 있으면 늘 다른 회원에게 부탁하곤 했다. 요즘은 수공구 위주로 작업하는 이들도 많아지고 있으나, 목공을 한다면 테이블 쏘는 반드시 넘어야 할 장벽이다. 당시의 나로서는 이 두려움을 극복하는 것이 관건이었다. 그러나 시간이 많은 것을 해결했다. 다른 사람의 작업 모습을 지켜보고, 목공을 하면서 보내는 시간이 많아지면서 테이블 쏘에 조금씩 익숙해졌다.

그러던 어느 날, 여기저기를 기웃거리기보다는 더 늦기 전에 목공을 제대로 배워야겠다고 마음먹었다. 그리곤 오래전부터 봐두었던 교육공방에 등록했다.

테이블 쏘의 조작법이나 안전수칙 등을 이 공방에서 제대로 배웠다. 그 공방에서는 독일제 알텐도르프(Altendorf)라는 슬라이딩 테이블 쏘를 사용했다. 비록 일주일에 한 번이긴 하지만 공방을 갈 때마다 작업실 한가운데 자리잡은 육중한 알텐도르프는 내 전용 테이블 쏘였다. 조작법을 배우고, 선생님이 지켜보는 가운데 작업을 계속하다 보니 곧 기계에 익숙해졌다. 지금 내가 사용하는 테이블 쏘는 쏘스탑 인더스트리얼 단상(Sawstop Industrial ICS 51230) 5마력짜리 모델이다. 비싸기는 하지만 안전과 편의성을 고려해서 고민 끝에 질렀다.

쏘스탑은 내가 세 번째로 구입한 테이블 쏘다. 처음으로 입양한 테이블 쏘는 보쉬 GTS 10XC 였다. 타운하우스 1층에서 작업을 해서 공간도 충분치 않았고, 소음도 만만찮았지만 목공에 미쳐있을 때라 앞뒤 재지 않고 카드를 긁었다. 접어서 이동할 수 있는 거치대에 프레우드(Freud) 톱날까지 포함해서 80만원(2016년 가격)쯤 들었던 것 같다. 조기대(펜스)도 짱짱했고, 어설프긴 하지만 상판에 슬라이딩 기능도 갖추고 있었다. 유튜브를 보고 트리머 테이블도 테이블 쏘 한쪽에 붙여놓고 한동안 잘 사용했다. 그러나 이 테이블 쏘의 용도는 현장용. 포터블(portable)인 만큼 한계는 어쩔 수 없었다.

차츰 불만이 쌓여갔다. 기계의 크기도 작고 무게도 가벼워 큰 작업을 하기는 어려움이 있었다. 불편하고 불안하다는 것은 안전하지 않다는 말과 같은 뜻이다. 집성목이나 합판 원장을 이 기계 위에 올려놓고 작업을 하겠다는 생각은 애시당초 포기해야 한다. 또 알루미늄 정반 양쪽에 나 있는 슬롯(slot·레일을 끼울 수 있도록 길게 파진 구멍)의 폭과 깊이도 실망스러웠다. 주물 정반의 테이블 쏘는 슬롯의 폭이 대부분 3/4인치(19㎜)인데, 보쉬 테이블 쏘는 16㎜ 언저리였다. 그리고 양쪽 홈의 깊이도 서로 달랐다. 그러다 보니 페더 보드(feather board) 등 테이블 쏘와 관련한 많은 보조도구들이 19㎜ 슬롯을 기반으로 만들어져서 유통되는 데 보쉬 테이블

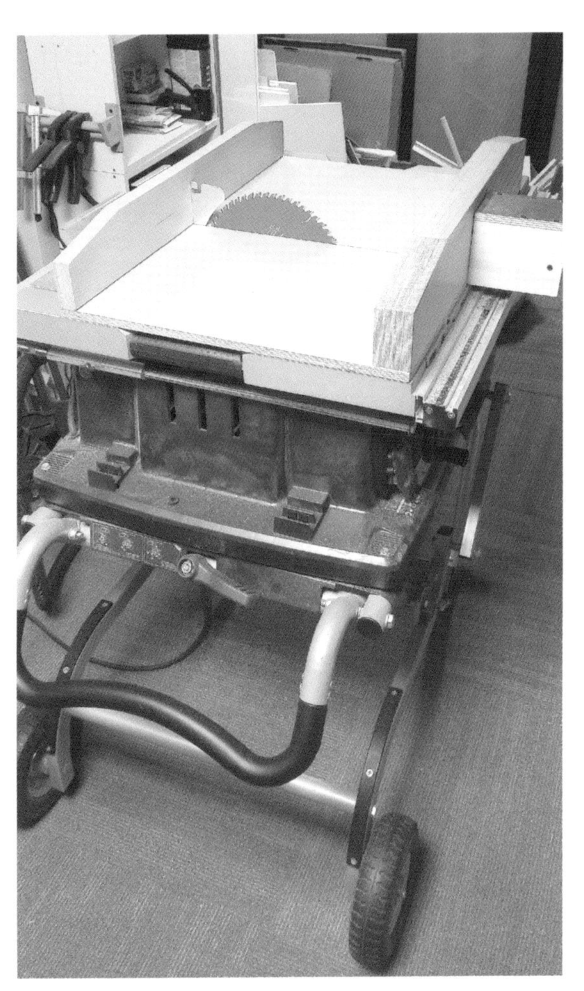

보쉬 테이블 쏘 작업실에서 사용했던 나의 첫 테이블 쏘. 취목들이 많이 사용하는 장비다.

쏘에는 무용지물이었다. 썰매나 각종 지그를 만들 때에도 보쉬 테이블 쏘 사용자라면 레일을 만드는 데 시간을 더 투자할 수 밖에 없다. 오크와 월넛 같은 하드우드를 재단할 때 파워가 부족해 나무에 검게 탄 자국이 생기는 것은 그러려니 하고 받아들일 수 밖에 없다. 이웃들을 의식하며 주말 낮에 살금살금 사용하던 이 테이블 쏘는 손가락을 다치면서 중고로 팔게 된다.

한동안 테이블 쏘 없이 목공을 계속했지만 어딘지 허전했다. 그러다가 한 비닐하우스로 장비를 옮기면서 다시 테이블 쏘를 마련했다. 이번에는 디월트 DW745. 전 세계 목공인들의 사랑을 받았던 미국 디월트사의 스테디셀러다. 그렇지만 무슨 이유인지 모르게 단종됐고, 후속 제품 DWE7492출시가 임박했던 시점이라 평택까지 가서 65만원(2020년)쯤을 주고 구입했다.

내가 굳이 이 제품을 구입한 이유는 몇 가지가 있다. 우선 가격. 목공인은 누구나 비슷하겠지만 나 역시 쏘스탑(sawstop)이나 파워매틱(Powermatic) 제품을 갖고 싶었다. 캐비넷 스타일의 본격 테이블 쏘는 덩치나 가격이 부담스러우니 그 아래 급인 컨트랙터(contractor) 테이블 쏘를 한동안 저울질했다. 또 유튜브니 아마존 검색을 통해서 Delta나 Rigid사의 테이블 쏘도 괜찮아 보였으나 국내에서는 구할 수가 없었다. 그러던 중 비닐하우스에서는 녹 처리 등 관리가 쉽지 않다는 이야기에 역시 포터블인 디월트로 마음을 굳혔다. 소리는 보쉬보다 더 우렁찼지만 야산 비닐하우스라서 크게 문제 될 것이 없었다.

목공인들의 평판도 좋았다. 유튜브나 구글 검색창에 'DW745'를 입력하면 수많은 콘텐츠들이 쏟아졌다. 미국은 물

디월트 테이블 쏘 포터블 테이블 쏘의 대명사로 통했던 DW745. 지금은 단종됐다.

론, 유럽이나 남미, 동남아시아에서도 많이 사용하고 있으니 제품에 대한 검증은 오래전에 끝났다고 봐야 할 것이다. 실제로 미국이나 영국 목수들이 이 기계로 고난도의 작품을 만들어 내는 유튜브 영상도 어렵지 않게 찾아볼 수 있다.

DW745의 최대 강점은 조기대(펜스)의 안정성. 같은 급의 보쉬 조기대가 정반 위쪽을 먼저 걸고 아래쪽을 클램핑하는 형식인데 비해 디월트는 아래위 양쪽에 톱니가 맞물리는(rack and pinion) 방식이어서 더 안정적이다. 그리고 슬롯도 19㎜. 정반과 톱날을 직각으로 유지하는 것도 디월트가 조금 더 수월하다는 느낌을 받았다. 보쉬나 디월트 모두 강점이 있는 만큼 취목이라면 어느 쪽을 선택해도 무난하다는 생각이다.

적당히 만족할 만 했으나 내가 세 번째 테이블 쏘를 갖게 되는 결정적인 계기가 생긴다. 2021년 5월. 작은 지하 작업실을 얻었다. 퇴직을 해서 조금 더 편안한 환경에서 목공을 하고 싶었고, 마침 월세가 싼 공간이 나왔길래 덥석 계약을 한 것이다.

욕심은 더 큰 욕심을 부른다고 했던가. 다른 취목 한 사람과 공유하는 지하 공간은 약 40평 규모, 내 쪽 작업실은 15평 정도로 혼자 쓰기에는 부족함이 없었다. 가로세로 2m 크기의 작업대를 만든 뒤 한쪽 구석에 디월트 테이블 쏘를 집어넣고 비교적 안정적으로 작업할 수 있는 모양새를 갖추었다. 집진의 어려움외에는 크게 불만이 없었다. 그 즈음, 친구가 두 딸이 사용할 공부 테이블(가로 1m80㎝, 세로 80㎝, 높이 73㎝)을 만들어 달라고 했다. 길이가 2m80cm나 되는 광폭(45㎝) 25t 레드오크 제재목 3장을 사서 작업을 시작했다. 그런데 테이블 쏘가 하드우드를 이기지 못하는 것이었다. 길이 방향으로 켜면 온통 나무에 탄 자국이 생겼다. 자를 때도 마찬가

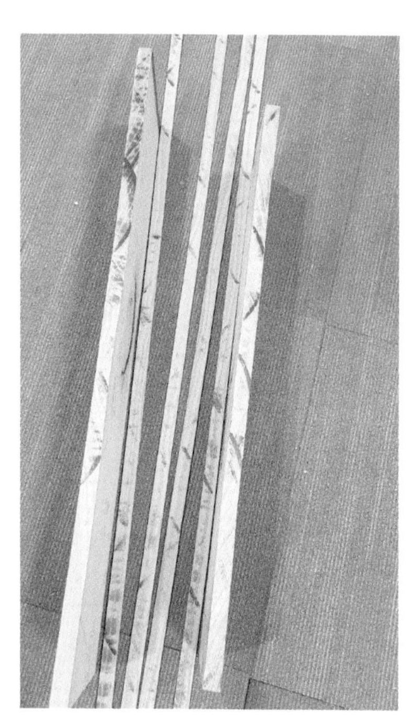

탄 자국들 DW745로 오크를 켠 모습. 나무 탄 자국의 후처리가 너무 고생스러워 테이블 쏘를 바꾸게 됐다.

지. 이전에 같은 나무로 TV 스탠드와 좌탁을 만들 때 보쉬 테이블 쏘도 탄 자국이 남긴 했으나 이렇게 심하지는 않았다. 탄 자국이 생기면 후처리가 피곤하다. 정재단의 의미도 무색해진다. 혼자서 간신히 들어 올리는 오크 제재목을 힘도 부족하고 덩치도 작은 테이블 쏘에서 작업을 할려니 너무 고생스러웠다. 나무가 타는 원인이야 테이블 쏘의 마력(hp)수 외에도 톱날의 두께나 이빨 수, 연마상태 등이 영향을 미친다고 하지만 재단을 하면서 계속 힘에 부치는 느낌을 받았다. 현장용인 DW 745는 무게가 22kg, 가로 폭은 70㎝다. 소비전력은 1700W. 마력으로 환산하면 2.27마력(hp). 서툰 목수가 연장 탓 한다고 했던가. 결국 갈아타기로 했다.

앞서 테이블 쏘를 숟가락이라고 비유했던 친구는 “아무리 취미로 한다고 해도 테이블 쏘 만큼은 좋은 걸로 써야 한다” 강조했다. 게다가 안전을 고려한다면 단연 쏘스탑으로 하라고 조언했다. 쏘스탑은 이름 그대로 톱(saw)을 잡아주는(stop) 기능을 탑재한 테이블 쏘다. 미국의 물리학자가 개발했다는 이 장치는 톱 아래쪽의 카트리지(catridge·통)가 사람 손의 미세한 전류를 감지해서 고속회전하는 톱날을 순간적으로 잡아채 정지시킨다. 이 회사의 홍보영상은 사람 손 대신 나무위에 소세지를 올리고 같이 자르는 모습을 보여주는 데 소세지가 톱날에 닿으면 곧바로 톱이 멈춘다. 소세지는 비닐 껍질에 약간 긁힌 자국이 남아있을 뿐이다. 카트리지가 한번 작동해서 톱날을 물면 두 개를 모두 새 걸로 교체해야 한다. 여기에 드는 비용은 거의 20만원. 이 회사 측은 “손가락이 잘리거나 다쳐서 병원에 가는 것보다는 낫지 않느냐"고 말한다. 틀린 말은 아니다.

사실 나 역시 제대로 된 테이블 쏘를 구입한다면 쏘스탑과 파워매틱 중에 어느 걸 살까 하고 생각해봤던 적이 있다. 쏘스탑은 톱 자체도 훌륭하지만 손을 다칠 일이 없다는 게 장점이고, 파워매틱 제품은 톱날 잡아주는 기능외에는 모든 것이 쏘스탑보다 한 수 위라고 평가한 글을 본 적 있다. 가격은 두 녀석 모두 슬라이딩 테이블 등 액세서리를 이것저것 갖추면 1,000만원에 육박한다. 게다가 기계 자체의 큰 무게와 덩치도 부담스럽다. 월세를 내고 작은 지하 작업실을 쓰는 취목의 입장에서 폭 2m에 무게가 전문가나 쓸법한 캐비넷 쏘를 선뜻 들여놓기에는 자신이 없었다.

그 무렵 조선일보에 실린 이동규교수의 두 줄 칼럼에 '발사하고 조준하라'는 글이 있었다. "먼저 쏘고 나중에 맞혀라. 과녁은 나중에 옮겨도 늦지 않다." 이교수는 "사선에서는 조준이 정확해야 과녁을 맞힐 수 있다. 그러나 인생이란 사격장에선 그러다간 한 발도 못 쏘고 내려오기 십상이다"라고 적었다. 꼭 나보고 하는 말인 것 같았다. 이교수는 또 "지금 시대에 시작은 50이 아니라 90이다. 심각한 표정은 버리고 그냥 발사하라."고 썼다. 쏘스탑을 산 핑계치고는 그럴듯하지 않은가? 5마력이나 되니 웬만한 나무는 두부 썰 듯 그냥 잘라내고, 새 톱날이라서 그런지 절단면도 깔끔 그 자체다. 목공은 역시 장비가 일을 한다.

조금 다른 이야기를 해보자. 2014년 7월, 친구와 함께 북한산 인수봉을 올랐다. 오르기 전에 서울 금호동 인공 암벽장에서 10여 차례 교육을 받았다. 처음 하는 암벽 등반이었지만 전문 산

악인들이 앞뒤에서 챙겨주고, 입문자용 코스를 택해 무탈하게 다녀왔다. 산 정상 백운대에서는 많은 사람이 인수봉 쪽을 쳐다보고 있었다. 선망의 눈길이었을 것이다. 걸어서 오를 수 없는 바위 산 꼭대기에서 거친 숨을 몰아쉬고 있는 이들이 산을 좋아하는 사람으로서 꽤 부러웠으리라. 나는 성취감에 마음이 뿌듯했다. 로프에 의지해서 하강한 뒤 주위를 둘러보니 작은 나무 팻말이 보였다. '여기가 사망사고가 발생한 지점입니다.' 인수봉은 나의 첫 암벽등반이자, 마지막 등정이었다.

단 한 번의 경험이지만 이때 이후로 산에 관한 영화와 다큐멘터리를 즐겨보게 됐다. '메루(Meru)', 2018년 아카데미 다큐멘터리상을 받은 '프리 솔로(Free Solo)', 애니메이션 '신들의 봉우리(The Summit of the Gods)', '던 월(The Dawn Wall)', '14좌 정복-불가능은 없다(14 Peaks-Nothing is impossible) 등….

'던 월'은 30대의 토미 콜드웰(Tommy Caldwell)과 케빈 조거슨(Kevin Jorgeson)이 미국 캘리포니아주 요세미티 국립공원에 있는 910m 높이의 수직 암벽 엘 캐피탄(El Captain)을 오르는 다큐멘터리 영화다. 새벽에 해가 떠오르면 거대한 화강암 바위는 금빛으로 찬란하게 물들면서 숨막히는 아름다움을 선사한다. 엘 캐피탄에서 해가 가장 먼저 비추고, 가장 험난한 동쪽 벽면. 이곳이 바로 다큐멘터리의 제목이기도 한 '여명의 벽'이다. 이 벽은 전인미답의 코스. 두 사람은 2014년 12월 27일 등반을 시작해 19일간 비박을 하면서 이듬해 1월 15일 오후 3시 등정에 성공한다. 등반은 TV로 전 세계에 생중계됐고, 당시 미국 오바마 대통령은 이들의 쾌거에 축하 메시지를 보낸다.

긴장 속에 화면을 지켜보던 나는 의외의 스토리 전개에 충격을 받았다. 주인공 토미 콜드웰이 신혼 초 집에서 목공을 하던 중 테이블 쏘에 왼손 검지 손가락이 두 마디 가량 절단되는 사고를 당한 것이다. 바위 좁은 틈에 손을 끼워 넣고 손가락 끝으로 자신의 체중을 감당하는 클라이머에게 손가락 절단은 치명상. 역시 등반가인 외과의사는 2주간의 봉합수술이 실패로 돌아가자 "이제부터 다른 직업을 알아봐야 할 것"이라고 조언한다. 이 말을 전해 들은 주인공은 "그 자식 웃기네. 내가 어떤 사람인지 전혀 모르는군"하고 일축하곤 '여명의 벽'을 향해 다시 투지를 불태운다.

테이블 쏘는 목공에서 많은 일을 소화해내는 재주꾼이다. 테이블 쏘가 있다면 직선과 직각 재단은 물론, 22.5도, 45도 등 각도를 줘서 자르는 것도 어렵지 않다. 여기에 다시 톱날을 기울이면 이중 경사각도 만들어 낼 수 있다. 나무에 홈을 파는 것도 테이블 쏘가 늘 하는 일이다. 영어로는 구분해서 표현하지만 groove(나뭇결을 따라 홈 파기), dado(나뭇결과 수직으로 파기), rabbet(나무 끝에 파기) 등도 같은 방식으로 하면 된다. 짜맞춤에서 숫장부를 만들고, 고수들은 'cove molding'이라는 오목한 몰딩 형태도 테이블 쏘로 해치운다. 지그(jig)를 만들면 핑거 조인트(finger joint)라는 짜맞춤도 할 수 있다.

이렇게 다양하게 쓸 수 있는 기계이긴 하지만 테이블 쏘는 회전하는 톱날이 노출돼 있어 다칠 위험이 항상 내재해있다. 국내에는 정확한 통계가 없지만 인터넷 검색을 하면 미국에서는 테이블 쏘 사고로 병원 응급실 신세를 지는 경우가 연 3만 건 이

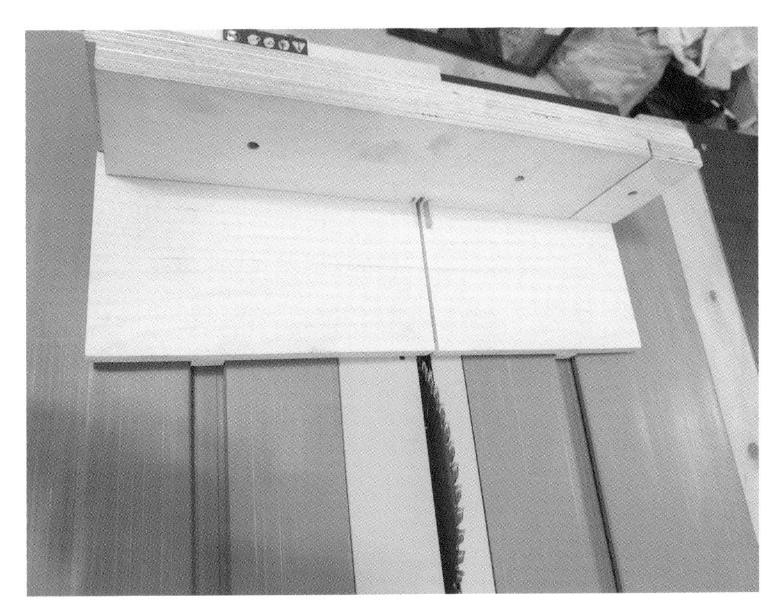

지그 핑거 조인트 지그. 이 지그가 있으면 작은 박스는 어렵지 않게 만들 수 있다.

박스들 지그를 만들어 테이블 쏘로 작업한 박스들.

상이라고 한다. 이 중에서도 절단 사고는 4천 건. 실감나게 표현하면, 미국에서는 테이블 쏘를 쓰다가 하루에 10명 이상 손가락이 잘리는 사고가 발생한다는 얘기다. 끔찍하지 않은가? 재미있는 것은 인터넷 검색창에 '가장 위험한 도구(the most dangerous tools)'라고 입력했더니 사다리가 첫 번째 자리를 차지했다.(2017년 통계). 응급실을 찾은 횟수에서 사다리 사고는 19만3천 건으로 테이블 쏘, 원형톱, 래디얼 암 쏘 같은 파워 쏘(power saw)의 8만1천 건보다 훨씬 많았다. 미국에서는 한 해 약 300명이 사다리 사고로 죽는 모양이었다. 국내에서는 앵글 그라인더가 '가장 위험한 공구'로 꼽혔다. 위험하다는 앵글 그라인더와 체인 쏘는 전원주택에 사는 사람이라면 쓸 일이 생길 수도 있다. 그렇지만 목공을 하는 사람, 특히 취목들로서는 가장 조심스럽게, 주의해서 만져야 하는 기계가 테이블 쏘인 것이다.

테이블 쏘에 대한 안전수칙은 미국 목공잡지에 실린 이 글로 시작하도록 하자. "스위치를 켤 준비가 됐다면 둥근 톱날을 가진 장비들은 사고 1순위라는 사실을 명심하라. 두 번째는 수압대패다."

다음은 테이블 쏘에서 지켜야 할 몇 가지 규칙들이다. 미국 책(Taunton's complete illustrated guide to Tablesaw, Woodwork; the complete step-by-step manual)과 목공 잡지에 실린 내용들을 요약했다.

테이블 쏘 안전수칙

- 작업을 할 때는 마이터 게이지(miter gauge·자르기 때 사용하는 부재를 지지하는 액세서리)와 푸시 스틱(push stick·플라스틱이나 나무로 된 밀대)을 사용할 것.
- 톱날은 자르는 나무보다 1/8인치(3.2㎜) 정도 높게 세팅하라.
- 톱날 바로 뒤에 서지 마라. 킥백(kickback)의 가능성을 피해 한쪽으로 비켜서서 작업하라
- 손가락을 throat plate(톱날 덮개) 근처에 두지 말라. 이곳이 위험지역이다.
- 톱날을 교체할 때는 반드시 전원 플러그를 뽑아라.
- 10㎝보다 작은 부재를 켤 때는 꼭 푸시 스틱을 사용하라
- 정반 위의 자르고 남은 자투리나 잔해물을 항상 정리해라. 톱날이 돌고 있을 때 손으로 치워서는 안된다.
- 작업할 때는 눈과 귀의 보호 장구(고글과 귀마개)를 착용하라.
- 자르는 동안 문제가 발생하면 한 손으로는 부재를 누른 채, 다른 손으로 기계를 끄고 톱날을 내려라.
- 펜스를 이용해 폭이 좁은 부재를 잘라서는 안된다. 꼭 마이터 게이지를 사용하라. 마이터 게이지나 펜스의 도움없이 손으로 부재를 잡고 자르는 프리 핸드 컷(freehand cut)을 시도해서는 안된다.
- 옷 소매는 걷어 올리고, 시계도 풀어놓고 작업해라. 머리카락이 길다면 묶어라.
- 톱날이 돌고 있는 상태에서 자리를 비우지 마라.
- 작업중 방해를 받았을 때는 하던 일을 마저 끝낸 뒤 기계를 끄고 쳐다봐라
- 톱날이 최고 속도로 회전할 때 작업을 시작하라.
- 마이터 게이지와 펜스를 동시에 사용해서는 안된다.

취목의 입장에서 테이블 쏘를 구비한다는 것은 쉬운 일이 아니다. 공간이 확보되고, 소음과 집진 문제가 해결되어야 한다. 그리고 또, 넘어야 할 벽이 남아있다. 테이블 쏘를 산다는 것은 '진지한 목공세계'로 가는 티켓을 구매하는 행위다. 이 기계를 사서 과연 뭘 할 수 있을지 자신이 없을 수도 있고, 그동안 만만하게 봤던 목공이 새삼 두렵게 느껴질 수도 있다. 그렇지만 하나 분명한 것이 있다. 적당히 싼 테이블 쏘로 작업을 하다가 꼭 필요해지면 좋은 놈으로 업그레이드 하겠다는 하는 생각은 버려야 한다는 것이다. 가격 부담 때문에 30~40만원대의 테이블 쏘를 사겠다면 그만큼의 돈을 낭비하는 것이다. 테이블 쏘는 최소한 보쉬 GTS 10XC나 디월트 7492로는 시작해야 한다고 말하고 싶다.

수압대패와 자동대패

'달콤쌉싸름한 목공과 인생이야기'라는 부제의 'bittersweet story'라는 블로그가 있다. 이 블로그의 운영자는 앞서 소개한 바 있는 '하이브리드 목공(저자는 Marc Spagnuolo)'이라는 책의 번역자 이재규씨. 그는 미국 잡지의 많은 기사를 블로그에 우리 말로 소개해 취목들의 '목공 갈증'을 달래주었다. 나 역시 한동안 그의 블로그를 열심히 드나들었다.

이 블로그의 '수압대패(jointer)와 자동대패(planer)는 한 팀이다'라는 편에는 이런 내용이 나온다. "이 두 기계는 프로 목수의 길을 가느냐 마느냐의 지표 역할을 한다." 미국 잡지 'Fine Woodworking' 2002년 겨울호에 실린 글이다. '프로 목수? 포

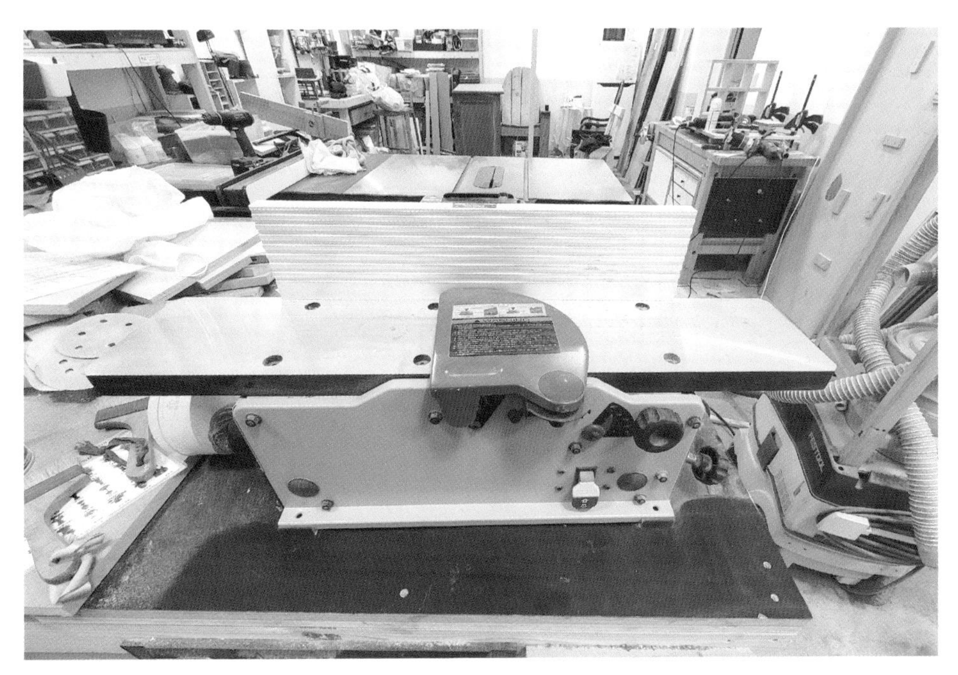

수압대패 6인치 중국제 수압대패. 폭이 10㎝ 정도의 부재만 올려 놓을 수 있다. 업그레이드 하고 싶은 장비 1순위다.

자동대패 13인치 중국제 자동대패. 작업을 할 때마다 나무 앞뒤가 더 깊게 파이는 스나이핑(sniping) 현상으로 애를 먹고 있다.

터블이긴 하지만 나도 수압대패와 자동대패를 사용 중인데. 그렇다면 혹시 나도 그런 길을 가고 있다는 말인가?' 처음에는 20년 전 미국 상황이 그렇겠거니 하고 이해했다가 궁금해서 인터넷판으로 원문을 찾아보았다. 원문에는 'gateway to serious woodworking'이라고 되어있었다. 하지만 이 부분을 '진지한 목공의 관문'이라고 직역했다면 얼마나 딱딱하고 재미가 없었을까?

수압대패와 자동대패는 미국 잡지에 실린 글 제목처럼 한 쌍이요, 세트다. 수압대패의 수압은 물(水)의 압력이 아니라 손(手)의 압력이다. 기계 정반에 나무를 놓고 손으로 누르면서 대패를 친다는 뜻이다. 손 대패를 뒤집어 놓고 아래쪽에서 모터가 회전하면서 날이 돌아가고 그 위에서 작업자가 부재를 민다고 생각하면 이해가 쉽다. 수압대패는 면(face)의 평을 잡고, 모서리(edge)의 수직을 만들어낸다. 물론 펜스가 정반과 직각을 이루고 있다는 전제하에서다. 두 부재를 집성할 때 양쪽 모서리 면을 빈틈없이 맞붙이기 위해서는 이 작업이 필수적이다. 반면 자동대패는 한 면의 평을 잡은 부재의 두께를 원하는 치수대로 만들어내는 기계다. 자동대패는 정반에 올려놓은 부재 위쪽을 깎아낸다. 대팻날 뭉치(cutter head) 앞뒤에 롤러가 있어서 기계는 자동으로 나무를 밀어낸다. 영어로 수압대패는 jointer, 자동대패는 thickness planer, 혹은 thicknesser라고 부른다. joint가 연결부, 접합부라는 뜻이니 수압대패의 영어 이름에는 '집성을 하는 기계'라는 의미가 들어있다. 우리가 이 기계들을 수압대패, 자동대패라고 부르는 것은 일본식 표현이 그대로 굳어진 것이다.

취목이 수압대패와 자동대패를 만나는 것은 애쉬나 오크, 월넛 같은 하드우드 제재목을 다루면서부터다. 국내 취목의 경우, 목공에 입문해서 만지는 나무들은 대부분 구조목이나 합판(자작 합판 포함), 또는 소나무 계열의 소프트우드 집성목이다. 여기서 잠깐 제재목과 집성목에 대해 짚고 넘어가자. 제재목(製材木·lumber)은 원목(통나무)에서 필요한 치수대로 각재나 판재로 잘라낸 목재다. 소나무나 오동나무, 오크나 월넛을 두께별로 잘라내면 제재목이 되는 것이다. 반면 집성목(판)은 좁은 폭의 같은 나무를 이어붙인 각재나 판재이다. 일반적으로 상업공방에서는 스프러스, 혹은 라디에이타 파인 같은 소프트우드 18t 원장(1220×2440㎜)을 구매하게 해서 교육을 한다. 나 역시 목공을 배울 때 공방에서 파는 집성판으로 책상과 서랍을 만들었다. 집성목은 보통 소프트우드 계열이 많이 출시되며, 제재목 형태의 하드우드보다 가격이 싸고 다루기가 편해서 DIY에 많이 쓰인다. 집성목은 두께별로 12t, 15t, 18t, 21t, 24t, 30t, 38t 등 규격이 표준화되어 있고, 목조 주택 등 수요가 많기 때문에 구하기도 쉬운 편이다. 오크나 월넛 같은 하드우드도 물론 집성판이 나온다. 제재목도 4/4(26㎜), 5/4(32㎜), 6/4(38㎜), 8/4(51㎜), 12/4(76㎜) 등의 인치 규격으로 판매하고 있으나 실제로 사용하기 위해서는 다시 대패를 쳐서 나무를 다듬어야 하는 과정을 거쳐야 한다.

2019년 가을, 나는 서재 책장을 만들어 달라는 부탁을 받았다. 월넛으로 만들기로 하고 100제를 주문했다. 하지만 문제가 있었다. 책장을 만들려면 폭 27㎝짜리 선반(길이는 2m) 12장이 필요했으나 대부분 나무의 폭이 15~20㎝ 정도밖에 되지 않았다.

제재목 통나무를 켠 상태의 월넛 제재목. 나무가 뒤틀려 있는 경우가 많아 수압대패 등으로 어느 정도 손을 봐야 사용이 가능하다.

오크 상판 대형 수압대패와 자동대패의 도움을 받아 손질한 오크 제재목. 포터블 장비로는 작업이 불가능하다.

집성목 자작나무 집성판 원장에서 책장을 만들고 남은 부재들. 제재목과는 달리 면이 깨끗하다.

수압대패와 자동대패가 있다고는 하지만 포터블이어서 큰 나무를 감당할 자신이 없었다. 어쩔 수 없이 판매처에 3면 대패와 집성을 부탁했다. 집성목 같았으면 원장을 사서 필요한 폭 만큼 잘라서 쓰면 되니 일은 훨씬 쉬웠을 것이다.

하드우드를 만지면서 최근에도 같은 어려움을 겪었다. 레드오크로 큼지막한 테이블을 만들면서는 가구작가로 활동중인 후배의 공방까지 나무를 싣고가서 수압대패와 자동대패 신세를 졌다. 또 가로 1m20㎝, 폭 60㎝, 높이 80㎝의 서랍이 달린 낮은 캐비넷을 만들 때였다. 내가 사 두었던 월넛은 두께 30t에 폭이 30~50㎝, 길이는 모두 2m가 넘는 놈들이었다. 8장을 사올 때 화물차를 불러 싣고 왔지만 워낙 크고 무거워 내 힘으로는 1장도 들고 옮기기 힘들었다. 제대로 된 기계를 사야 할지 한동안 고민하다가 현재 상태에서 해결책을 찾아보기로 했다. 내가 사 둔 월넛은 수피(나무껍질)가 붙은 엣지(edge)면이 그대로 살아있고 건조과정에서 상당히 뒤틀려 있었다. 원형톱으로 일단 가재단을 하고, 합판 원장 절반 크기로 지그를 만들어 라우터로 나무의 평을 잡았다. 이 과정에서 중국 쇼핑몰에서 구입한 평잡기용 라우터 비트는 기대 이상의 역할을 해냈다. 나머지는 모두 포터블 수압대패와 자동대패의 몫. 30t의 제재목이 작업을 마치니 22t로 줄어들었다.

내가 가진 장비는 목공 카페 '우드워커 전용 벼룩시장'에서 산 중국제 Cutech 6인치 수압대패 40160H와 13인치 자동대패 4020H. 둘 다 '나선 모양의'라는 뜻을 가진 헬리컬(helical) 날을 사용한다. 원통 형태의 커터 블록에 손톱만한 사각형 날(수압대패

캐비넷 월넛 캐비넷. 수압대패 대신 라우터로 제재목의 평을 잡았다.

12개, 자동대패 26개)이 사선 형태로 붙어있다고 해서 이런 이름이 붙었다. 인서트(inserts)라 부르는 이 날들은 방향을 바꿔서 다시 쓸 수 있으나 무뎌지면 교체해야 한다. 반면 2~3개의 길다란 일자형 날이 장착된 일반 기계대패는 면이 깨끗하게 나오지 않으면 연마해서 재사용한다. 대패날 연마가 부담스러운 취목의 입장에서는 헬리컬 대패가 편할 수 밖에 없다. 게다가 헬리컬 대패는 일반 대패보다 덜 시끄럽다는 장점도 있다. 유명 브랜드의 포터블 자동대패로는 디월트 735가 최고라는 평가를 받고 있으나 소음 때문에 날을 헬리컬로 바꿨다는 한 취목의 후기도 읽은 적이 있다. 교체비용만 55만원이 들었다고 했다. 나는 현재의 수압대패와 자동대패에 대해 큰 불만이 없다. 기계는 가격만큼 일을 한다고 생각한다. 돈을 적게 들였다면 기대를 그만큼 줄이면 되는 것이다.

수압대패와 자동대패는 테이블 쏘 못지않게 위험한 기계다. 수압대패는 작동 시 회전하는 톱날 뭉치가 노출되기 때문에 특히 주의해야 한다. 자동대패를 사용할 때에도 나무를 밀어 넣으면서 손이 기계의 회전하는 날물 근처에 가지 않도록 조심해야 한다. 눈과 귀 보호장구를 착용하고, 헐거운 옷 소매는 꼭 동여매야 한다. 또 반드시 안전 밀대를 사용해야 한다. 미국 목공 잡지에서 읽었던 내용이다. "기계 대패에 다치면 다친 부위는 햄버거가 된다." 테이블 쏘에서 사고가 나면 봉합 수술이 가능하지만 기계 대패에서 다치면 답이 없다는 얘기다.

인터넷 목공카페에는 자동대패만으로 평을 잡고 두께를 맞춘다는 '고수'들의 노하우가 가끔 올라온다. 내가 견문이 얕아서 그런지 모르겠으나 이런 이야기에는 동의하지 못한다. 휘어진 판재를 자동대패에 넣으면 휘어진 채로 두께만 얇아지지 않을까? 오히려 나는 자동대패를 사용하면서 부재의 앞뒤 쪽이 더 깊게 파이는 스나이핑(sniping) 문제 해결이 더 급한 과제다. 앞뒤 정반 높이를 맞추고, 다시 긴 합판으로 지그를 만들어 대패를 사용하고 있으나 임시방편일 따름이다. 나름의 노하우로 스나이핑은 최소화시키고 나머지는 샌딩으로 해결한다. 기계를 만지는 일에는 정비도 당연히 포함될 것이다. 갈수록 목공이 어려워지고 있다.

밴드 쏘와 각도절단기

밴드 쏘(band saw)

목공하는 사람치고 공구와 기계에 관심 없는 사람이 있을까? 유명 브랜드의 비싼 기계나 공구가 있으면 작업을 쉽게 할 수 있을 것 같다. 결과물도 지금보다 완성도가 더 높아질 것으로 믿는다. 이런 생각들로 인해 취목들은 끊임없이 '장비병'에 시달린다. 어느 정도는 사실이지만, 대부분 착각이고 환상이다.

목공 기계를 대형마트에서 장을 보듯 카트에 담을 수 있다면 얼마나 좋을까? 두리번거리면서 물건을 담다가 다른 쪽에 더 좋고 싼 것이 보이면 서슴없이 바꿔 담는다. 심지어 계산대 앞에서도 즉흥적으로 껌이나 사탕을 집어 든다. 목공 기계는 그럴 수는 없다. 예산과 공간의 제약 때문이다.

미국의 한 목공인은 잡지에 '나의 필수적인 파워툴(power tool) 다섯 가지'를 썼다(Gary Rogowski, Fine Woodworking 153호, 2002년). 그는 이 글에서 놀랍게도 밴드 쏘를 첫 손가락에 꼽았다. 나머지 파워 툴 4개는 수압 대패(jointer)와 라우터(router), 각도절단기(compound miter-saw)와 드릴 프레스(drill press)였다. 왜 테이블 쏘는 없었을까? 그도 목공인들이 대부분 가장 먼저 구입하는 기계가 테이블 쏘이고, 캐비닛 같은 직선형 가구를 계속 만들 것이라면 리스트의 1번이 마땅하다고 인정했다. 그러면서도 그는 자신의 관점에서 '목공기계의 첫 선택'은 밴드 쏘가 되어야 한다고 주장했다. 자기의 작업실에서 가장 중요한 장비는 밴드 쏘이고, 자신은 이 밴드 쏘로 다른 어떤 기계 2대를 합친 것보다 많은, 다양한 일을 한다고 썼다. 밴드 쏘로는 통나무를 제재

밴드 쏘 나의 첫 목공 기계였던 마끼다 밴드 쏘. 소음과 안전을 생각해서 구입했으나 1년여만에 중고로 팔게됐다.

하고, 그릇을 만들기 위해 나무를 토막내고, 곡선 작업의 형태를 잡는다. 또 판재를 필요한 두께와 넓이로 켜고, 자르고, 다시 켜기(resawing)를 한다. 장부맞춤을 할 때도 밴드 쏘는 활약을 멈추지 않는다. 지그를 준비해서 도브테일 맞춤도 할 수 있고, 원도 어렵지 않게 만들어낸다. 그는 밴드 쏘의 장점을 다음 4가지로 압축했다. 안전하고, 쉽고, 나무의 낭비와 분진이 적다는 것이다. 특히 이 부분은 테이블 쏘와 비교해서 큰 장점으로 부각된다.

밴드 쏘는 띠처럼 생긴 톱날이 2~3개의 둥근 휠(바퀴)을 돌면서 나무를 자른다고 해서 붙은 이름이다. 우리 말로는 띠 톱. 허리띠처럼 하나로 연결된 톱날 띠가 회전하면서 정반(테이블) 위에 올려진 나무를 잘라낸다. 직선보다는 곡선을 따내는 데 쓰이고, 판재를 원하는 두께로 얇게 켤 때(resawing) 유용하게 사용된다.

밴드 쏘는 작업실에서 상당히 자주, 또 편한 마음으로 만지게 되는 기계다. 특별히 사용법을 교육받을 필요도 없다. 기계를 켠 뒤 톱이 회전하면 부재를 펜스에 대고 밀어 넣으면 된다. 자르고, 켜고, 정반을 움직여서 각도 절단을 하기도 한다.

밴드 쏘가 안전하다는 것은 테이블 쏘는 물론, 원형톱이나 각도절단기에서도 발생하는 킥백(kickback)이 없다는 이야기다. 테이블 쏘 사고의 80%가 넘는 킥백은 톱날이 자르던 나무를 뒤로 밀어내는 현상을 말한다. 나무가 톱날과 펜스에 끼인 채 작업자의 몸쪽으로 고속 회전하는 톱날을 타고 순식간에 튕겨져 나온다고 생각해보라. 섬뜩한 일이다. 킥백의 무서움을 시연하는 한 유튜브 영상에서는 튕겨 나간 나무토막이 작업자 뒤에 있던 합판에 구멍을 내는 모습을 보여준다. 밴드 쏘는 톱날이 위에서 아래로 향하고, 나무는 주물로 된 정반이 아래에서 받쳐주고 있어 킥백이 생길 수 없는 구조다. 킥백이 없다는 것만으로도 사고의 위험은 상당히 줄어든다.

밴드 쏘 톱날은 3㎜, 5㎜, 6㎜, 10㎜, 13㎜, 19㎜, 25㎜ 등 날의 폭으로 이야기한다. 3㎜부터 6㎜까지는 곡선용으로 날의 폭이 좁을수록 회전 반경이 적기 때문에 섬세한 선을 오려낼 수 있다. 반면 톱날이 잘 끊어지는 단점이 있다. 10㎜이상은 직선용으로 분류된다. 통나무를 제재하는 대형 밴드쏘의 톱날은 훨씬 광폭으로 10~30㎝가 된다.

여기서 TPI(Teeth Per Inch) 라는 용어가 등장한다. TPI는 말 그대로 1인치(25.4㎜)에 들어있는 톱날의 갯수로 1~32tpi까지 있다. 목공에서 보통 3㎜날은 14~18tpi, 5㎜날은 10tpi, 6㎜는 6tpi, 10㎜이상은 4tpi 이하를 사용한다. 날의 두께는 회사마다 조금 차이는 있지만 일반적으로 곡선용이 0.65㎜, 직선용이 0.9㎜로 1㎜ 안쪽이다. 테이블 쏘 톱날 두께가 3㎜ 정도라고 보면 잘리는 나무의 양은 두 기계가 크게 차이가 난다. 밴드 쏘가 나무 낭비가 훨씬 적은 것이다. 톱날에 의해 잘려 나가는 양이 적으니 분진도 테이블 쏘에 비해 많지 않다. 밴드 쏘는 소리도 크게 시끄럽지 않은 편이다.

사실 나의 첫 목공기계도 마끼다 12인치 LB1200F 밴드 쏘였다. 안양 국제유통상가에서 용수 드릴프레스와 함께 구입했다. 80㎏와 60㎏가 넘는 두 기계를 트렁크와 뒷 좌석에 싣고 뿌듯해하면서 집에 왔던 기억이 지금도 생생하다. 그 무렵에는

Rogowski의 글을 알지도 못했다. 소음과 안전이 첫 목공 기계로 밴드 쏘와 드릴 프레스를 선택한 기준이었다. 둘 다 '서 있는' 기계니까 공간도 크게 차지하지 않았다. 무거운 밴드 쏘를 조립하느라 반나절이 걸렸지만 행복했다. 시운전을 해보니 신세계가 따로 없었다. 소리도 민원을 야기할 정도는 안되는 것 같았다. 회전하는 톱날만 조심한다면 다칠 일도 없겠다 싶었다. 그러나 6개월이 지나고, 또 1년이 지나면서 차츰 아쉬운 부분이 눈에 들어오기 시작했다. 펜스가 부실했고, 절단면도 꼭 대패나 샌딩으로 후가공을 해야 할 만큼 거칠었다. 또 작업을 할 때마다 곡선용, 직선용 톱날을 교체하는 것도 쉽지 않았다. 게다가 드리프트(drift) 현상 때문에 직선 재단을 하는 데도 톱날이 떨려 늘 만족스러운 결과물을 얻기가 힘들었다. 결국 나는 이 기계를 중고로 팔고 테이블 쏘를 들이게 된다. 밴드 쏘가 Rogowski의 말처럼 제 역할을 하기 위해서는 마끼다보다는 휠도 크고 모터의 힘도 센 상위 기종이어야 할 것 같다. 당연히 작업물에 맞는 톱날을 사용하고, 날의 장력도 제대로 맞추고 해야 한다. 스스로에게 이야기한다. 무턱대고 지르기에 앞서 먼저 기계에 대한 공부를 해야 한다고. 가끔 하드우드로 벼루함 뚜껑이나 작은 상자의 알판을 만들 때 리쏘잉(resawing)을 할 수 있는 밴드 쏘가 절실해진다. 이 경우 목재 벼룩시장에서 파는 단판을 사서 쓰고, 그 밖의 곡선 작업은 직쏘로 대신하고 있다.

벼루함 월넛으로 만든 벼루함. 리쏘잉을 할 수 있는 밴드 쏘가 없는 탓에 12t로 켜놓은 판재를 비싸게 살 수 밖에 없었다.

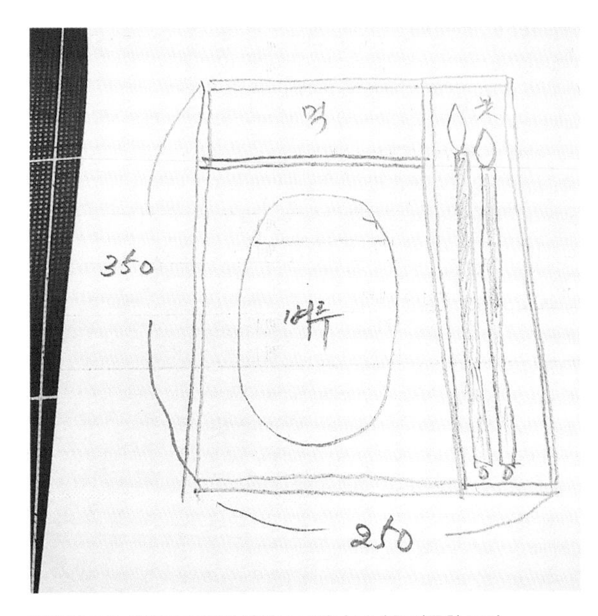

벼루함 도면 후배가 만들어 달라고 그려서 보내온 벼루함 도면.

각도절단기(sliding miter saw)

마이터(miter)를 사전에서 찾아보면 '연귀(제비촉)'라고 나온다. 괄호속에는 '사진틀 모서리처럼 나무 끝부분을 비스듬히 잘라 이어붙인 곳'이라고 부연 설명이 붙어 있다. 거꾸로 한번 가보자. 45도로 맞붙은 모양에 우리 조상들은 왜 '제비 주둥이(燕口)'라는 이름을 붙였을까? 궁금하다.

마이터 쏘는 우리 말로 각도절단기(각절기)다. 슬라이딩 마이터 쏘는 이 각도절단기가 앞뒤로 움직이면서 더 큰 폭의 부재를

각도절단기 가성비좋은 스탠리 각도절단기.

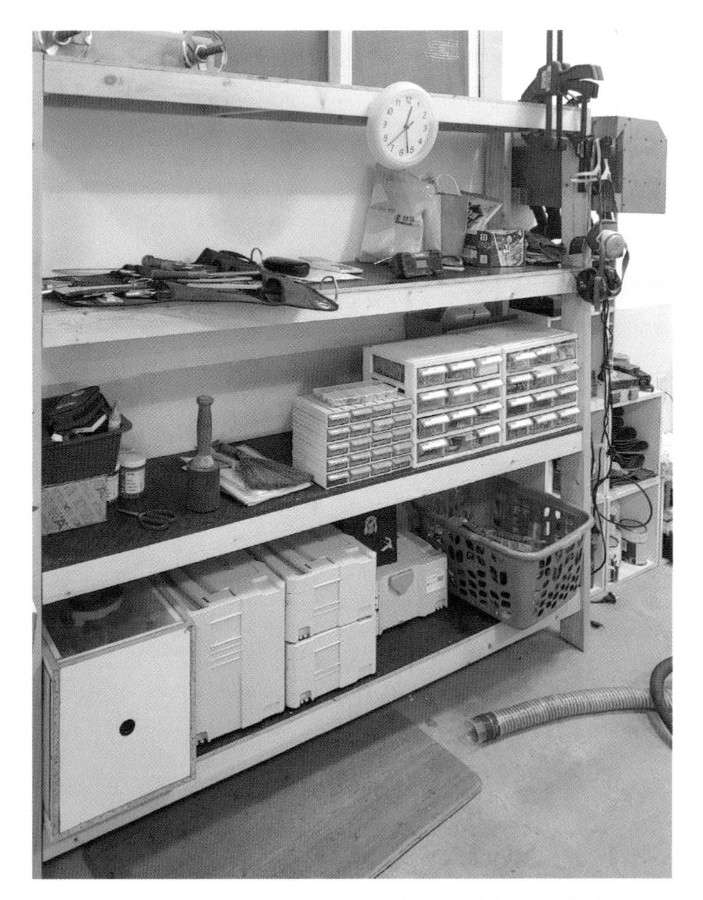

작업실 선반 구조목과 합판으로 만든 작업실 선반. 각도절단기가 제 몫을 해냈다.

자를 수 있도록 만들어진 장비다. 슬라이딩 마이터 쏘는 직각으로만 자르는 것이 아니라 좌우의 마이터(miter) 각도 뿐만아니라 상하 베벨(bevel) 각까지 자유롭게 조절한다. 해외 목공인들의 유튜브 영상을 보면 테이블 쏘로는 주로 켜기를 하고, 슬라이딩 마이터 쏘를 이용해서 나무를 자르는 경우가 많은 것 같다. 마이터 쏘는 회전하는 톱날이 들어있는 톱 몸체를 나무 위에 대고 위에서 아래로 누르기만 하면 된다. 그만큼 자르기에 특화된 기계다.

국내에서는 자르기와 켜기를 가리지 않고 거의 테이블 쏘에서 하고 있다. 슬라이딩 마이터 쏘를 찾게 되는 경우는 나무가 아주 길거나, 특별한 각도로 자를 필요가 있을 때다.

나 역시 그동안 슬라이딩 마이터 쏘를 별로 사용할 일이 없었다. 그러다가 작업실을 꾸미면서 '가성비가 좋다'는 스탠리 SM18 슬라이딩 각도절단기를 사게 됐다. 새 작업실에 선반과 작업대가 필요했다. 2×4(38×89㎜) 구조목은 길이가 3m60㎝. 테이블 쏘 위에서 작업할 수 없는 이 구소목을 자를 용도였다. 슬라이딩 마이터 쏘는 그야말로 두부 썰 듯 구조목을 쉽게 잘라냈다. 이 맛에 새 장비를 사는구나 싶었다. 스탠리 슬라이딩 각도절단기는 내가 찾던 시점에는 천안까지 내려가서 구해야 할 만큼 인기가 있었다. 다른 유명 브랜드의 절반 이하 가격이 품귀현상의 결정적 원인이었을 것이다. 제품 후기에는 '직각 맞추기가 힘들다'는 글도 눈에 띄었지만 나는 크게 불편을 느끼지 못했다. 선반과 작업대를 만든 후에 슬라이딩 각도절단기는 개점 휴업 상태. 테이블 쏘만 열일 하고 있다.

드릴 프레스와 목선반

드릴 프레스(drill press)

내 작업실에서 가장 만족도가 높은 장비를 꼽으라면 나는 서슴없이 용수 드릴프레스라고 말하겠다. 페스툴의 도미노나 쏘스탑 테이블 쏘도 잘 쓰고 있지만 둘 모두 세계적으로 정평이 나 있는 비싼 제품이기에 큰 불만이 없는 것이 당연하다고 할 것이다. 드릴 프레스는 목공에서 큰 비중을 차지하는 기계는 아니다. 전

드릴 프레스 용수 YSDM13 드릴 프레스. 비트를 물리는 척(chuck)을 키레스(keyless)로 교체하기 전의 사진이다.

동 드릴로도 같은 작업이 가능하고, 드릴에 시판중인 액세서리를 장착하면 비슷하게 흉내를 낼 수 있다. 하지만 수직으로 정확한 깊이를 타공하고, 반복작업을 하고, 큰 구멍을 뚫거나 각도를 줘야 할 일이 있을 때 꼭 필요한 것이 바로 이 드릴 프레스다.

목공을 하면 생각보다 나무에 구멍 뚫을 일이 많다. 책장을 만든다면 선반 높이 조절 구멍을 수도 없이 뚫어야 한다. 장부맞춤에서는 각끌기(mortiser)라는 장비가 없으면 드릴이나 드릴 프레스로 둥근 구멍을 낸 뒤 끌로 마무리한다. 싱크대 경첩을 달기 위해서는 지름 35㎜짜리 원을 타공하는 데 일반 드릴로는 힘에 부칠 때가 많다. 옷걸이를 만들 경우에도 목봉(shaker pegs)을 박기 위해서는 사선으로 구멍을 내야 한다.

나는 작업대를 제작하면서 드릴 프레스의 필요성을 절감했다. 작업대는 바이스(vise)가 필수적이다. 이 쇠로 된 바이스의 안쪽 양면 턱(jaw)에 부재를 다치지 않게 하기 위한 보호목이 필요했다. 당시 내가 쓸 수 있는 두꺼운 자재는 30t 자작 합판이 유일했다. 18t짜리 MDF로 된 작업대 상판은 클램프를 끼울 수 있도록 드릴로 3/4인치(19㎜) 구멍을 여러 개 뚫어 놓은 상태. 바이스 보호목에 세로로 구멍을 뚫어 상판 구멍들과 나란히 자리를 잡게 하는 일이 남았었다. 드릴로 간신히 구멍을 뚫었으나 수직 맞추기가 힘들었고, 무엇보다 힘이 부족해 애를 먹었다. 결국 바이스에 보호목을 다는 일은 포기했다. 그리고 한참 뒤 다니던 공방에서 용수 드릴 프레스를 만났다. 이때의 일이 생각나 다시 자작 합판 30t를 구해 구멍을 뚫었다. 드릴로 작업했을 때와는 비교할 수 없을 정도로 수월했고 결과물도 만족스러웠다.

이 경험은 구매로 곧장 연결됐다. 공방에 있던 드릴 프레스는 '용수 YDSM 13'이었다. 경상북도 고령에 본사를 둔 용수공업사의 제품으로 이 회사의 주력 상품은 바이스(vise). 목공 쪽에서는 바이스와 함께 드릴 프레스, 벨트 디스크 샌더가 우수한 품질을 인정받고 있다. 1969년에 창립한 이 회사는 현재 CEO가 2대째 가업을 잇고 있다. 용수공업사라는 이름이 약간 촌스럽다고 느껴질 수도 있다. 하지만 내게는 요새 유행하는 테크니 메탈이니 솔루션 같은 단어보다는 훨씬 정감이 간다.

목공인들이 주로 사용하는 용수 드릴프레스의 모델은 YSDM 100과 200, YSDM 13과 19 등 네 가지. 100과 200은 힘이 부족할 것 같아서 처음부터 대상에서 제외했고, 13과 19는 차이를 잘 몰랐으나 공방에서 사용했던 모델이어서 13을 선택했다.

YSDM 13은 기계 높이는 970㎜, 무게는 60㎏. 혼자서는 옮기기 힘들 정도로 묵직하다. 주축 상하 이동거리(행정거리)는 85㎜. 구멍을 뚫을 수 있는 최대 깊이로 긴 비트를 사용해도 85㎜가 한계다. 기둥과 척(chuck·드릴 등의 물림쇠) 중심까지는 180㎜. 반지름이 20㎝인 원판의 중심에는 구멍을 뚫을 수 없다는 이야기다. 척에는 지름 13㎜짜리 비트까지 끼울 수 있다. 모터 출력은 0.4KW(1/2마력).

일반적으로 드릴 프레스는 테이블에 올려놓을 수 있는 형대(bench top)와 바닥에 놓는 플로어(floor) 형으로 나뉜다. YSDM 13은 작업대에 올려놓을 수는 없고, 바닥에 그냥 세우기는 낮아서 프로파일로 전용 받침대를 만들었다. 그리고 비트를 꽂고 빼

공구꽂이 95t 자작 합판 각재로 만든 공구꽂이. 용수 드릴 프레스는 딱딱한 자작 합판에 큰 구멍도 어렵지 않게 뚫어주었다.

고 할 때마다 열쇠(key)를 사용하는 게 불편해서 대만제 첨파워(chum power)라는 키레스 척(keyless chuck)을 달았더니 한결 편해졌다. 기계는 튼튼하고 힘이 좋았다. 구입 초기에는 "YSDM 200이면 충분할 텐데"하는 생각도 들었지만 사용하면 할수록 정도 들고, 든든함을 느낀다. 참고로 용수 YSDM 100의 모터는 1/8마력, 200은 1/3마력이다.

드릴 프레스를 사용하기 위해서 할 일은 많지 않다. 가장 중요한 것은 속도 조절. 매뉴얼에 따르면 드릴 비트가 제 성능을 발휘하기 위해서는 회전 속도를 맞게 설정해줘야 한다고 나온다. 직경 10㎜ 이하의 일반 비트들은 2000~3000rpm, 12~19㎜까지는 1500rpm, 더 큰 비트는 1000rpm 이하가 적정 속도다. 더 큰 힘을 필요로 하는 스페이드 비트(삽처럼 생긴 비트)와 포스너 비트(일정 깊이까지 구멍을 파내는 용도로 쓰는 둥근 비트)는 또 다른 숫자가 적용된다. 35㎜가 넘는 큰 포스너비트는 500rpm이하 저속으로 돌려야 한다고 되어있다. 하지만 나는 기계가 처음 출시된 상태대로 사용하고 있으나 큰 불편을 못 느끼고 있다. 드릴 프레스 작업에서 가장 큰 수고라고 할 부분은 구멍의 깊이 조절. 그나마

이것도 손잡이 옆에 있는 다이얼을 돌리면 어렵지 않게 세팅할 수 있다.

사용법이 쉽다고 100% 안전한 것은 아니다. 의외로 드릴 프레스에서 작업중에 다치는 경우가 많다. 드릴 프레스는 강한 힘으로 비트를 회전시킨다. 간혹 비트가 부재를 물고 같이 돌 수가 있다. 이때 다치게 되는 것이다. 가급적이면 드릴 프레스 테이블을 만들고, 작업할 부재는 반드시 클램핑해야 한다. 드릴 프레스 부상의 대부분은 손으로 부재를 잡고 있다가 발생한다.

드릴 프레스는 작업실 기계중에서 무게로 따지면 가장 돈이 적게 들어간 장비일 것이다. 그렇지만 다른 기계로도 변신을 한다. 액세서리를 장착하면 각끌기가 될 수도 있고, 스핀들 샌더로도 쉽게 변신한다. 국내에서 많이 팔리는 파워매틱(Powermatic) 같은 유명 브랜드 제품은 힘도 1마력이나 되고, 디지틀 액정의 회전수 표시 등 디테일에서도 용수와 차이가 많이 난다. 물론 가격은 두 배가 넘는다. 정식 수입되는 제품은 아니지만 보쉬 PBD40 탁상드릴은 용수 YSDM 13보다 저렴해서 취목들은 해외 직구도 많이 한다. 국내에도 삼천리, 한신, 우성 등 드릴 프레스를 만드는 회사가 여럿이다. 하지만 나는 '튼튼하고 일을 잘하는' 용수의 우직한 이미지가 좋다. 드릴 프레스를 더 편하고, 비싼 다른 놈으로 교체할 생각은 없다.

목선반(lathe)

나는 목선반 생초보다. 위키백과는 선반(旋盤)을 이렇게 설명하고 있다. "선반은 깎을 소재를 회전시키며 고정된 엔드밀(깎는 공

목선반 제트 목선반 JWL-1221VS. 우드터닝(woodturning) 고수들이 입문용 기계로 많이 추천하는 목선반이다.

구)로 깎거나 파내는 가공을 하는 공작기계다. 깎이는 재료가 회전하기 때문에, 가공품은 원통이나 원뿔, 접시 모양 등 회전축에 대해서 동일한 원통형 모양이 된다. 갈이판, 돌이판이라고도 한다."

나는 우연한 기회에 그야말로 덜컥 목선반을 구입했다. 내가 산 제품은 목공카페 '우드워커'의 고수들이 추천하는 미국 제트(JET)사의 JWL-1221VS. 1221이란 숫자는 가공할 수 있는 목물의 사이즈로 12는 직경, 21은 길이다. 단위는 인치.

목선반을 사게 된 동기는 소박했다. 접시나 그릇을 깎는 우드터닝(woodturning)을 본격적으로 할 생각은 아니었다. 단지 목선반이 있으면 송곳이나 끌 손잡이는 어렵지 않게 만들 수 있을 것 같았다. 그리고 자꾸 기계를 사용하다 보면 기술도 늘고, 영역도 넓어지면서 취목 인생이 한층 풍요로와지지 않을까 생각했다. 기계를 살 때까지 목선반 경험이라고는 경기도 일산의 한 공방에서 개설한 '1일 체험'을 한 것이 전부였다. 교육에서는 각재를 먼저 긴 둥근 막대로 다듬은 뒤 다시 몇 개의 홈을 파서 안마봉으로 만들었다. '접시 만들기'에서는 칼이 너무 깊이 박히면서 회전하던 소나무 판재가 두 동강이 나버렸다. 순식간이었다. 공방에서 수강생 동료들과 함께 짜장면(교육비 2만원에 포함)을 맛있게 먹었던 기억이 난다.

많은 유경험자들은 '재미있다'를 목선반의 첫 번째 매력으로 꼽았다. 시간가는 줄 모른다는 것이다. 그 다음으로는 '어렵지 않다', '다칠 일이 없다', '오전에 시작하면 오후에 결과물이 나온다' 등등. 이런 이야기에 귀가 솔깃했던 것도 사실이다. 하지만 장비병이 또 도진 데다가, 결정적으로는 세일을 해서 앞뒤 가리지 않고 질렀던 것이다. 호기롭게 기계는 샀으니 그 다음부터 귀찮고 복잡한 일의 연속이었다. 먼저 칼을 마련해야 했다. 목선반 칼은 종류

모종 도구 도시농부 수업을 받으면서 목선반으로 깎아 본 모종 도구. 텃밭에 씨를 뿌리거나 모종을 심을 때 흙을 눌러주는 용도다.

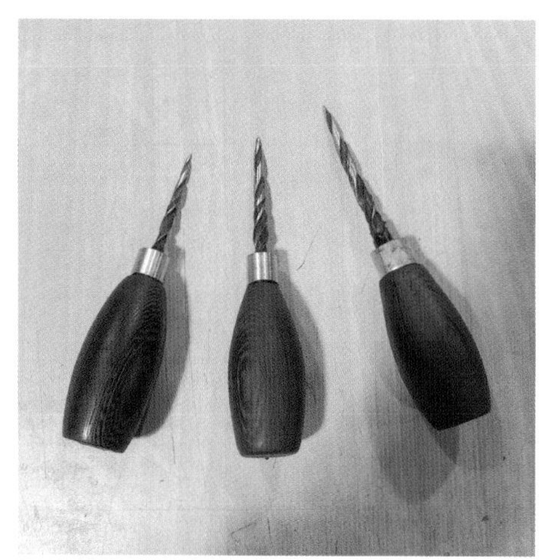

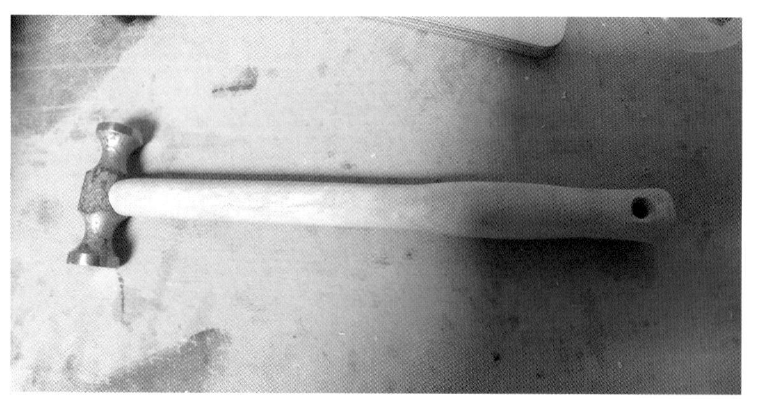

목선반 연습 목선반을 돌려 만든 송곳과 망치 자루, 국자 손잡이.

도 많고 이름도 복잡했다. 가우지(볼 가우지, 스핀들 가우지, 러핑 가우지), 스큐, 스크래퍼, 파팅 툴 등. 목선반용 칼은 주로 세트로 구입하는 데 Robert Sorby나 Hamlet처럼 유명 브랜드 제품은 몇십 만원 선이었다. 청계천 공구상가에서 상표도 없는 중국제 칼 6자루 세트를 샀다. 기계와 칼이 있으면 목선반을 돌릴 줄 알았더니 그게 아니었다. 칼을 수시로 갈아야 하니 벤치그라인더가 또 있어야 했다. 칼 생긴 모습도 다르고 날 각도도 제각각이니 칼을 연마하는 지그도 필요했다. 이것 뿐만이 아니었다. 목선반 척(chuck)은 또 어떡하고.

일단 구조목을 작은 사각형으로 토막낸 뒤 둥글게 만드는 연습을 시작했다. 안면 보호구를 쓰고 앞치마를 두른 채 기계 전원을 넣었다. 소음은 문제 될 것이 없었다. 그러나 회전하는 나무에 칼을 갖다 대는 순간부터 발생하는 분진과 나무 부스러기는 감당하기 힘들 정도였다. 이리 튀고 저리 튀고 주변은 금방 정신없이 어질러졌다. "아이구, 이거 안되겠구나." 목선반용 장비 구입은 칼세트에서 몇 년째 머물러 있다. 그동안 목선반으로는 하드우드 웬지(wenge)로 송곳 자루를 만들고, 텃밭용 모종도구를 몇 개 깎았을 뿐이다. 또 망치 자루나 국자 손잡이를 만들어 보기도 했다. 현재 내 목선반은 자작 합판 18t 원판에 샌딩페이퍼를 붙여 디스크 샌더로 활용중이다. 하지만 언젠가는 열심히 목선반을 돌릴 것으로 스스로 기대하고 있다.

컴프레셔와 드럼샌더, 각끌기

컴프레셔(compressor)

카센터에서 흔히 볼 수 있는 컴프레셔(air compressor)는 목공방에서도 필수 장비다. 테이블 쏘나 드릴프레스, 각도 절단기나 라우터처럼 사용 빈도가 높지는 않지만 필요한 상황이 자주 발생한다. 목공하는 사람들끼리 장비 이야기를 할 때면 컴프레셔는 테이블 쏘나 라우터 테이블 등에 밀려 항상 뒷전이다. 아니, 거의 대화에 언급되는 일이 없다고 하는 것이 정확한 표현일 것이다.

나 역시 목공을 배운다고 여러 공방을 전전하면서 가끔 컴

컴프레셔 계양 컴프레셔. 타카를 치거나 먼지를 불어내는 등 소소한 작업에 큰 불편없이 사용하고 있다.

프레셔를 쓰곤 했다. 하지만 그때도 사용하는 장비가 몇 마력짜리인지, 어느 회사 제품인지 전혀 관심이 없었다. 컴프레셔는 기껏 작업이 끝나고 옷에 묻은 나무 먼지를 털어낼 때나, 한두 번 타카를 쏠 때 썼을 뿐이다. 나 역시 컴프레셔가 꼭 필요하다는 생각은 하지 못했다.

그랬던 내가 목공 시작한 지 5년여 만에 컴프레셔를 구입했다. 지금 생각해보면 구매동기도 약간 터무니가 없었다. 가로세로 50㎝정도의 3단 서랍장 두 개를 만들 때였다. 서랍 재료는 깔끔한 자작 합판이 좋겠다고 생각했고, 두께는 9t(㎜)로 정했다. 15t나 18t는 서랍장 크기에 비해 서랍이 무겁고 둔탁해 보였다. 그런데 문제는 결합. 두께가 얇다 보니 나사못을 박을 수가 없었다. 나사못을 박는 족족 끝이 갈라지고 뒷판 바깥으로 못 뾰족한 부분이 돌출됐다. 그래서 짜낸 궁리는 접합면 양쪽에 목공 본드를 바르고 실타카를 쏘는 것이었다. 하지만 결과는 엉망진창. 타카핀은 9t 합판 양쪽으로 삐져나오기 일쑤였고, 타카핀이 손가락에 박히는 일도 있었다. 곡절 끝에 바닥판을 끼우고 마무리를 했다 싶었지만 서랍은 전혀 힘이 없었다. 견문 부족, 경험 부족이 빚어낸 참사였다. 결국 12t로 다시 서랍을 만들었다. 그때 확실히 알게 됐다. 실타카는 아무 힘이 없고, 서랍의 구조를 지탱하는 힘은 결국 목공 본드라는 사실을. 시간이 흐르니 지금은 6t로도 서랍을 만들 수 있게 됐다. 테이블 쏘를 이용해서 핑거조인트(finger joint)로 결합하면 본드를 쓰지 않고도 네 귀퉁이가 튼튼한 사각구조가 완성된다.

이렇게 해서 작업은 실패했지만 컴프레셔는 남게 됐다. 그때 사서 지금까지 쓰고 있는 제품은 계양 2마력 저소음 컴프레셔(그렇다고 마냥 조용한 것은 아니다). 지방을 다녀오다 천안 두일공구라는 곳에서 구입했다. 두일공구는 매장도 큰 편이고, 천안 IC에서 나가면 금방이어서 지금도 근처를 지날 때면 한 번씩 들르곤 한다.

목공을 계속하면서 컴프레셔의 쓰임새를 배워나갔다. 샌딩기를 달면 충전 샌더 못지않은 성능을 내고, 수없이 많은 나사못을 박으면서 일자형 에어 드릴로 편하게 작업하는 광경을 보기도 했다. 물론 이때 사용하는 컴프레셔는 대부분 4~5마력짜리였다.

컴프레셔가 가장 많이 쓰이는 곳은 타카 작업을 할 때다. 타카를 쏘는 총(gun)과 핀의 종류도 꽤 많다. 국내에서 가장 많이 알려진 제일 타카의 경우, 핀이 'ㄷ'자 형태인 422가 있고, 건설현장 필수품인 CT64R3이라는 목공·콘크리트 겸용도 있다. 422타카는 핀의 폭이 4㎜, 길이가 최대 22㎜로, 목재 사이의 이음새 부분을 잡아주는 역할을 한다. 핀은 길이가 6㎜부터 8, 10, 13, 16, 19, 22㎜까지가 있다. 같은 'ㄷ'자 형태라도 422보다 폭이 넓은 1022(폭 10㎜, 길이 22㎜)가 있고, 1022보다 길이가 짧은 핀을 사용하는 1013도 있다. 1022는 6㎜부터 22㎜까지 422와 같은

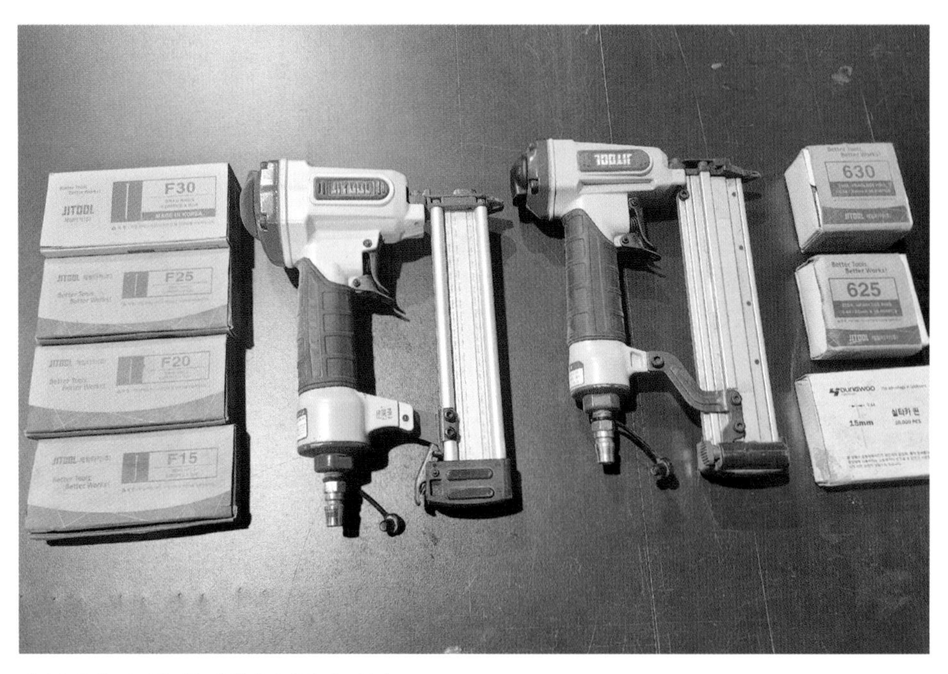

타카총과 핀 지그를 만들 때 특히 유용하게 쓰인다.

사이즈의 7가지 핀을 쓸 수 있으나, 1013은 길이가 5㎜부터 6, 8, 10, 13㎜가 전부다. 1013은 모델 이름처럼 핀의 최대 깊이가 13㎜에 불과하다. CT64R3의 핀은 30㎜부터 35, 38, 40, 45, 50, 57, 64㎜까지 있지만 목공용(DT)과 콘크리트용 핀(ST)을 구분해서 써야 한다.

내가 처음 샀던 타카총은 630R로 핀이 실처럼 가늘다고 해서 보통 '실타카'로 불리는 놈이다. 다른 타카와 달리 못 머리가 없는 까닭에 작업후에도 핀자국이 잘 안보여서 주로 가구나 액자, 몰딩 등에 마감용으로 사용된다. 핀은 10㎜부터 12, 15, 18, 22, 25, 30㎜까지 있다. 실타카를 사용할 때 특히 30㎜ 핀은 나무의 옹이를 만나면 여지없이 휘어져 부재를 잡고 있는 손가락을 찌를 수도 있으니 조심해서 다루어야 한다. 실타카는 핀이 가늘어서 손으로 쉽게 뜯어낼 수 있을 정도로 체결력이 약하다. 그래서 두 번째로 산 타카총이 F30. 못 머리가 있는 핀을 사용하는 가장 일반적인 타카다. 못 길이는 10㎜부터 15, 20, 25, 30㎜까지다. F30을 사용하다 보면 핀의 최대 길이가 짧아서 아쉬울 때가 있는 데 이런 용도로 최대 50㎜짜리 핀까지 쓸 수 있는 F50이라는 제품도 있다. 나는 아직까지 타카총은 실타카 630R과 F30 등 두 종류밖에 없다.

내가 하는 작업중에서 컴프레셔와 타카는 지그를 만들 때 가장 요긴하게 쓰인다. 지그는 대부분 MDF나 일반 합판으로 만들게 되는 데 간편하고 속도도 빨라 타카로 형태를 잡는다. 최근에 도마를 만들면서 윗면에 홈을 파는 지그(juicy groove jig)를 만들었는데 이때도 컴프레셔와 F30이 제 역할을 해주었다. 내 컴프레셔가 2마력 짜리여서 힘이 부족하다고 느껴질 때가 있으나 취목이라면 이 정도 용량에 타카총도 실타카와 F30 정도면 충분하지 않나 싶다.

드럼 샌더(drum sander)

다시 이야기하지만 샌딩은 괴롭다. 테이블 쏘 톱날이 지나가면서 생긴 탄 자국, 나무에 뚫은 구멍, 또 라운드를 친 모서리 안쪽 구석을 샌딩하고 있으면 금새 피곤이 몰려온다. 그런데 더 괴로운 일은 샌딩해야 할 부재가 산더미처럼 쌓여있을 때다. "어휴 이걸 언제 다 끝내나?" 시작도 하기 전에 덜컥 겁부터 난다. 학교 기숙사에 놓을 이층 침대를 만든 적이 있다. 그것도 20개씩이나. 공방을 공유하는 동료와 함께 작업했다. 두 사람이 해도 일이 많기는 마찬가지. 이층 침대 하나만 해도 가로세로 기둥과 난간, 침대살, 계단 등 크고 작은 부재가 100개가 넘었다. 부재 하나가 샌딩 한 번으로 끝나는 것도 아니다. 샌딩 페이퍼 120방으로 거친 부분을 만져주고, 220방으로 적당히 매끄럽게 다듬은 뒤, 손이 자주 닿는 부분은 400방으로 마무리했다. 목이 뻐근하고 손목이 욱씬거리는데다가 포터블 원형 샌더로는 일이 하세월이었다. 기계에 의지할 수 밖에 없었다. 때마침 '송부장 목공기계'라는 곳에서 테이블 쏘를 비롯, 여러가지 장비를 세일했다.

여기서 내가 구입한 제품은 미국 Laguna라는 회사에서 나온 '슈퍼맥스 드럼샌더(model 19-38)'. 16인치와 25인치 제품도 있었지만 중간 사이즈(19인치)면 무난할 것 같았다. 드럼 샌더는 샌

드럼 샌더 라구나 드럼 샌더. 없을 때와 있을 때의 차이를 확실하게 느끼게 해준 장비다.

딩 페이퍼가 감긴 길쭉한 원통(드럼)이 빠른 속도로 회전하면서 목재를 갈아내는 기계다. 모델에 붙어있는 숫자 19-38은 드럼의 길이와 최대 가공범위를 나타낸다. 최내 가공 폭은 드럼 길이만큼인 19인치(482㎜), 부재를 돌려서 넣으면 최대 38인치(964㎜)까지 샌딩을 할 수 있다고 매뉴얼에 씌어 있다. 드럼을 떠받치는 기둥이 한쪽에만 있고, 반대편은 열려 있기 때문에 이론적으로는 가능해 보인다. 최대 가공두께는 4인치(101㎜), 최소 가공두께는 1/32인치(0.8㎜)로 되어 있다. 이 기계로는 10㎝보다 두꺼운 나무는 샌딩을 못한다는 얘기다. 모터 파워는 1과 3/4마력, 무게는 130㎏다.

이 기계에 사용하는 샌딩 페이퍼는 폭이 3인치(7.62㎝)짜리로, 80방~220방 사포를 주로 사용한다. 드럼 샌더는 사용법이라고 할 게 따로 없다. 메인 스위치 전원을 켜면 드럼이 회전하고 바로 위에 있는 송재 속도 다이얼을 돌리면 부재를 올려놓은 벨트가 움직이면서 샌딩을 시작한다. 오른 쪽 위에 붙어 있는 드럼 위치 조절 손잡이를 90도 돌리면 0.4㎜씩 움직인다. 반시계 방향이면 내려가고, 시계방향으로 돌리면 드럼이 올라간다. 목공이 이렇게 쉽다니! 이 기계를 만들어 낸 사람에 대한 존경심이 저절로 생겨날 정도다.

Laguna사의 슈퍼맥스 시리즈는 모두 원 드럼 샌더이지만, 큰 공방에서는 투 드럼 샌더를 많이 사용한다. 투 드럼은 말 그대로 기계 안에 원통이 2개가 있다. 첫 번째 드럼에는 거친 사포, 두 번째에는 고운 사포를 장착해 짧은 시간에 많은 물량을 소화해낸다.

내가 했던 이층침대 작업은 드럼 샌더를 갖추면서 큰 부담을 덜게 됐다. 샌딩 페이퍼를 교체할 때가 조금 귀찮기는 하지만 아주 만족스럽게 사용하고 있다. 사실 요즘은 자동대패보다 드럼샌더를 더 자주 쓰는 것 같다.

평이 좋은 테이블 쏘와 밴드 쏘 등에 이어, 최근에는 CNC(-

Computer numerical control·컴퓨터 수치제어) 기계 발매로 영역을 넓혀가고 있는 Laguna Tools라는 회사의 이력이 재미있다. 우선 laguna라는 단어를 사전에서 찾아보면 석호(바다자리 호수)라고 나온다. 석호는 한자로 潟湖. 이 때의 석(潟)은 '개펄 석'이다. 사주(바닷가에 생기는 모래사장)나 사취(육지에서 바다로 뻗어나간 모래의 퇴적 지형)의 발달로 바다와 격리된 호수가 laguna로, 우리나라의 영랑호나 청초호가 여기에 해당한다. 미국 LA 아래쪽에는 Laguna Beach라는 태평양에 면한 휴양도시가 있다. Laguna Tools는 바로 이 Laguna Beach에서 1983년 시작됐다. 창업자는 덴마크 출신의 목수 Torben Helshoj(발음이 어렵다. 구글에서 철자를 입력하고 마이크 표시를 눌러보면 '헬쇼쯔'처럼 들린다.) 1955년생이니까 2024년 현재 69살. 스물여덟이란 젊은 나이에 회사를 만들었다. 회사 홈페이지에 따르면 Helshoj는 어린 시절 덴마크 조선소 장인들이 능숙한 손놀림으로 배 만드는 광경을 지켜보면서 목공의 열정을 키워나갔다고 했다. 대학에서 기계공학 전공이었던 Helshoj는 19살 때, 히치하이킹(hitchhiking·모르는 사람의 차 얻어타기)을 하면서 덴마크에서부터 인도까지 여행한다. 그는 여행에서 돌아오는 길에 목수의 길을 걷기로 결심했다고 한다. 그 후 주문 가구를 제작하는 코펜하겐의 한 목공 가게에서 4년여 도제식 수업을 받는다. 그는 1981년 덴마크 목재산업조합 전문가들이 심사하는 한 대회에 졸업 프로젝트로 제작한 마호가니 책상을 출품해 덴마크 여왕의 은메달을 받는다. '완벽한 작품이 없어서' 금메달 수상자는 없었다. 그 전 20년간 목공분야 최고상은 동메달에 그쳤기에 Torben Helshoj는 독립과 함께 최고의 영예를 안은 셈이었다. 그는 수상 직후 미국으로 여행한다. 여행자로서 대서양을 건넜다가 한 미국 목공인의 도움을 받아 Laguna Beach에 목수 겸 사업가로 정착한다. 가구를 만들고, 복합기 등 유럽 목공기계를 수입하면서 부인과 함께 1983년 Laguna Tools를 만들어 오늘에 이른 것이다.

각끌기(hollow chisel mortiser)

'자주 사용하진 않지만 없으면 아쉬운 기계.' 각끌기를 한 문장으로 정리한다면 이쯤 될 것이다. 짜맞춤 공방에서는 늘 하는 일이지만 취목도 작업을 하다보면 암장부를 가공해야 할 때가 종종 있다. 암장부를 판다는 것은 숫장부를 끼울 수 있도록 목재에 사각 구멍을 내는 일이다. 각끌기는 이때 요긴하게 쓰인다.

물론 각끌기가 없어도 암장부를 가공하는 일은 어렵지 않다. 능숙한 목수들은 라우터와 끌을 이용해서 금새 작업을 마무리한다. 하지만 취목의 경우, 라우터가 있더라도 지그(jig)를 장착하지 않으면, 또 충분히 익숙하지 않으면 정확한 위치에 구멍을 내기가 쉽지 않다. 나 역시 라우터로 몇 번 암장부 작업을 시도했지만 그때마다 애꿎게 정재단해서 다듬어놓은 부재만 망칠 뿐이었다. 그래서 대부분 경우, 드릴이나 드릴 프레스로 구멍을 뚫고 망치와 끌을 써서 암장부의 네 모서리를 정리한다. 작업량이 많지 않을 때는 이 방법으로도 문제가 없지만 파야 할 암장부가 수십 개가 된다면 이야기는 달라진다.

각끌기의 구조는 드릴 프레스와 흡사하다. 다만 각끌기는 구멍을 뚫는 둥근 비트(auger bit)와 사각 끌이 합체된 날 뭉치를 끼워서 사용한다는 것이 드릴 프레스와 다른 점이다. 각끌기의 손잡이를 누르면 오거 비트가 먼저 둥근 구멍을 뚫고, 사각 끌이 뒤따라 구멍 주위를 직각과 수직으로 정리해주는 것이다.

각끌기 파워매틱 소형 각끌기. 자주 사용하진 않지만 암장부를 팔 때 요긴하게 사용된다.

내가 구입한 기계는 미국 파워매틱(Powermatic)사의 소형 각끌기 PM 701. 작은 덩치에 비해 38kg으로 꽤 무겁다. 모터는 3/4마력. PM 701은 벤치탑 모델이지만 상위 기종인 719T는 묵직한 철제 캐비넷까지 붙어 있는 일체형이다. 2024년 미국 현지 가격으로 719T는 1,700달러, PM 701은 999달러로 되어 있다. 나처럼 게으르고 일머리가 없는 취목에게 각끌기는 참으로 고마운 존재다. 암장부를 팔 때마다 끌이 날카롭지 않아서 툴툴거리고, 또 수직으로 끌질하기가 생각보다 쉽지 않았는 데 각끌기가 있어 작업이 수월해졌다. 이세는 짜맞춤도 그리 겁을 내지 않게 됐다.

도미노

사용하면서 그 정확성과 편리함에 늘 감탄하는 공구가 있다. 독일 페스툴(Festool)에서 나온 도미노(domino)다. 판재를 집성할 때나 선반, 액자, 서랍, 침대 난간 등 나무와 나무를 결합할 일이 있으면 나는 항상 도미노를 꺼내 든다. 아마 내가 만드는 것들의 80% 이상이 도미노 작업이리라. 목공 기계 이름에 웬 도미노? 도미노하면 한국 사람은 맨 먼저 피자가 생각날 것이다. 도미노(domino)는 '표면에 주사위처럼 검은 점이 찍힌 28개의 네모진 서양의 놀이 골패(骨牌), 또는 그것으로 하는 놀이'다. 또 '도미노'는 나무 조각 같은 것을 세워놓고 한쪽 끝을 밀어서 다른 조각들을 넘어뜨리는 게임으로도 잘 알고 있는 단어다. '도미노 효과'라는 말도 일상적으로 쓰이는 데 어떤 현상이 연쇄적으로 파

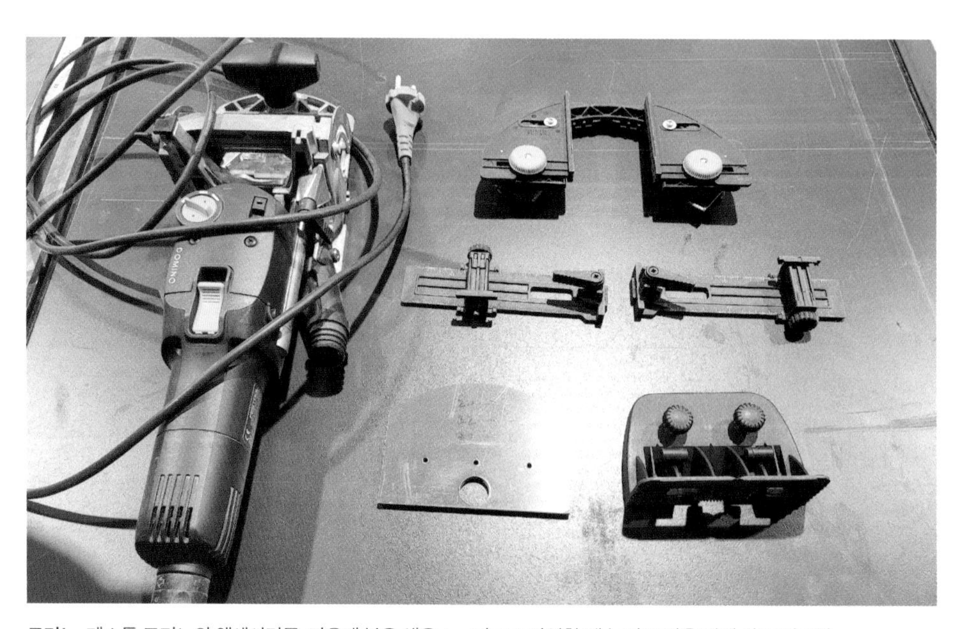

도미노 페스툴 도미노와 액세서리들. 가운데 붉은 색은 4㎜ 비트로 작업할 때 높이 조절을 위해 만든 지그다.

급될 때 이런 표현을 사용한다. Festool에서는 아마 건빵처럼 생긴 나무토막 핀이 도미노를 닮았다고 해서 이런 이름을 붙이지 않았나 추측한다.

Festool Korea의 홈페이지는 도미노 시스템을 '목재의 완벽한 결구를 위한 솔루션'이라고 자랑하고 있다. 제조사의 자부심이 반영된 표현이긴 하겠지만 내가 생각해도 크게 거슬리는 부분이 없다. 아마존(amazon)의 구매자 평점에서 도미노에 대한 평가를 엿볼 수 있다. 별 다섯 개(5점)가 만점인데 다재다능함(versatility) 5.0, 정확성(accuracy) 4.9, 편의성(easy to use) 4.7점을 받고 있다. 비싼 탓에 가성비는 4.2점. 글로벌 사용자 580여명이 매긴 점수다. 이들 중 91%가 별 다섯 개 만점을 준 것로 집계됐다. 별 하나, 둘, 셋은 각각 1%에 불과하다. 중국의 한 유투버는 페스툴 도미노를 '목공신기(木工神器)'라고까지 극찬했다. 국내의 한 목공인은 "도미노는 신(神)이 고생하는 목수에게 준 선물"이라고 말하기도 했다. 내가 처음 도미노를 잡았을 때 받은 느낌은 "이거 어렵지 않은 데. 재미있네."라는 것이었다. 도미노 기계는 DF500과 Domino XL DF700 두 가지가 있다. 작업 크기에 따라 사용하는 기계가 다르다. 일반적으로 많이 쓰는 것이 DF500이고, 문이나 장롱 등 큰 작업을 하는 전문 공방에서는 Domino XL을 구비해 놓고 있다. 작업의 크기라고 했지만 정확하게 말하면 사용하는 도미노 핀의 크기에 따른 차이다. 도미노 핀은 테논칩(tenon chip), 혹은 테논 핀이라고도 불리는 데 우리 선동 장부맞춤에서 '딴 혀 맞춤'이라고 할 때의 '딴 혀'에 해당한다. '제 혀 맞춤'은 잇고자 하는 나무를 가공하는 것이고 '딴 혀 맞춤'은 다

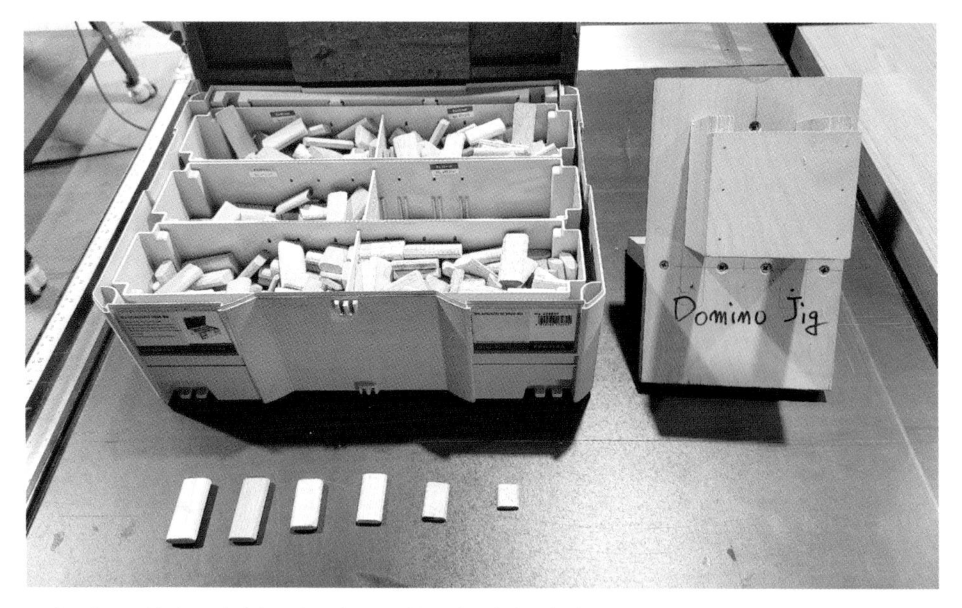

도미노 핀 10㎜부터 4㎜까지의 도미노 핀들. 오른쪽은 반복작업을 할 때 필요해서 만든 지그. 유튜브를 보고 따라 만들었다.

른 나무를 사용해서 부재를 결합한다. DF500이 사용하는 핀은 두께가 4~10㎜(4, 5, 6, 8, 10), 덩치가 큰 DF 700은 8~14㎜(8, 10, 12, 14)다. 길이도 차이가 많이 난다. 4㎜ 핀은 2㎝에 불과하지만 XL의 14㎜ 핀은 길이가 긴 것이 14㎝나 된다.

도미노는 손잡이를 앞으로 밀면 공구 앞에 꽂혀있는 엔드밀(end mill) 형태의 비트가 회전을 하면서 정면은 물론, 좌우로도 세팅한 핀의 폭 만큼 구멍을 파낸다. 도미노 작업은 결합할 두 부재에 암 장부를 만들고, 사이즈에 맞는 핀을 끼우기만 하면 끝이 난다. 이전에는 숙련된 목수들만 가능했던 짜맞춤을 초보자도 이제 몇 분만 배우면 흉내를 낼 수 있게 된 것이다. 한때 목공카페에서는 도미노를 '짜맞춤'으로 볼 수 있느냐의 문제를 놓고 갑론을박이 펼쳐지기도 했으나 여기서는 논외다. 취목의 입장에서는 가히 '목공의 빅뱅', '혁명'이라는 단어를 써도 될 법한 상황이 벌어진 것이다. 사용법을 글로 표현하기도 어렵지 않다. 결합할 두 부재를 맞댄 뒤 중심 선을 긋고, 몇 ㎜짜리 핀을 박을 것인지 정한다. 구멍을 파서 연결할 부위의 절반 높이에 비트가 위치하도록 세팅하고, 날이 들어가는 깊이를 정해주면 된다.

도미노를 구입하면 함께 들어있는 액세서리(지그)들이 작업을 쉽게 할 수 있도록 도와준다. 우선 좌우 2개가 한 조로 구성된 판재 지그(cross stop). 테이블 상판처럼 긴 목재를 여러 장 집성할 때 특히 유용하다. 이 액세서리를 이용하면 같은 간격으로 구멍을 계속 팔 수 있다. 먼저 도미노 핀이 들어갈 첫 구멍을 뚫은 뒤 그 구멍의 끝에 지그에 돌출된 핀을 끼우고 작업을 연속해서 해나가는 방식이다. 도미노 핀의 간격이 100~205㎜에 불과해 아쉬울 때가 있지만 작업 범위가 이 구간 내에 있을 때는 항상 찾게 되는 액세서리다. 두 부재를 맞대서 일일이 줄을 긋는 수고를 덜어준다.

각재에 도미노 작업을 할 때는 반달처럼 생긴 각재 지그(trim stop)가 동원된다. 기계에 장착된 지그의 양쪽 펜스를 좌우 같은 간격으로 부재의 폭만큼 벌리면 자연스럽게 중심선에 구멍을 뚫을 수 있다. 다만 지그가 작은 만큼 22㎜부터 70㎜까지의 각재만 사용 가능하다. 또 폭이 좁은 엣지면에 평행하게 구멍을 팔 때는 보조 스토퍼 펜스(additional stop)를 이용한다. 판재를 세워놓고 구멍을 뚫을 때 이 지그를 장착하면 도미노 기계의 수평과 수직을 유지하기가 한결 쉬워진다. 위의 세 지그는 별도의

이층침대 학교 기숙사에 들어간 이층 침대. 대부분 도미노로 작업했다.

작업한 부재들 이층침대를 만드는 과정들. 도미노 작업이 끝없이 계속됐다.

침대 난간 도미노 구멍을 뚫은 후 침대 난간을 칠하고 있다. 이층 침대 하나당 30개 정도가 필요한 난간 작업은 도미노가 있어서 그나마 수월한 편이었다.

공구 없이도 기계에 탈착이 가능하다.

도미노 기계 자체에도 효율적인 작업을 위한 festool 특유의 아이디어들이 장착되어 있다. 전원을 켜고 끄는 스위치 위쪽에 붙어있는 초록색 다이얼. 이 다이얼은 구멍의 폭을 세 가지 사이즈로 조정할 수 있게 해준다. 보통 때는 왼쪽의 가장 작은 그림에 세팅을 하고 작업한다. 하지만 내 경우, 도미노 작업을 하면서 핀과 구멍이 너무 꼭 맞아서 가조립을 했다가 핀을 빼지 못해 낭패였던 적이 한두 번이 아니었다. 긴 판재나 각재에 도미노 핀 여러 개를 박을 때 이 다이얼을 활용하면 일을 수월하게 할 수 있다. 긴 판재를 집성할 때 처음과 끝 부분은 세 사이즈로 구멍을 뚫고, 나머지 가운데 부분은 두 번째 칸에 다이얼을 놓고 조금 더 크게 구멍을 판다. 도미노 사용 초반에는 정확하게 마킹을 하고 구멍을 뚫는 게 생각만큼 호락호락하지 않다. 초록색 다이얼은 이때 진가를 발휘하는 것이다. 도미노 기계의 바닥에도 'stop latch(멈춤 걸쇠)'라는 또 하나의 장치가 숨어있다. 제품 출고시에는 잠겨져 있어서 나사를 풀어줘야 사용할 수 있다. 기능은 판재 지그(cross stop)와 같다. 다만 비트 바로 옆에 붙어 있어서 판재나 각재의 한 면을 기준으로 좁은 간격으로 구멍을 파는 데 쓰인다. 매뉴얼에 따르면 멈춤 걸쇠와 비트의 중심까지는 37㎜(1과 7/16인치)로 나와 있다. 보조 스토퍼 펜스에도 stop latch가 있는 데 이 걸쇠와 비트 중심까지는 20㎜다. 내가 알고 있는 취목들의 공통점은 무대뽀 정신. 기계를 사면 매뉴얼은 던져 놓고 전원을 켜고 작동부터 해본다. 쓰면서 사용법을 익혀 나가는 것이다. 나 역시 도미노를 구입하고 몇 달이 지나서야 이 걸쇠의 존재와 쓰임새를 알게 됐다.

주제넘은 소리라고 할 수 있겠지만 목공의 요체는 결국 나무와 나무의 연결, 결합이 아닐까 싶다. 이때 가장 흔히 사용되는 것은 못이나 나사못이다. 철물이나 목공 풀, 혹은 타카도 방법일 수가 있다. 그렇지만 목공을 하는 사람이라면 구조의 안정성, 미관을 먼저 생각한다. 시중에서 판매되는 가구에서 나사못 머리가 그대로 노출되어 있는 제품을 본 적이 있는가? 아마 거의 없을 것이다. 있다면 컴퓨터 거치대 같은 저가의, 아주 단순한 구조의 제품에서였을 것이다. 연결이나 결합의 흔적이 보이지 않으면서도 튼튼한, 또 안정적인 구조의 가구. 이것이 시장에서 평가하는 작품의 가치이고, 목수의 기량이다. 아름다운 디자인과 완벽한 마감 등은 그 다음에 따지는 부분이다.

2006년 도미노가 나오기 전까지 동서양을 막론하고 대부분의 장인들은 대패와 끌 등 수공구를 사용한 짜맞춤으로 이 문제를 해결했다. 현재까지도 짜맞춤은 목공의 기본이다. 하지만 짜맞춤의 시간과 노력, 난이도를 대체하기 위한 방법과 장비들도 꾸준히 개발되어 왔다. 그 대표적인 것이 도웰(dowel)과 비스켓 조이너(biscuit joiner). 우리 말로는 목심, 또는 목다보라고 부르는 도웰은 양쪽 끝이 둥글게 라운드가 쳐진 나무 토막이다. 굵기가 6㎜, 8㎜, 10㎜짜리의 목심은 시중에서 어렵지 않게 구할 수 있다. 도웰 작업은 어찌 보면 도미노보다 더 쉽다고 할 수 있다. 타공할 위치에 표시를 하고 드릴로 원하는 깊이 만큼 뚫은 뒤 풀을 바르고 목심을 끼워 두 부재를 체결하면 된다, 아직도 많은 유럽 목수들은 이 도웰 작업을 선호하는 것으로 알고 있다. 나도 도미노를 사기 전에는 이 방법을 썼다. 체결력도 나사못보다도 강하고, 체결한 흔적도 남지 않으니 나무랄 데가 없다. 특히 독일제 마펠(Mafell) 도웰조이너 같은 고가 장비를 사용하면 도미노 이상의 작업 효과를 낼 수 있다고 한다. 최근에는 저렴하면서도 쓸 만한 중국제 도웰 지그들이 많이 출시되고 있으니 환경이 많이 좋아진 셈이다.

비스켓 조이너(biscuit joiner)는 헤르만 슈타이너(Hermann Steiner)라는 스위스 목수가 개발해서 1969년 Lamello라는 이름으로 출시했다. Lamello는 지금의 회사명이기도 하다. 비스켓 조이너의 원래 명칭은 플레이트 조이너(Plate joiner·판재 접합기)다. 이 장비를 사용해서 나무를 체결할 때 두 부재 사이에 끼워넣는 나무 조각이 비스켓처럼 생겨서 아예 비스켓 조이너라는 이름으로 통용되고 있다. 비스켓 조이너는 특히 판재 집성에서는 도미노보다 편리하지만 체결력에 있어서는 도미노나 도웰에 비해서는 강도가 약하다는 평가가 있다. 도웰 작업을 해보면 판재를 정렬하기 쉽지 않다. 도미노는 도웰과 비스켓 조이너의 장점을 한데 모아서 나온 기계가 아닌가 싶다.

테이블을 만들면 상판과 다리를 결합해야 한다. 여러 가지 방법이 있겠지만 나는 주로 Z철물을 사용한다. 다리를 연결한 가로대에 도미노로 구멍을 낸 뒤 철물을 끼우고 상판에 나사못을 박는다. 도미노가 없었으면 아마 트리머로 작업을 했을 것이다. 여러모로 도미노는 내게 참 고마운 존재다.

안전

'목공은 위험할 수 있다.' '안전은 당신 책임이다.' 목공 유튜브나 잡지에서 자주 보는 경고 문구다. 당신은 실제로 목공에서 가장 중요한 것이 무엇이라고 생각하는가? 수익? 결과물의 완성도? 작업 과정들? 개인적인 성취감? 모든 것이 다 중요하겠지만 직업이건 취미건 할 것 없이 목공은 역시 안전이 첫 번째다.

목공을 취미로 삼고 이곳저곳 기웃거리면서 무모한 사람들을 참 많이 봤다. 대부분 공방장이거나 목공을 꽤 오래 한 경력자들이었다. 공방에서 가장 위험한 기계는 테이블 쏘다. 고속 회전하는 톱날은 보기만 해도 위협적이고, 자르던 부재가 펜스에 끼인 채 톱날을 타고 작업자 쪽으로 튕겨 나오는 킥백(kick back)은 테이블 쏘 사용 때 항상 의식해야 하는 위험인 것이다.

테이블 쏘 회사들은 사용자 안전을 위해 톱날 뒤쪽에 킥백을 방지하는 라이빙 나이프(riving knife·나무를 쪼개는 칼)를 부착하고, 톱날 근처에 손이 닿지 못하도록 안전 덮개까지 포함해서 제품을 출시하고 있다. 또 작업때는 반드시 동봉한 푸쉬 스틱(안전 밀대)을 사용하도록 권고하고 있다. 테이블 쏘 사용의 기본 수칙이다.

그런데 문제는 불편하다는 점. 안전 덮개는 테이블 쏘 위로 튀어나오는 분진도 어느 정도 잡아주는 훌륭한 액세서리다. 하지만 부재가 크고 높거나, 지그를 사용할 때는 부득이 해체해야 한다. 라이빙 나이프는 홈을 팔 때 거추장스럽다. 고가의 브랜드 제품들과는 달리 취목들이 많이 쓰는 포터블 테이블 쏘는 이 라이빙 나이프의 높이가 톱날보다 높게 세팅이 되어있다. 서랍 밑판을 끼워 넣을 홈을 파거나 반턱 맞춤을 할 경우에는 라이빙 나이프를 반드시 제거해야 작업이 가능한 것이다.

예전에 다녔던 몇몇 공방의 테이블 쏘는 안전 덮개와 라이빙 나이프도 없이 톱날만 덩그러니 노출되어 있었다. 여러 사람이 사용하니 그럴 수도 있으려니 했다. 그렇지만 무감각하다고나 할까, 전반적으로 이 문제를 크게 개의치 않는 분위기였다. 한 공방에서는 공방장이 테이블 쏘에서 부재를 누르면서 푸쉬 스틱 대신 항상 구두칼을 사용했다. 이 공방장은 구두칼이 톱날과 닿았을 때의 아찔했던 상황을 가끔 웃어가며 이야기했다. 이게 과연 웃을 일일까? 다른 공방에서는 공방장이 합판 조각 등 자투리 나무를 푸쉬 스틱으로 사용했다. 이 공방장은 “만드는 것도 귀찮고, 더더욱 돈을 들여 푸쉬 스틱을 살 생각은 없다”고 했다. 눈에 띄는 대로 나무 쪼가리를 주워서 밀면 된다는 얘기였다.

더 심한 이야기도 들은 적이 있다. 작업을 하다보면 테이블 쏘로 다도(dado) 홈파기를 할 때가 있다. 영어에서는 나무 결을 따라 파는 홈은 그루브(groove)라고 하고, 자르기 방향으로 홈을 내는 것을 다도(dado)라고 부른다. 작업해야 할 이 다도 홈의

라이빙 나이프 평상시 테이블 쏘의 모습. 톱날 뒤에 바싹 붙어있는 라이빙 나이프는 킥백의 위험을 막아준다.

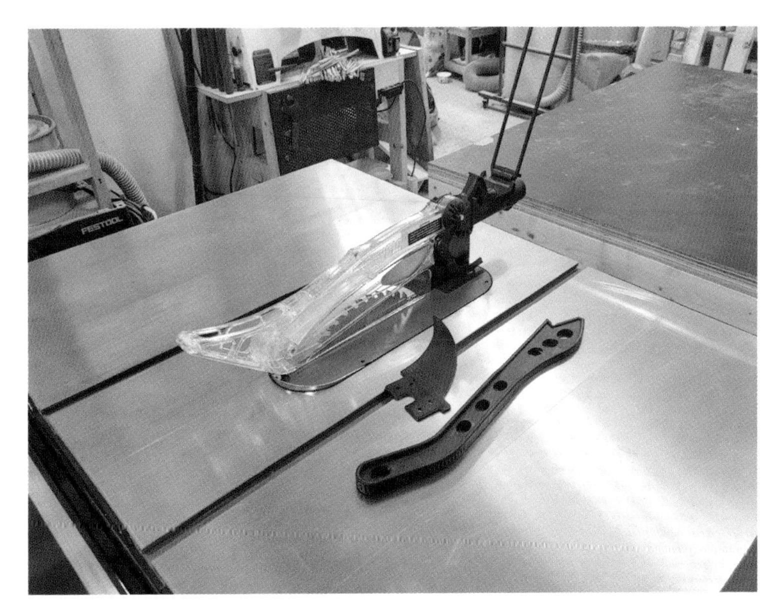

톱날 덮개 테이블 쏘에 안전 가드를 부착한 모습. 대부분의 공방에서는 이 톱날 덮개를 제거한 채 사용한다.

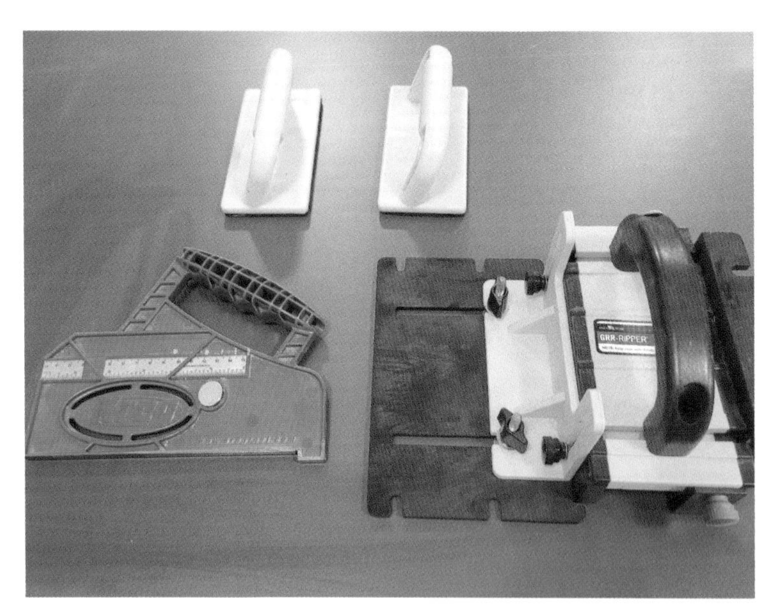

푸쉬 스틱 수압대패와 테이블 쏘 작업때 부재를 눌러주는 각종 푸쉬 스틱들.

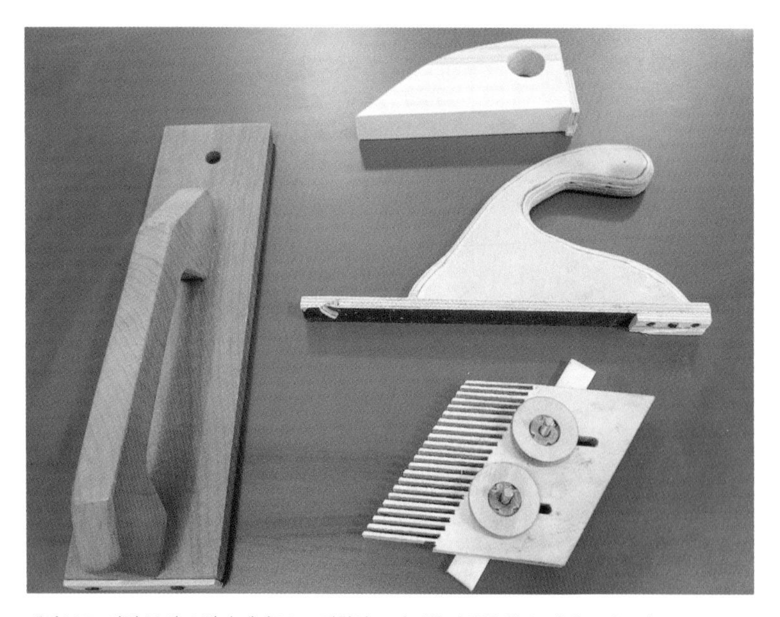

페더 보드 자작 푸쉬 스틱과 페더 보드. 정확하고 안전한 작업을 할 수 있게 도와준다.

폭이 넓을 경우에 고민이 생긴다. 일반적으로 테이블 쏘 톱날은 두께가 3㎜ 안팎이다. 그런데 45㎜의 홈을 판다고 가정해보자. 톱날이 몇 번 왕복해야 할까? 게다가 여러 곳에 홈을 파야 한다면? 이럴 경우 직업 목수들은 시판중인 다도날 세트를 장착해서 작업을 한다. 여러 장의 톱날을 붙여서 원하는 폭으로 만든 뒤 일을 쉽게 하는 것이다. 다도 날 세트가 있다면 15㎜를 세팅해서 세 번씩 밀면 되는 것이다. 그런데 어떤 경력자는 다도 홈을 팔 때 일반 톱날 두 장을 붙여서 작업을 한다고 했다. 괜찮을까? 전혀 괜찮을 듯 싶지 않았다. 어디서도 들어본 적이 없는 작업 방법이었다. 사고의 원인은 두 가지라고 생각한다. 하나는 방심이고, 다른 하나는 자만이다. 우리 윗대의 목수중에는 손가락을 다친 분들이 적지 않았다. 미국의 한 테이블 쏘 회사 광고는 목수로 보이는 모델이 손가락 다섯 개를 활짝 편 채 웃고 있다. 초보 때에는 매사 조심하기 때문에 다칠 일이 적다고 한다. 목공에서 많이 다치는 시점은 입문 3~5년 사이라고 어디선가 읽은 기억이 난다. 초심자의 심정으로 항상 진중하게 작업에 임해야 하는 것이다.

목공하는 사람 몇이 모여서 다친 경험을 얘기하기 시작하면 아마도 밤을 새울 것이다. 취목 10년동안 나도 자주 다쳤다. 심하게 다친 것이 아니니 부상이라고는 할 수 없지만 수 없이 베이고 찍히곤 했다. 아예 지갑 속에 일회용 반창고를 몇 장씩 넣고 다녔다. 톱질 중에 나무를 잡고 있던 손을 긁기도 했고, 대패 날을 갈다가 숫돌에 베여 피를 보기도 했다. 침대를 만드는 동안에는 좁은 작업실을 건너다니다가 파이프클램프에 찍히고

긁혀 다리가 성할 날이 없었고, 타카 핀이 손에 박히는 일도 있었다. 힘을 줘서 밀던 끌이 손 위를 아슬아슬하게 스치고, 트리머 작업중에는 날이 부러지면서 비트가 쏜살같이 날아가는 가슴 철렁한 일도 경험했다.

테이블 쏘를 쓰면서 나 역시 한때 무모했다. 보쉬 테이블 쏘 GTS 10XC를 사용할 때였다. 빼고 끼고 하기 귀찮아서 라이빙 나이프는 항상 옆에 치워놓고 있었다. 나무 액자를 만들었다. 형제들과 여행을 하고 온 직후여서 휴대폰으로 찍은 사진들을 인화해서 선물할 요량이었다. 액자에 유리 대신 아크릴을 쓰기로 했다. 두께 3㎜짜리 아크릴판 원장을 사서 테이블 쏘에서 A4용지 절반만한 크기로 30개쯤 자른 뒤였다. 이쯤에서 멈췄으면 아무 일이 없었을 텐데 폭 15㎝ 길이 60㎝쯤 되는 길쭉한 아크릴 자투리가 눈에 들어왔다. "마침 잘 됐다. 요놈을 테이블 쏘 썰매 위에 붙여 톱밥이 얼굴 쪽으로 튀는 것도 막고, 손도 다치지 않게 해야지. 그런데 폭이 좀 넓군." 3㎝쯤 세로로 켜는 중 이었다. 톱날을 지나간 아크릴 앞부분이 머리를 치켜들면서 절단선을 벗어나기 시작했다. 오른손은 푸쉬 스틱으로 부재를 밀고 있었고 받치고 있던 왼손이 아크릴을 누르려고 넘어가다 톱날에 스쳤다. 순식간에 벌어진 일이었다. 테이블 쏘 정반 위로 피가 뚝뚝 떨어졌다. 곧바로 택시를 타고 병원 응급실을 찾아갔다. 네 바늘 꿰맨 것은 테이블 쏘 사고치고는 다행한 편이었다. 하지만 한 달 이상 왼손 엄지손가락에 붕대를 감고 있었고, 그 후 트라우마도 생기는 것 같았다. 나는 얼마 후 테이블 쏘를 중고로 팔아버렸다.

썰매 테이블 쏘를 장만하면 가장 먼저 해야 하는 것이 썰매만들기다. 썰매가 있으면 일을 더 편하게, 안전하게 할 수 있다.

코로나 식판 12t 자작 합판으로 만든 코로나 식판. 핑거조인트로 짜맞춤을 했고, 6t 자작 합판을 받침으로 끼워 넣었다. 손잡이는 라우터로 파냈다. 부재가 작은 만큼 방심하면 사고로 이어진다.

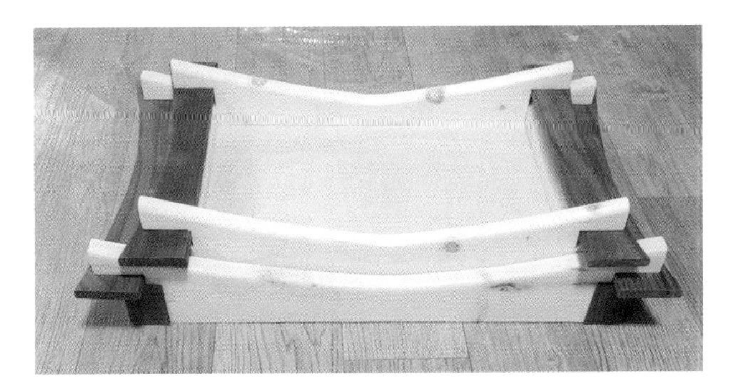

트레이 초보때 만들었던 트레이. 부재가 두꺼워서 볼품이 없다.

난장판 초보 시절 어느 날 작업실의 모습. 난장판이 따로 없다. "깨끗한 작업실이 안전한 작업실"이라는 말을 항상 마음에 새겨야 한다.

안전은 '관리'라는 단어와도 긴밀하게 연결되는 것 같다. 공구나 기계를 사용한다는 것은 그 도구에 대한 기본적인 정보나 지식을 충분히 습득한 다음 해야 할 일이다. 주변에서 기계를 장만하고 매뉴얼을 들춰보지도 않는 사람을 많이 봤다. 매뉴얼은 기계 자신의 능력과 한계를 솔직하게 고백하고 있는 진술서다. 기계를 잘 쓰기 위해서는 장비에 익숙해져야 하고, 매뉴얼은 이 친숙해지는 시간을 단축시켜 준다. 그런데 많은 사람들은 문제가 생기고 나서야 매뉴얼을 뒤적거린다. 공구를 사랑하라. 공구는 애정을 줄수록 안전과 성능으로 보답할 것이다. 녹슬지 않게 할 것이며, 사용후에는 WD-40이나 마른 수건으로 반드시 닦아주는 습관을 기르도록 하자. 군 시절 수송부에서 봤던 구호가 생각이 난다. "닦고, 조이고, 기름치자".

베란다건 개인 작업실이건, 혹은 공방이건 목공인들의 작업은 비슷한 환경에서 이뤄진다. 오래전에 'American woodwork-ing'이라는 미국 잡지를 읽다가 메모한 내용이 지금도 시사하는 바가 있는 것 같아 소개한다.

목공인이 지켜야 하는 몇 가지 규칙들

- **도움을 청하라** : 기계나 작업에 익숙하지 않다면 경험이 많은 사람에게 배우거나 도움을 받아라.
- **산만한 환경에서 작업하지 마라** : 개, 고양이 등 반려동물이나 어린이, 혹은 비목공인이 작업 공간에서 시간을 보낼 수 있다. 이런 상황에서 기계를 돌려서는 안된다.
- **작업에 맞는 장비를 이용하라** : 기계에게 용도에 맞지 않는 작업을 요구해서는 안된다. 기계에게 이런 일을 할 수 있냐고 물어본들 기계가 대답하겠는가.
- **요행을 바라지 마라** : 안전해 보이지 않는다면 아마 그럴 것이다. 다른 사람들이 그렇게 하더라도 본인이 위험하다 싶으면 하지 마라.
- **재료를 아끼느라 손가락을 잃는 위험을 무릅쓰지 마라** : 아까울 수 있겠지만 작업하기에 너무 작으면 버려라.
- **피곤하면 중단하라** : 같은 작업도 오래 반복하면 집중력이 떨어진다. 집중력이 떨어지면 실수하고, 실수는 부상으로 이어질 가능성이 높다.

이 밖에도 같은 맥락의 표현들이 있다.

"Clean room is safe room.(깨끗한 작업장이 안전한 작업장이다.)" 작업이 끝나면 반드시 청소하는 습관을 가져야 한다. 어지러운 환경에서 작업을 하다 보면 미끄러지고 부딪히고 넘어지고 다치는 일이 자주 생긴다. "Sharp tools are safe tools.(날카로운 도구가 안전한 도구다.)" 예리한 날물에는 베이지 않는다. 둔탁한 날에 힘을 쓴다. 대패이건, 끌이건 날이 날카로우면 조심해서 작업할 수 밖에 없다.

'Safety First!'.

소음과 먼지

목공은 소음과 먼지와의 끝없는 싸움이다. 예전에 한 공방에 다닐 때였다. 60평쯤 되는 좁지 않은 공간이었지만 그날따라 5명이 함께 작업을 했다. 한 사람은 테이블 쏘를 사용했고, 두 번째 사람은 수압대패를 썼다. 또 세 번째 사람은 벨트 샌더로 작은 부재를 샌딩했고, 네 번째 사람은 나무 망치로 끌을 때리며 장부 구멍을 파고 있었다. 나는 갖가지 장비들의 내는 소음과 희뿌연 한 먼지에 한순간 멍해지는 느낌이었다. 사람들은 귀마개에 마스크까지 끼고 열심히 작업을 했지만 나는 잠시 빠져 나와 밖에서 시간을 보냈다.

소음(Noise)은 생활에 장애나 고통을 주는, 바람직하지 않은 소리다. 한국산업안전보건공단의 '목공용 기계의 소음관리에 관한 기술 지침'은 작업자의 위치에서 목공 기계가 평균 85dB(데시벨) 이상의 소음을 발생시키는 곳을 '청력 보호 영역'으로 설정해야 한다고 규정하고 있다. 하지만 테이블 쏘, 라우터, 샌딩기, 밴드쏘, 자동-수압대패 등 목공방에서 늘 사용하는 이 기계들은 모두 85dB 이상의 소음을 발생시킨다. 공방에서 그날 내가 경험한 소음은 아마도 100dB이 훨씬 넘었을 것이다.

주택가에서 떨어진 비교적 호젓한 공방은 그렇다고 쳐도, 집에서 목공을 하는 취목의 입장에서는 늘 신경을 곤두세워야 하는 것이 이 소음이다. 집에서 목공을 하겠다고 마음먹은 취목이 있다고 치자. 열정은 높이 평가받아야 하겠지만 아파트에서 테이블 쏘 같은 목공기계를 돌릴 생각을 해서는 안된다. 기계를 둘 공간도 부족하지만, 소음과 분진을 감당할 수 없기 때문이다. 혹, 용기를 내서 테이블 쏘를 장만했다면 기계의 전원 스위치를 한번 올려보라. 옆집이나 경비실에서 여지없이 연락이 올 것이다. 주택이라도 시골의 외딴 집이 아니라면 사정은 마찬가지다.

목공 카페에는 "베란다에서 톱이나 끌 등 수공구 위주의 목공은 가능하지 않을까요?"하고 묻는 취목이 더러 있다. 나는 일단 시도해보라고 이야기하고 싶다. 아마 한동안은 문제가 없을 것이다. 옆집이나 아래 위층에 사람이 없는 대낮 시간대라면 톱질 정도는 가능할 수도 있다. 그렇지만 이 역시 오래 계속할 수는 없다. 톱질도 아무리 슬금슬금 한다고 해도 공명처럼 울려서 주위 사람들을 괴롭힌다. 저녁 무렵에는 그 소리가 더 크게 울려 퍼진다. 어떤 이는 소음을 줄인다고 창문에 비닐이나 뽁뽁이를 치고 다시 문풍지로 틈새를 없앤 뒤 테이블 쏘를 돌린다고 했다. 그러나 매번 창문을 닫고 작업을 할 수도 없는 일이거니와 좁은 공간에서의 먼지는 또 어떻게 할 것인가. 당연히 집진기를 물려서 작업하겠지만 테이블 쏘의 기계음에 집진기 소리까지 합쳐지면 그 소음은 비닐이나 문풍지로 해결될 문제가 아닌 것이다.

목공 기계는 공회전할 때보다 나무를 자르거나 깎을 때 소리가 더욱 커진다. 하드우드는 소프트우드에 비해 더 날카로운 소리가 난다. 밴드 쏘로 가공할 때 참나무(하드우드)와 소나무(소프트우드)는 2dB 정도 차이가 난다는 자료를 본 적도 있다. 무딘 날이나 손상된 날은 더 큰 소음을 만들어 낸다. 기계음보다 더 중요하게 생각해야 하는 것은 진동이다. 작업대나 기계 아래쪽에 방진 고무를 대면 그나마 소음을 줄일 수 있다고 한다.

층간 소음이 심각한 사회문제가 된 지 오래다. 국토교통부와 환경부가 마련한 층간소음의 범위와 기준을 한번 살펴보자. 뛰는 소리, 걷는 소리 등 직접 충격 소음은 주간(오전 6시~오후 10시)은 43~57dB. 야간(오후 10시~오전 6시)은 38~52dB까지이다. 1분간의 등가 소음도가 57dB(주간), 52dB(야간)를 넘지 않아야 한다는 뜻이다. TV, 라디오, 악기 등 공기전달 소음은 5분간 45dB(주간), 40dB(야간)이다. 이 기준을 넘어서면 층간소음으로 인정된다. 최고 소음도는 1시간에 3회 이상 초과시 법적 기준을 넘는 것으로 규정이 강화됐다. 그렇다면 목공 기계들은 어느 정도일까? 홈페이지에 자사 제품들의 소음도를 비교적 상세하고 적어놓고 있는 페스툴의 공구들을 한번 살펴보자. 충전 드릴 64~75dB, 라우터 82~93dB, 샌딩기 69~80dB, 직쏘 88~99dB, 테이블 쏘 90~103dB, 도미노 84~95dB, 전기 대패 87~98dB, 슬라이딩 마이터 쏘(각도절단기) 91~100dB로 나와 있다. 집에서 목공기계를 돌려서는 안되는 것이다.

일반적으로 취목들은 소음 문제를 대부분 이웃과의 관계로 한정해서 보는 경향이 있다. 하지만 더 중요한 것은 본인의 청력 보호다. 50대에 접어들면서 "귀가 잘 안 들린다"고 호소하는 선배나 동료가 여러 사람 있었다. 다른 사람의 얘기가 잘 들리지 않는 증상은 시간이 갈수록 점점 심해지고, 급기야 같은 나이의 친구는 한쪽 귀에 보청기를 끼고 있다고 털어놓았다. 목공과 전혀 상관없이 살아온 사람들이 이럴진대 허구 헌 날 테이블 쏘를 다루고 샌딩기를 돌리는 목공인들의 귀는 어떻게 되겠는가?

우리나라는 '산업 안전 보건기준에 관한 규칙'에서 하루 8시간 85dB 이상의 소음이 발생하는 작업을 '소음작업'으로 규정하고 있다(512조 1항). 2항에서는 '강렬한 소음작업'은 90dB이상 8시간, 95dB이상 4시간, 100dB이상 2시간, 105dB이상 1시간, 110dB이상 30분, 115dB이상 15분 넘게 발생하는 작업이라고 명시하고 있다. 이를 부연 설명하면 100dB 이상의 작업은 2시간 이상, 115dB 이상은 15분 넘게 계속하지 말라는 뜻이다. 이를 무

고글과 귀마개 눈을 보호하는 고글과 귀마개. 돋보기를 끼고 있어 고글은 잘 착용하지 않게 된다.

시하고 일을 계속했을 때는 영구적인 청력 손실(소음성 난청)로 이어질 수 있다는 경고인 것이다. 다시 산업안전보건공단의 '목공용 기계 소음관리 지침'을 참조해보자. 이 지침에서는 소음 레벨을 샌딩 머신 97dB, 대형 밴드 쏘 100dB, 휴대용 목재 가공 공구 101dB, 탁상용 톱 102dB, 라우터 103dB, 자동대패 104dB, 장부가공기 107dB라고 항목별로 적어두었다. 대부분의 목공기계들은 장시간 사용시 청력에 문제를 일으킬 수 있는 위험한 장비들인 것이다. 이어 플러그(ear plug)나 헤드폰처럼 쓰는 귀마개(ear muff)는 소음을 15~30dB 줄여준다. 테이블 쏘 등 기계를 다룰 때는 반드시 귀마개를 착용해야 한다.

모든 목공기계나 장비는 작업 과정에서 톱밥과 분진(미세먼지)을 발생시킨다. 자동대패, 수압대패에서는 비교적 큰 덩어리의 대팻밥이 나오는가 하면, 샌딩기는 미세 분말을 작업의 결과물로 토해낸다. 라우터나 트리머는 집진기와 연결된 상태라도 작업 후에는 시간을 들여 주변을 청소해야 한다. 슬라이딩 마이터 쏘(각도 절단기)와 드릴 프레스도 집진이 까다로운 장비들이다. 한번은 집진기가 고장난 줄도 모르고 테이블 쏘를 가동했던 적이 있는 데 마치 화염방사기처럼 톱밥을 얼굴 앞으로 뿜어내는 바람에 깜짝 놀랐던 적이 있다.

분진과 나뭇가루로 목공인을 가장 괴롭히는 장비는 목선반(lathe)이 으뜸이지 않을까 싶다. 선반에 수평으로 장착된 나무가 회전하고, 칼을 갖다 대면 나뭇가루가 산지사방에서 춤을 춘다. 더운 여름날, 귀마개와 마스크에 안면 보호구, 앞치마까지 두른 상태에서 작업을 하면 몸은 금방 땀범벅이 된다. 눈에 보이는 주

집진기 페스툴 집진기. 도미노와 샌딩기 등 작은 공구들의 집진에 탁월한 성능을 보여준다. 비싸다.

변의 톱밥이나 대팻밥은 빗자루로 쓸고 치울 수나 있지만, 공중에 떠 있는 나무 미세먼지는 집진기나 환풍기 등 기계의 도움으로 해결해야 한다.

당신이 만약 젊고, 건강하고, 이제 막 목공에 입문한 사람이라면 집진은 아직 관심 영역 밖의 일일 수도 있다. 작업장의 청결 상태나 내 건강을 신경쓰기에 앞서 어떤 것을 어떤 나무를 써서 어떻게 만들까에 온통 관심이 쏠려있을 것이다. 집진기 보다는 직쏘나 샌딩기나 테이블 쏘가 더 눈에 아른거릴 수 밖에 없다. 집진은 목공과 함께 하는 시간이 어느 정도 흘러야 맞닥뜨리고, 그 중요성과 심각성을 깨닫게 되는 '불편한 진실'인 것이다.

나 역시 목공을 시작한 지 2년쯤 후에야 집진기의 필요성을 느꼈다. 집에서 사용하지 않는 구식 청소기에 목공 카페에서 구입한 사이클론(cyclone)과 집진통을 연결시켜 얼추 흉내를 냈다. 목공기계에서 발생한 크고 무거운 먼지는 사이클론을 통해 집진통에 먼저 떨어지고 미세한 가루와 먼지만 청소기 필터로 빨려 들어가는 구조였다. 집진과정에서 나뭇가루는 거의 집진통에 모이니 청소하기도 훨씬 쉬웠다. 그러나 얼마 지나지 않아 청소기를 틀면 사이클론과 연결된 플라스틱 통이 찌그러지면서 집진이 제대로 안되는 것이었다. 싼 게 비지떡인지, 내 자작 실력의 한계인지. 하여튼 곧바로 마끼다 VC2510L이라는 모델의 목공용 집진기를 구입할 수 밖에 없었다.

내 집진기는 여기서 한 단계 더 업그레이드 한다. 마끼다 집진기를 팔고 페스툴 집진기로 갈아탄다. 가격은 두 배이상 비쌌지만 최고의 제품인 만큼 이제 집진은 더 이상 신경 쓸 일이 없겠지 하는 기대감이 반영된 구매였다. 페스툴 집진기는 역시 이름값을 했다. 그렇지만 장비들이 계속 늘어가면서 집진은 점점 부담으로 다가왔다. 가장 성가신 일은 장비들의 집진구 사이즈가 다 다르다는 것. 트리머와 벨트샌더, 테이블 쏘, 수압-자동대패 등 기계를 쓸 때마다 별도의 연결 호스를 장착해야 했다. 게

첫 집진기 보쉬 테이블 쏘와 함께 사용했던 마끼다 집진기.

다가 한 번에 엄청난 대팻밥을 토해내는 수압-자동대패를 집진하기에는 페스툴 청소기도 역부족이었다. 개인 작업실을 얻고, 테이블 쏘를 새로 들이면서 결국 3마력짜리 중국제 집진기를 함께 장만했다. 그런데 이 집진기는 또 소리가 얼마나 큰지. 테이블 쏘와 함께 한 번씩 작동을 시킬 때마다 기계 소리에 머리가 지끈거릴 정도다. 합판으로 집진기 박스를 만들 생각도 했으나 게으른 탓에 아직도 미적거리고 있다. 집진은 내게 큰 숙제다.

취목의 경우, 먼지가 문제 되는 것은 손으로 샌딩을 할 때다. 샌딩은 80방, 120방, 220방, 400방 등 사포의 방수를 바꿔가며 여러 번 하게 된다. 샌딩을 계속할수록 손과 옷소매, 머리카락에 내려앉는 나무 먼지의 양은 많아지게 된다. 먼지의 큰 입자는 우리 몸의 코에서 일차적으로 걸러지고, 기관지의 점액질에 들러붙어 가래의 형태로 뱉어내게 된다. 문제는 기관지를 통과한 녀석들. 이 미세먼지 입자들은 허파꽈리에 들러붙어 폐 기능을 저하시키고, 경우에 따라서는 피부염이나 암을 유발한다고 한다. 오랜 기간 지속적으로 나무를 만지는 직업 목공인들과는 달리 일주일에 한두 번 샌딩을 하는 취목의 입장에서는 나무 먼지가 크게 문제될 것이 없다고도 할 수 있다. 하지만 샌딩을 할 때나 목공기계를 다룰 때는 꼭 마스크를 쓰고 작업하는 습관을 갖도록 하자.

3마력 집진기 쏘스탑 테이블 쏘와 함께 들여온 중국제 3마력 집진기. 집진 능력은 무난하지만 소리가 너무 크다.

집 근처에서 목공을 할 공방을 고를 때에도 집진설비가 어느 정도 갖춰져 있는지 따져봐야 한다. 집진기가 기계마다 연결돼 있고, 공중에 떠 있는 미세먼지를 처리할 환풍기나 공기청정기가 설치된 공방이면 시설면에서는 일단 합격인 셈이다. 나무먼지는 모터나 베어링에도 달라붙어 목공기계의 수명에 영향을 미친다. 공방장이 건강에 신경을 쓰는 사람이라면 집진 시설을 허수룩하게 하지 않는 법이다.

작업대

공구를 장만해서 뭘 만들다 보면 작업대(work bench)가 있어야겠다는 생각이 절로 든다. 톱이나 끌을 쓸 때도 그렇고, 나사못을 하나 박더라도 나무를 올려놓고 일을 할 수 있는 받침대 말이다. 나무궤짝이나 파레트를 임시방편으로 쓸 수도 있지만 목공을 계속하겠다면 작업대를 갖출 수 밖에 없다. 목공 작업대는 기성품도 여러 종류가 있다. 2~3만원짜리부터 비싼 것은 몇 백 만원 씩 하는 것도 있다. 그러나 기왕 목공을 시작했다면 자기 스타일이나 형편에 맞는 작업대를 하나 만들어 보는 것도 좋은 공부가 된다.

작업대를 만들 당시 나는 공방에 다니긴 했지만 테이블 쏘에 갓 입문한 초보였다. 다행히 집 아래층 공간이 조금 여유가 있어서 '맨 땅에 헤딩'을 시작했다. 인터넷을 뒤지던 중 Fine-woodworking이라는 미국 잡지 홈페이지에서 마음에 드는 작업대를 발견했다. 'Simple Sturdy Workbench(간단하고 튼튼한 작업대)'라는 제목의 작업대. 가로 1m60㎝, 세로 60㎝, 높이 85㎝로 크기도 적당했다. 홈페이지에 있는 동영상을 몇 번씩 보고 도면

첫 작업대 초보때 미국 잡지 FineWoodworking과 이 회사 홈페이지에 올려놓은 영상을 보고 따라 만든 첫 작업대.

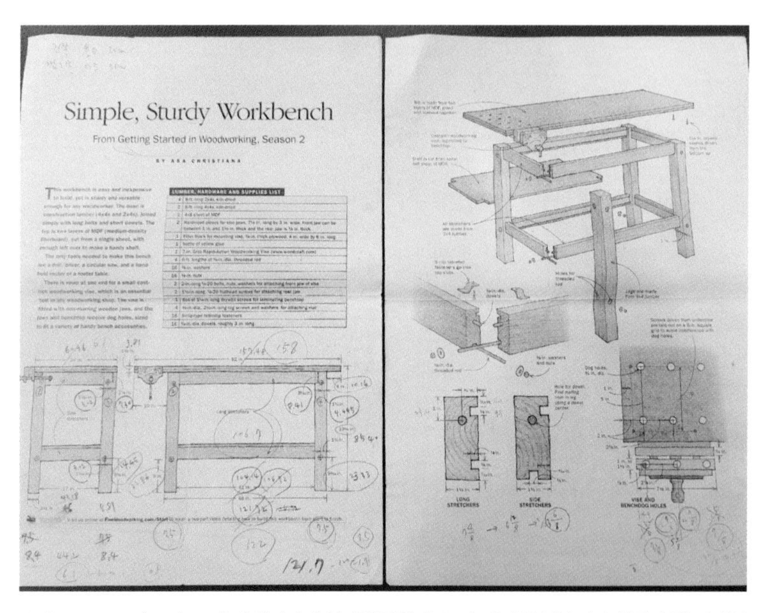

Simple, Sturdy Workbench

From Getting Started in Woodworking, Season 2

도면 FineWoodworking 홈페이지에서 인쇄한 작업대 도면. 세세한 부분까지 설명이 잘 되어있어 쉽게 따라 만들 수 있었다.

도 다운을 받았다. 무료였다.

작업대 제작에 필요한 재료를 마련하는 일은 별로 어렵지 않았다. 집 근처 건재상에서 구조목 2×4(38×89㎜) 몇 개와 18t MDF 원장(1220×2440㎜) 1장을 사서 재단비를 주고 잘라서 차에 싣고 왔다. 구조목은 길이가 3m60㎝이니 두 토막을 냈다. 작업대의 상판이 될 MDF는 길이 방향으로 1m60㎝을 자른 뒤 다시 60㎝ 폭으로 켜서 두 개를 만들었다.

이 작업대를 만들려면 구조목이나 MDF도 필요하지만 전산 볼트(full threaded bolt)라는 자재도 구해야 한다. 전산 볼트는 머

평촌 작업실 새 작업실을 얻어 큰 작업대를 만들었다. 디월트 테이블 쏘를 작업대 속에 파묻어 일하기가 편해졌다.

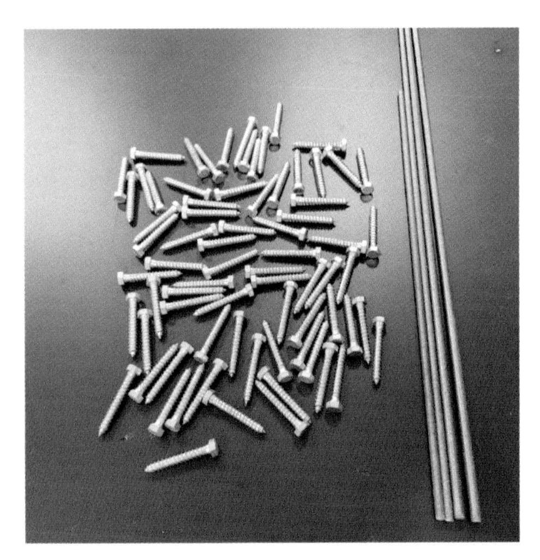

전산볼트 래그 스크류(왼쪽)와 전산 볼트. 래그 스크류는 일반 나사못보다 훨씬 굵다. 전산 볼트는 스테인리스강(녹이 잘 슬지 않게 만든 합금강, 일명 스텐) 재질이 비싸지만 철 제품에 비해 훨씬 야무지다.

리가 없이 몸 전체에 나사산이 나 있는 쇠꼬챙이다. 천장에 조명을 설치할 때나 간판을 달 때 많이 쓰인다. 나사산이 부분적으로 나 있는 것은 '각산 볼트'라고 불린다. 웬만한 철물점에서는 대부분 전산 볼트를 비치하고 있다. 가격도 그리 비싸지 않다. 나는 구경도 할 겸 해서 서울 구로동 공구상가를 찾아가서 2m짜리 4개를 사고 역시 재단비를 주고 잘라왔다. 너트와 와샤도 필요한 만큼 함께 구입했다. 지금은 전산 볼트를 쇠톱으로 직접 자르고 단면은 줄로 다듬는다. 그라인더를 사용하면 쉽게 자를 수 있다. 하여튼 이 무렵에는 아는 것도 없었고, 작업 공구도 없었다. 하지만 모든 것이 처음이었던 만큼 신기하고, 재미있었다.

다운을 받은 작업대 도면의 치수는 전부 인치(inch)였지만 이것을 모두 센티미터(㎝)로 환산했다. 인터넷에는 단위 환산표를 쉽게 구할 수 있다. 다리는 85㎝로 자른 구조목 2개를 목심을 박고 본드를 발라 한 덩어리로 만들었다. 집성하는 수고나 시간을 아낄려면 75㎜나 90㎜ 각재를 사서 잘라 쓰면 되는 데 그때는 그런 것도 몰랐다.

도면속의 전산 볼트는 굵기가 8분의 3인치(약 9.5㎝)다. 공구상가에서는 '삼부'를 달라고 해야 알아들었다. 작업대는 다리의 아래 위 프레임에 라우터나 트리머로 8분의 3인치 홈을 파서 전산 볼트를 끼우도록 되어있다. 하지만 8분의 3인치짜리 비트가 없는 관계로 트리머에 10㎜짜리 날을 끼워 세 번에 걸쳐 조금씩 파냈다. 이렇게 해도 전산 볼트를 심는 데는 아무 문제가 없었다. 바이스(vise)는 쇠로 된 7인치짜리 묵직한 놈으로 구했다. 작업대 상판에 바이스를 달려는 데 쇠에 뚫린 나사못 구멍이 일반 나사못 구멍보다 훨씬 컸다. 바이스의 사이즈에 따라 나사못의 굵기와 길이가 달라지니 정확히 알고 주문해야 한다.

이 용도로 쓰이는 굵은 나사못이 래그 스크류(lag screw)다. 우리 말로는 육각 머리 목재용 스크류다. 그러나 철물점에 가서 '래그 스크류'를 달라고 하면 대부분 못 알아듣는다. 육각 머리 어쩌고 해도 고개를 갸웃거리기는 마찬가지다. 샘플을 갖고 갔다면 간단한 일이지만 초보가 실물이 있을 리 있나. 어렵게 어렵게 설명하고 나서야 철물점 아저씨가 알아듣고 한마디 한다. '고지 스크류'. 사전을 찾아보니 lag는 오크(oak) 등으로 위스키 배럴(술통)을 만드는 폭이 좁고 긴 판자를 말하고, 래그 스크류는 이때 사용하는 나사못이라고 되어있다. 영국에서는 이 래그 스크류를 또 '코치 스크류(coach screw)'라고 부르고, 이것의 일본식 이름이 고지 스크류다. 실컷 검색을 해서 알아낸 명칭이 공구가게나 철물점에서 통하지 않을 때가 많다. 교과서에 나오는 이름과 현장에서 쓰는 용어가 다르기 때문이다. 그런데 문제는 현장 언어들이 대부분 일본식 표현이라는 점이다. 다루끼(각재), 기리(드릴 날), 사이(才, 목재 부피 단위), 아시바(비계 발판)…. 이제는 이런 용어들을 우리말로 정리할 때가 됐는데….

작업대를 완성하고 나니 뿌듯한 느낌이 밀려왔다. 만드는 동안 트리머나 테이블 쏘를 사용하면서 목공의 재미에 눈을 떴다. 1년쯤 지나서는 대패질을 해도 밀리지 않도록 서랍이 3개 달린 수납 박스를 짜 넣어 작업대의 하체를 보강했다. 묵직해서 두 사람이 들기에도 벅찰 정도다. 미국의 한 목공 칼럼니스트는 "좋은 작업대는 당신이 후회하지 않을 최고의 투자"라고 썼다. 또 다른 사람은 "작업대는 작업실의 심장"이라고도 했다. 나는 목공을 시작하는 사람들에게는 이 작업대를 만들어 보라고 추천한다.

2021년, 평촌에 작업 공간을 마련한 뒤 또 다른 작업대를 만들었다. 목공방이라는 이름을 붙이기는 멋쩍지만 5평 남짓의 타운하우스 작업실에 비해서는 꽤 넉넉한 공간이었다. 작업대를 다시 만들게 된 것은 두 가지 이유에서였다. 첫 번째는 기존 작업대가 조금 더 컸으면 하는 아쉬움이 있었다. 두 번째는 당시 사용했던 테이블 쏘가 포터블이다 보니 작업때 흔들리기도 하고 안정성이 없었다. 작업대를 크게 만들면서 한 쪽 모서리에 테이블 쏘를 장착했다. 서랍도 큼지막하게 만들고, 빈 자리에는 원형톱과 컴프레셔, 직쏘 같은 공구들을 집어넣었다. 지름 10㎝의 바퀴도 6개를 달아 편하게 밀고 다닐 수 있게 했다. 작업실을 새로 얻게 되니 할 일이 많았다. 벽 쪽에 놓을 선반도 필요했고, 공구들을 걸 수 있게 제 3의 작업대도 만들어야 했다. 역시 건재상에서 구조목과 합판, MDF를 샀다. 그러나 코로나가 위세를 떨칠 때여서 그런지 2×4 구조목 가격이 예전의 두 배였다. 다른 자재들도 비슷했다. "나무 값이 비싸서 애로사항이 많구만." 탄식

이 절로 나왔다.

두 번째로 만든 작업대는 테이블 쏘를 쏘스탑으로 바꾸면서 다시 손을 봐야 했다. 디월트 745가 놓여있던 그 자리에 상판을 만들어 덮어줬다. 만들고, 뜯어내고, 다시 만들고…. 이런 일이 한두 번이 아니다. 취목이 얼마나 바쁜 지 경험해보지 않으면 모를 것이다.

목슨 바이스와 보조 작업대

작업대는 부엌 주방으로 치면 싱크대나 마찬가지다. 톱이나 끌, 대패질은 당연하고, 트리머나 직쏘 등 전동공구를 사용할 때도 늘 작업대 위에서 한다. 조립하고 마감을 하는 것도 모두 이 공간 위에서다. 한때 국내 목공 동호인들사이에서 '럭셔리(luxury) 작업대' 만들기 바람이 분 적 있다. 체리나 메이플 등 하드우드를 두껍게 켠 뒤 집성해서 큰 상판을 만들고, 360도 회전이 되는 바이스를 붙이는 등 각자 다양한 스타일로 자신의 솜씨를 뽐내곤 했다. 묵직한 무게감에 오일을 몇 번씩 칠해서 번쩍이는 작업대를 보면 부럽기도 했다. 고수들의 작업대는 그렇다 치고, 시간이 지나도 초보 딱지가 떼어지지 않는 입장에서는 발품을 팔아 만든 내 작업대만 해도 감지덕지했다. 그러나 긴 판재를 대패질하거나 도미노 작업을 할라치면 작업대의 7인치짜리 바이스로는 한계가 있었다.

목슨 바이스(Moxon vice)는 길이 60~70㎝의 두툼한 나무 2개로 작업물을 고정시키는 장비다. 1678년 Joseph Moxon이란 사람이 쓴 최초의 영어 목공책 'Mechanick Exercises'에서 소개돼 오늘날 '목슨 바이스'라는 이름이 붙었다고 한다. 당시 나무로 만들어졌던 이 바이스는 오늘날 판재 양쪽에 나사산이 나 있는 쇠 봉을 끼우고 핸들(혹은 휠)을 달아서 작업성이 훨씬 좋아졌다. 목슨 바이스는 톱과 끌 등 수공구로 도브테일 작업, 짜맞춤을 할 때 특히 유용하게 쓰인다.

나는 한 목공 카페에서 공동구매를 하길래 목슨 바이스 철물을 5만원쯤 주고 구입했다. 만드는 방법은 인터넷이나 유튜브에 많이 나와 있어 어렵지 않았다. 12t 자작 합판을 몇 장 집성해서 바이스 몸체 2개를 만들고, 끌로 육각너트를 뒷 판에 심었다. 너트가 움직이지 않도록 에폭시(epoxy) 작업도 병행했다. 덩치가 있는 만큼 필요할 때만 작업대에 올려서 사용한다. 만들고 나니 기존 작업대를 더 다양하게 활용할 수 있어 일이 많이 편해졌다. 이런 기분은 목공을 하면서 맛보는 소소한 행복이다.

목슨 바이스와 함께 보조 작업대도 만들었다. 이 보조 작업대는 예전에 다니던 공방의 작업대가 조금 낮은 데다 클램프로 작업물을 물리는 작은 구멍(dog hole)도 없어서 만든 것이다. 도그 홀이 있는 작업대와 없는 것은 효율 측면에서 비교가 되지 않는다.

보조 작업대는 싱크대 상판을 주워서 재활용했다. 가로 80㎝, 세로 55㎝. 상판에 10㎝ 간격으로 지름 20㎜ 구멍을 뚫었다. MDF 상판이 처질 수도 있어 45㎜ 각재 2개를 아래 쪽에 받쳐주고, 고무 발도 달았다. 기존 작업대에 올려놓기에도 사이즈가 적당하다. 목슨 바이스와 보조 작업대는 지금도 잘 사용하고 있다.

빨강 노랑 작업대 작업실이 넓어져서 간이 작업대도 두 개 더 만들었다. 공구들을 눈에 보이는 곳에 걸어두니 찾느라 시간을 허비할 일도 없어졌다.

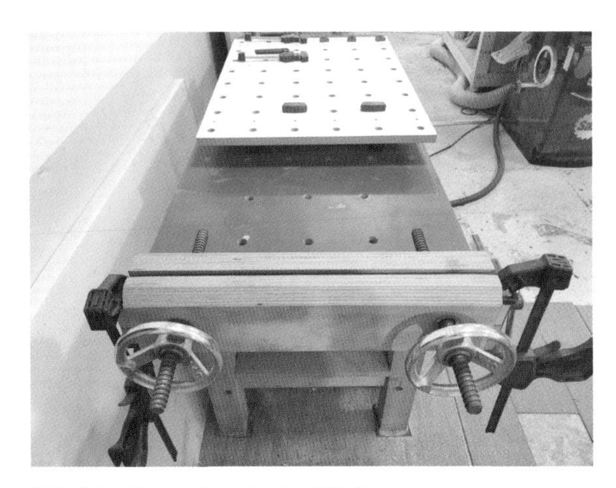

목손 바이스 목손 바이스(앞)와 보조 작업대.

도마

도마(cutting board)를 만들면서 목공에 입문하는 사람들이 많은 것 같다. 목공을 시작하고 얼마 되지 않아서 만드는 것이 도마이기도 하다. 도마를 만들기란 그렇게 어렵지 않다. 아니, 어려워 보이지 않는다고 해야 맞는 말일 것이다. 직사각형이나 원형 등 형태도 단순하다. 손잡이도 적당한 모양으로 만들어서 직쏘나 밴드쏘로 따내면 된다. 손잡이 만들기가 귀찮으면 드릴 프레스로 손가락 들어갈 크기의 작은 구멍 하나를 뚫어주면 끝이다.

과연 이렇게 쉬울까? 처음부터 한번 차근차근 짚어보자. 우선 나무. 어떤 나무를 쓸 것인가? 구조목이나 합판, 방부목은 당연히 논외다. 예전에 울산에서 플랜트회사를 운영했던 친구와 나눈 대화를 소개한다. "큰 기계를 수입했는데 하루는 직원들이 너도나도 그 기계를 포장한 나무판재를 톱으로 자르고 있더라. 뭐 할 거냐고 물어보니 나무가 두껍고 폭도 적당해서 도마를 만들어 집에 갖고 갈거라고 했다. 그런 나무를 써도 되나?" 나는 안된다고 했다. 우선 그 나무는 야적과 운송과정에서 오염이 됐을 수도 있고, 방부목처럼 약품 처리를 했을 수도 있다. 만에 하나 속이 깨끗하다고 해도 포장재로 쓰는 나무는 값싼 소나무 계열일 가능성이 높은 데 송진도 나오고, 건조가 제대로 되어 있지 않아 금새 뒤틀릴 것이라고 했다. 너 같으면 파레트를 분해해서 도마로 만들어 쓰겠냐고 반문하기도 했다.

도마는 사실 어떤 나무로도 만들 수 있다. 전통적으로는 주변에서 구하기 쉬운 감나무나 느티나무를 많이 썼다. 편백도 훌륭한 소재다. 요즘같이 외국 나무를 더 쉽게 구할 수 있는 상황에서는 월넛이나 캄포, 체리, 메이플, 비치 등으로 도마를 많이 만들고 있다. 다만 대형 마트나 다이소 같은 곳에서 파는 대나무 집성 도마는 쓰지 말라고 말리고 싶다. 그럴싸한 포장속의 도마는 표면도 매끈하고 값도 싼 데 왜 그러냐고 반문할 수도 있다. 중국에서 만드는 대나무 도마의 제작과정을 영상으로 한번 본 적이 있다. 화면속의 작업자들은 대나무를 세로로 잘게 쪼갠 뒤 거대한 콘크리트 수조에 집어넣었다. 거의 풀장 크기의 이 통에는 녹색 대나무를 탈색시키는 화공약품이 들어있었다. 뽀얀 색깔로 변한 대나무들은 다시 같은 크기의 다른 콘크리트 박스에 들어갔다. 이 통에는 본드. 이렇게 본드가 줄줄 흐르는 대나무 조각들이 집성과 마감 공정을 거쳐 상품으로 출고되는 것이다. 표면이 깨끗하다지만 도마에서 칼질을 하면 그 본드들은 어디로 가겠는가? 같은 이유로 나는 플라스틱 도마도 가급적 사용하지 말라고 주변에 이야기한다.

나무를 구하는 것은 인터넷에 조금 발품을 팔면 어렵지 않다. 도마용 나무는 대부분 두께가 20㎜ 언저리다. 일식집이나 횟집의 대형 도마같은 것은 두께가 더 두꺼워야 하겠지만 가정집 도마로는 20㎜ 정도면 충분하다. 왜 조금 더 두꺼운 나무는 없을까 하는 의문이 들 법하다. 통나무를 켜서 제재목을 만들 때 가장 많이 만들어 내는 두께가 1인치(25.4㎜)다. 도마용 나무를 파는 곳에서는 이 제재목을 손질해서 소매용으로 내놓는 것이다. 가정용 도마의 크기는 세로 25㎝, 가로 35~40㎝가 무난한 것 같다. 이 정도 사이즈 나무는 구하기가 쉽지 않다. 대부분 길이는 괜찮지만 문제는 폭. 도마의 폭이 25㎝가 나올려면 나무 양 끝이

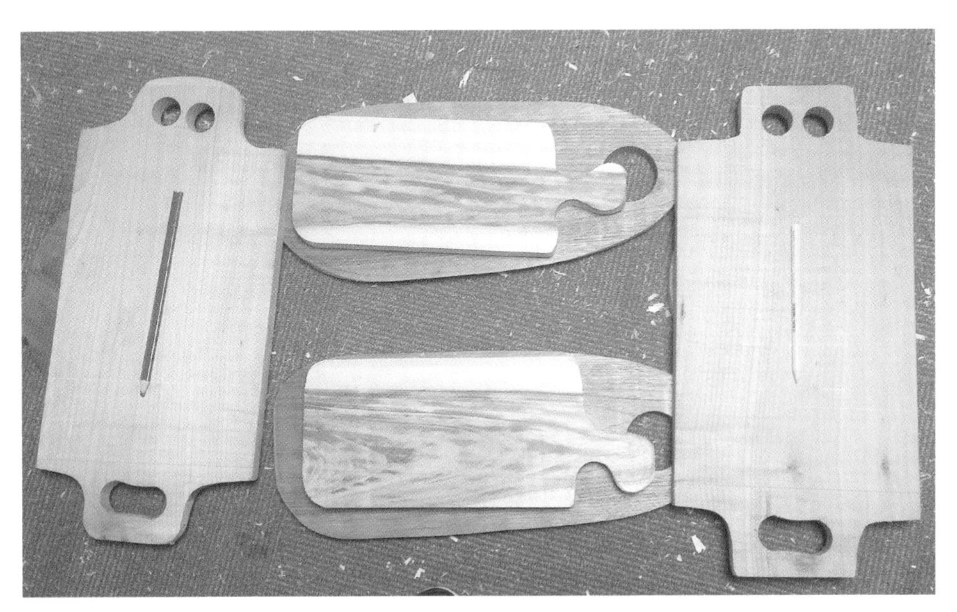

초보 때 만든 도마들 메이플과 캄포, 월넛을 사용해서 처음으로 만들었던 도마들.

캄포 도마들 선물로 준비한 캄포 도마들. 손잡이 구멍 때문에 오히려 불편하다는 얘기를 들었다.

색동 도마 월넛과 체리, 메이플을 집성해서 만든 색동 도마. 색이 짙은 월넛과 체리를 안쪽에 배치하고 메이플을 크게 쓰는 쪽이 보기가 더 좋은 것 같다.

27~28㎝가 되어야 한다. 나무에 따라 가격이 다르지만 이 정도 크기는 2~3만원 이상 줘야 살 수 있다. 돈을 아끼기 위해 긴 제재목을 사서 도마용으로 자른다고 해도 2m에 5개가 나오는 것은 아니다. 나무 끝이 갈라져 있고, 옹이가 빠져있기도 해서 3개 이상 나오면 양호한 편이다. 도마용 나무 가격에는 이런 비용이 숨어있다. 폭이 좁은 나무로는 빵 도마, 와인을 마실 때 치즈 등을 올려놓을 안주 디쉬(dish) 등을 만드는 것도 방법이다.

다음은 가공이다. 모서리의 날카로운 부분을 다듬고 양쪽을 샌딩한 뒤 도마용 오일을 바르면 끝이다. 대부분 어느 정도는 거친 부분이 잡혀있지만 내 경우 보통 120방, 220방, 400방의 순서로 샌딩한다. 그리고 하워드(Howard) 커팅보드 오일이나 왓코(Watco) 부처블락 오일을 3회 이상 바른다. 둘 다 미국 FDA(식품의약국)의 인증을 받은 식기류 무독성 마감재다. 오일을 바를 때 첫 번째는 면포에 오일을 찍어서 나무가 충분히 흡수할 수 있도록 넉넉히 발라준다. 나무의 결방향으로 바르는 것이 요령이다. 20~30분후에는 깨끗한 면포로 나무가 뱉어낸 오일을 닦는다. 이런 후에 오일이 마르기를 기다려서 다시 쓱 문지르는 느낌으로 손 샌딩을 해주고 두 번째, 세 번째 칠을 한다. 오일이 마르는 데는 계절에 따라 다르지만 보통 하루 이상 지난 뒤 다시 작업을 한다. 칠하고 닦아내고 말리고 샌딩하고 다시 칠하고. 간단한 도마 하나 만드는 데도 이렇게 손이 많이 간다. 가족 혹은 지인이 매일 쓰는 도마에 이 정도 정성은 들어가야 하지 않겠는가. 나는 두 오일 중에서도 왓코 부처블락 오일을 선호하는 편이다. 하워드 오일은 '무색 무취의 100% 미네랄 오일'이라고 광고하지만 바르면 나무가 조금 어두워지는 느낌을 받는다. 왓코 제품은 적당히 윤기가 흘러 결과물이 더 나아 보인다. 하지만 왓코는 점성이 강한 탓인지 한번 뚜껑을 열면 금새 막이 생기고 오일이 굳어지는 단점이 있다. 그래서 도마를 만들 필요가 있을 때는 한꺼번에 몰아서 10개 이상씩 만들곤 한다. 취목 초보때 주위에서 도마를 만들고 콩기름이나 식용유를 발랐다는 얘기를 듣곤 했는데 이 방법은 말리고 싶다. 기름이 산패돼서 찌든 내가 날 수 있기 때문이다. 도마를 만들면서 가장 어려운 일은 나무의 휘어짐이다. 처음 받았을 때는 멀쩡했는데 보름쯤 지나니 나무가 뒤

뚱거릴 수 있다. 건조의 문제로 이때는 평을 잡는 것 외에는 방법이 없다. 취목이 손대패로 뒤틀린 나무를 평평하게 만들기는 어려운 일이다. 주변 공방에서 수압대패나 평잡이 지그를 장착한 라우터의 도움을 청할 수 밖에 없다. 나무가 처음보다 얇아지는 것은 어쩔 수 없는 일이다.

도마 스타일에는 취향이 다를 수가 있다. 맨 처음 도마를 만든다고 했을 때 아내는 '유럽식 도마'가 좋아보인다고 했다. 포기 김치같은 것을 자르면 싱크대 위로 국물이 흘러 다시 닦아야 하니 홈이 있으면 편할 것 같다는 얘기였다. 유럽식 도마란 가장자리를 따라 홈이 파진 도마를 말하는 것이었다. 당시는 기술이 부족해서 엄두가 나지 않았으나 작정을 하니 별로 어렵지 않아 보였다. 유튜브를 검색해서 'juicy groove jig'를 만들고, 둥근 홈을 파는 라우터 비트를 구입했다. 'juicy groove jig'는 '국물 홈 파는 지그'쯤으로 번역하면 될까? 우리 말이 어색하다. 이때 만든 도마의 재료는 메이플과 체리. 지그를 따라 라우터를 조심스럽게 돌렸으나 코너 부분에 시커멓게 탄 자국이 생겼다. 손잡이까지 애써 라우팅을 해서 흉내는 비슷하게 냈는 데 좁은 부분 모서리의 상처는 잘 없어지지 않았다.

유럽식 도마를 10여개 만들었는 데 선물용으로 또 몇 개를 더 만들 일이 생겼다. 이번에는 색동 도마라고 이름을 붙였다. 메이플을 메인으로 하고, 월넛과 체리를 얇게 켜서 집성했다. 집성을 해서 나무 색깔로 자연스럽게 액센트를 준 만큼 다른 작업은 일체 하지 않았다. 라우터로 모서리를 둥글게 따고 날카로운 부분만 뭉그렸다. 무난하게 만들어진 것 같아 내심 흡족했다. 마

도마 가장자리를 따라 홈을 판 도마. 밝은 색이 메이플, 진한 쪽이 체리다.

도마 지그 지그(juicy groove jig)를 장착해서 라우터로 홈을 파고 있다. 지그는 쉽게 만들 수 있다.

구리면을 수직으로 배치해 기하학적인 무늬를 만들어내는 '앤드 그레인 도마'는 아직 도전해보지 못했다.

나는 개인적으로 편백 도마를 가장 선호한다. 손잡이도 없고, 구멍도 없고, juicy groove도 없는 가장 심플한 직사각형 스타일. 물론 오일도 바르지 않는다. 작업하기도 쉽고, 쓰다가 칼자국이 많이 생기면 다시 샌딩을 해서 새 도마처럼 만들 수 있기 때문이다. 사용하는 사람도 가볍고, 적당히 물러서 칼질하는 손목에 부담이 가지 않아 좋다고 한다. 또, 물에 닿으면 풍겨나오는 편백 향에 기분이 상쾌해진다고 했다.

도마를 만들면서 사용한 하드우드들은 모두 '태영팀버'라는 곳에서 구입했다. 인천 북항의 목재단지에는 규모가 큰 나무회사들이 많은 데 그중의 한 곳이다. 애쉬 탄화목을 구입할 때 작가 후배한테 소개를 받았는데 소량 구매에도 직원분들이 친절해서 하드우드가 필요할 때면 가끔 들르곤 한다. 트럭 몇 대씩 나무들이 번들로 실려나가는 회사에 달랑 몇 토막 구입하는 것이 미안했지만 그분들은 취목이 찾아오는 일이 흔치 않아 오히려 반가운 모양이었다. 2m가 넘는 제재목들을 구해오면 나무를 손질하는 것이 일이다. 폭은 10㎝부터 30㎝가 넘는 놈까지 제각각. 긴 나무의 양쪽을 직선으로 잘라내고, 수압대패와 자동대패로 필요한 두께를 만든다. 그리고는 다시 드럼 샌더에 넣고 한두 번 거칠게 샌딩한 뒤 용도에 따라 필요한 만큼 잘라낸다. 길이 40㎝ 정도로 자른 나무들은 다시 샌딩기로 400방까지 손질한다. 그리고 집성하기. 이제부터가 본격적인 도마만들기인 셈이다.

구조목 의자

목공에 빠져들면 자꾸 뭘 만들고 싶어진다. '살까, 만들까' 잠깐 망설이기도 하지만 취목의 선택은 늘 후자쪽이다. 마당이나 베란다, 현관에 놓을 의자만 해도 그렇다. 컴퓨터 자판과 마우스를 몇 번 움직이면 비싸지 않고 그럭저럭 마음에 드는 플라스틱 의자를 쉽게 구할 수 있다. 그런데 왜 나무를 구해서 자르고, 못을 박고, 샌딩하고, 칠하는 고생을 마다하지 않을까? 아마 재미나 성취감 때문일 것이다. 어떤 이는 이를 두고 목공 중독 초기 증상이라고 했다.

작업실에 놓을 의자 2개를 만들고 싶었다. 의자는 사실 초보가 도전하기에는 꽤 난이도가 있는 작업이다. 앉기 편해야 하고, 안정적이고, 어느 정도 모양새도 갖춰야 한다. 앉는 사람의 하중을 버틸 수 있는 튼튼한 체결은 필수이고, 등받이나 다리에도 각도를 줘야 한다. 덩치에 비해 많은 곡선이 요구되는 것이 의자이기도 하다. 하지만 '목공 지능'이 부족할 때야 이런 것들을 따질 겨를이 없다. 곡선은 생략한다. 구조는 간단하게, 짜맞춤은 나사못으로 대신한다. 일단 시작하고 본다.

우선 어떤 모양의 의자를 만들 것인가를 결정해야 한다. Pinterest라는 앱에 들어가서 chair나 stool이라는 단어로 검색하면 다양한 디자인의 의자 수십, 수백 개를 보여준다. 국내외 목수들의 블로그나 유튜브, 외국 목공 잡지 등 다른 방법도 있겠지만 내 경우 늘 Pinterest를 이용한다. 디자인의 선택은 장비와 기술, 그리고 비용 등 여러 가지 조건을 따져봐야 한다. 목공 초보라면 사용할 수 있는 장비가 제한적일 수 밖에 없다. 드릴

이야 있을 것이고, 자르기는 톱이나 직쏘로 해결한다. 사실 의자 다리 네 개를 같은 크기로 자르는 것도 쉬운 일은 아니다. 크기야 어찌어찌 맞춘다고 치자. 하지만 자른 면의 네 귀퉁이 세 방향을 모두 90도로 재단하기가 쉽지 않다. 또 의자의 특성상 다리에 5~10도의 경사를 줘야 하는 데 톱이나 직쏘는 한계가 있을 수 밖에 없다. 그러나 공방을 다니지도 않고, 테이블 쏘가 없다면 가지고 있는 장비를 써야지 어쩌겠는가? 이 대신 잇몸으로 대신할 수 밖에.

Pinterest를 보면서 또 생각한다. 집성판이나 구조목 등 한 종류의 나무로만 만들 수는 없을까? 비용 문제다. 인터넷 재단 서비스를 받아서 종류별로 살 수도 있지만 그렇게 하고 싶지 않다. 비싸기도 하거니와 목공하는 의미가 없어지기 때문이다. 집 근처 건재상에서 살 수 있는 소나무 계열의 집성판은 가로세로 1220×2440㎜, 구조목도 두께에 상관없이 길이는 3,600㎜다. 승용차에는 실을 수가 없으니 한 컷당 돈을 주고 잘라와야 한다. 집성판은 원장, 구조목은 개수로 팔기 때문에 어쩔 수 없다.

시간을 꽤 들여서 Pinterest를 검색하다가 '2×4 chair'가 눈에 들어왔다. 이 의자는 2×4 구조목 한 가지 목재만을 사용해서 내 조건에 맞았다. 구조도 간단했다. Pinterest에는 완성품의 이미지만 나와 있어서 의자의 높이나 크기 등은 다른 의자를 옆에 놓고 앉아보면서 만들었다.

의자 좌판은 가로 35㎝, 세로 27㎝로 했다. 다리는 43㎝. 좌판과 다리를 보강하는 받침대도 27㎝다. 좌판은 세 토막인데 하나가 35㎝이고 두 개는 양쪽 다리 두께만큼을 뺀 27.4㎝다. 세로

구조목 의자 2×4 구조목 한 종류로 만들 수 있는 간단한 의자. 나사못으로 체결했는데 생각보다 짱짱하다.

로 된 등받이는 45㎝, 가로 등받이는 23㎝. 체결 부위에 따라 38㎜, 50㎜, 65㎜짜리 나사못을 사용했다. 좌판에는 못 머리가 돌출되지 않도록 아래쪽에서 사선으로 체결했다. 다리는 7도 정도 벌어지게 했다. 작업의 하이라이트는 세로 등받이. 아래위 양쪽 모두 각도를 줘야 하는 데 역시 몇 번씩 앉아보면서 톱으로 적당히 잘라냈다. 각도절단기가 있으면 아주 쉬운 일인데 당시로는 어쩔 수 없었다. 완성된 의자는 다리 네 개 위쪽에만 나사못이 박혀있으나 생각보다 튼튼했다. 사용된 자재는 2×4 구조목 3개. 전체 나무값이 3만원이 안되니 의자 하나당 만원 조금 넘게 들어간 셈이다.

가끔 작업실에 찾아오는 사람들이 있다. 한번은 근처에서 카페를 하는 나이 지긋한 부부가 왔다가 이 의자를 요리조리 살펴보며 관심을 보였다. 야외 테이블에 이 의자들을 놓고 싶다는 것이었다. 40개쯤 필요하다고 했다. 기대감에 잠깐 마음이 부풀어 올랐으나 기다렸던 주문 전화는 끝내 오지 않았다.

두 번째 구조목 의자는 현관용 스툴이다. 어느 날 부산 큰누님으로부터 전화가 왔다. “니 자형이 현관에서 등산화 신을 때 앉을 수 있는 의자를 하나 만들어 주라. 아무 나무나 상관없다. 대신 작았으면 좋겠다." 사실 그전에도 스툴은 여러 개 만들었다. 겨울철 아파트 현관에서 목이 긴 신발을 신거나 운동화 끈을 묶으려면 자세가 여간 불편한 게 아니다. 스툴은 이 용도에 딱이다. 역시 재료는 구조목. 디자인은 Pinterest에 나와 있는 AA stools가 적당해 보였다. 구조가 A자형이어서 안정감이 있어 보였다. 그런데 이 의자와 함께 있는 Ishinomaki(이시노마키)라는 단어가 계속 눈에 밟혔다. 구글을 통해 검색하면서 새로운 사실을 알게 됐다.

AA stools는 일본 이시노카미(石巻) 공방의 제품이다. 한 편의 드라마라고 할 수 있는 이 공방의 스토리를 한번 쫓아가보자. 이시노카미는 일본 동북부 미야기현(현청 소재지는 센다이시)의 소도시다. 인구는 13만 5천명(2023년 통계). 2011년 3월 11일에 발생한 쓰나미로 주민 3,700여명이 숨졌고, 도시 전체의 절반에 해당하는 주택 33,000채가 완파, 혹은 반파됐다. 동일본대지진은 이와테, 미야기, 후쿠시마 등 3개 현에 큰 상처를 남겼는데, 이중에서 특히 미야기현에서만 사망·실종자가 1만명이 넘는 것으로 집계됐다. 공

1×4 스툴 역시 1×4 구조목 한 종류로 만든 스툴. 오랫동안 화분을 얹어놓아 상판이 지저분하다. 초보때 미국 잡지에 실린 것을 보고 따라 만들었다.

느티 스툴 선물용으로 만들었던 느티 스툴. 상판 무늬도 멋있고 자연스럽다. 느티나무는 참 매력적이다.

방은 재해 복구과정에서 출발한다. 폐허가 된 마을을 어떻게 복원할지 10여명이 모여 궁리를 하다가 주민들이 생활에 필요한 작은 가구를 직접 만들게 하자는 아이디어가 나왔다. 친구를 찾기 위해 도쿄에서 날아온 젊은 건축가 아시자와 케이지(1973년생)가 허름한 작업공간에서 이 워크샵을 주도했다. 미국 가구회사 Herman Miller는 디자이너 등 기술진 12명을 현지에 파견하고 필요한 목재들도 지원했다. 간단한 의자 만들기부터 시작했다. 기술고등학교 학생들이 이틀 만에 만든 벤치 45개는 주민들을 위한 야외 영화관 좌석이 되었고, 할머니들이 빨래를 널기 위한 발 받침대로, 복구 중인 상점의 진열대로 사용되었다. 인적없는 거리에 놓여진 이들의 벤치는 희망의 신호가 됐고, 사람과 장소의 새로운 연결을 가져왔다. 이후 초등학생들까지 나서서 임시 주택에 입주한 주민들의 불편을 조사했고, 워크샵에서는 간단한 가구를 만들어 무상으로 제공했다. 워크샵은 얼마 지나지 않아 제대로 된 공방의 면모를 갖추게 된다. 이시노마키 공방의 소식은 곧 일본 전역에 알려졌고, 같은 해 연말쯤에는 의자와 벤치를 사겠다는 주문이 전국에서 쇄도한다. 다른 나라의 디자이너들이 기꺼이 '재능 기부'에 나섰고, 세계 유수의 가구회사들도 이시노마키공방과의 협업을 선언했다. 지역 주민들의 재난 복구를 돕기 위해 DIY 워크샵으로 시작한 것이 불과 10여년 만에 글로벌 가구 브랜드로 성장한 것이다. 설립자 아시자와 케이지의 한 인터뷰는 많은 시사점을 던져준다. "지진 이후 이시노마키의 가구 디자인은 삶의 당면 문제를 해결하기 위해 존재했다. 이런 활동을 통해 핸드메이드 제품의 가치와 매력에 대한 평가가 높아지

쓰나미 벤치 지역 주민들의 야외 영화 감상때 제공됐던 이시노카미 공방의 벤치. 디자인이 소박하고 실용적이다.

고 제조업체와 소비자의 관심을 끌 것이라고는 생각하지 못했다." DIY(Do It Yourself)라는 말이 2차대전 후 영국에서 나왔다고 했던가. 정부나 다른 사람의 도움을 기다리지 않고 내 손으로 직접 독일군 공습으로 파괴된 런던의 집과 주변을 수리하고 돌보는 사회적 운동. 이시노카미 공방의 성공 스토리는 DIY 정신의 일본판 버전이라고 할 수 있다.

이시노카미 공방(Ishinokami Laboratory)의 공방장은 아버지가 운영하던 초밥집의 요리사였던 50대 초반의 지바 다카히로. 쓰나미로 어머니를 잃고, 가게와 집도 엉망진창이 된 상태에서 목공 취미가 인연이 되어 아시자와 케이지와 만나게 됐다. 이시노카미의 제품들은 여러 차례 권위있는 디자인상을 받았고, 세계 각지에서 전시회를 개최했다. 공방에서 디자인된 제품들은

AA stools 이시노카미 공방 홈페이지에 올려져 있는 AA 스툴 모습. 2개가 1조다.

'Made in Local' 계획의 일환으로 미국, 영국, 덴마크, 멕시코, 필리핀 등에서 현지 재료로 만들어져 판매 중이다. 국내에도 매장이 있다. 세계 가구업계에서는 이시노카미 공방에 대해 '디자인의 힘을 통해 DIY의 지평을 넓혀가고 있다'고 평가한다. 제품들은 순박하다. 주변에서 쉽게 구할 수 있는 나무를 사용하고, 나사못 자국도 굳이 감추려 하지 않는다. 공방은 태생이 그렇듯, 단순하면서도 실용적인 가구를 추구하고 있는 것이다. 옆 모습이 알파벳 A처럼 생겨 AA stools라는 이름이 붙은 이 의자는 공방의 대표작이라 할 수 있다. 한 세트 두 개를 겹쳐 하나로 사용할 수도 있고, 따로따로 쓸 수도 있다. 여러 개를 겹치면 벤치가 되고 상판을 얹으면 간단한 탁자로도 변신한다.

다시 부산 아파트 현관에 놓을 의자 이야기로 돌아가자. AA stools는 디자인도 참신하고, 만들기도 쉬워 보였다. 그렇지만 의자가 두 개라는 점이 마음에 걸렸다. 하나만 쓰기에는 좌판 폭도 좁고, 다리도 약해 보였다. 겹쳐 놓는다 하더라도 현관이라는 공간은 한계가 있다. 같은 생각을 한 사람이 또 있는지 Pinterest에는 AA stools 자재의 두 배 두께인 2×4와 2×6 구조목으로 만든 A stool 디자인을 어렵지 않게 찾아볼 수 있었다. 2×4와 2×6는 두께는 38㎜로 같지만 폭은 89㎜와 140㎜로 차이가 난다.

디자인을 정했으니 그 다음부터는 일사천리다. 좌판은 2×4를 42㎝로 두 개를 잘라 목심으로 결합했다. 다리는 2×6 50㎝ 네 토막. 세로로 놓고 한 쪽 끝에서 다리 아래쪽이 8㎝가 되게 사선으로 재단한다. 직각 삼각형이 떨어져 나간 다리 본체는 다시 아래위를 15도 정도 각도를 주고 같은 방향으로 잘라낸다. 발판은 2×4 30㎝ 토막으로 지면에서 10㎝쯤 띄워서 한 쪽에 달아

현관 스툴 일본 이시노카미 공방의 AA 스툴을 흉내내서 만든 아파트 현관 스툴. 다리는 2×6, 상판은 2×4 구조목이다.

주면 완성이다. 각도를 줘서 자르는 것이 조금 신경쓰일 뿐 완성하고 나면 성취감을 느끼게 하는 것이 이 스툴이다. 재료비도 얼마 들지 않으니 '목공 몸풀기'로도 좋은 작업이다. 칠은 본덱스의 오일 스테인 앤틱브라운과 삼화페인트 수성 바니쉬 '아이생각'을 각각 두 번씩 발랐다. 직각 삼각형으로 남아있는 2×6 자투리는 작업등 다리로 잘 사용중이다. 작업등은 70㎜ 각재 2m로 기둥을 만들고 자투리 4개를 바람개비 형태로 아래쪽에 나사못을 박았더니 더없이 안정적인 구조를 갖게 됐다.

구조목에 싫증이 나는 사람에게는 Pinterest에서 본 다른 디자인의 현관 스툴을 추천한다. 사과 상자를 뒤집어서 각재 4개 위에 씌워 놓은 형태다. 만들기도 어렵지 않다. 가로세로 4㎝, 길이 50㎝ 정도의 각재 4개가 있으면 다리로는 충분하다. 그 다음은 사과상자 만들기. 다만 이 박스는 사다리꼴이다. 스툴의 좌판과 옆 판이 되는 만큼 이 형태가 보기도 좋고 구조도 안정적이다. 다리를 먼저 사다리 형태로 펼쳐놓고 옆 판을 붙여나간다. 좌판과 옆 판은 합판이나 자작 합판, 집성목 등 어떤 것도 상관없다. 나는 12t 미송 집성판 남은 것을 9㎝ 폭으로 켜서 썼다. 18t만 해도 두껍고 무겁다. 긴 쪽 옆 판 2개를 치마 두르듯이 둘렀으면 각재 밖으로 삐져나온 판재를 잘라낸다. 지

사다리꼴 스툴 다리와 판재에 약간의 각도를 주는 것 외에는 어려운 부분이 없다.

면과 나란히 각재에도 각도를 준다. 짧은 쪽 옆 판은 같은 폭으로 내려온다. 나사못 박기 연습이다. 아랫도리가 완성되면 좌판을 박아준다. 좌판 가운데에 손잡이 구멍을 뚫어주면 작업은 끝난다. 손잡이는 포스너 비트로 양쪽에 구멍을 낸 뒤 그 사이를 직쏘로 잘라내면 된다. 기술과 장비가 갖춰지면 라우터와 지그를 활용해 깔끔하게 구멍을 따 낼 수 있다. 내가 만든 스툴의 좌판은 가로 48cm, 세로 30cm. 높이는 34cm로 낮다. 전체 높이는 45~50cm가 적당할 것 같다.

도면 보고 따라하기

목공을 하게 되면 꼭 필요해서가 아니라 '만드는 것' 자체가 목적이 될 때가 많다. 목공 블로그나 유튜브도 찾아보고, 외국 잡지도 뒤적거린다. 사냥감을 찾는 포수가 따로 없다. 한동안 시간을 보내다가 치수까지 나와 있는 'free plan'을 만나면 그렇게 반가울 수가 없다. 디자인이 멋있고, 작업에 꽤 품이 들어가는

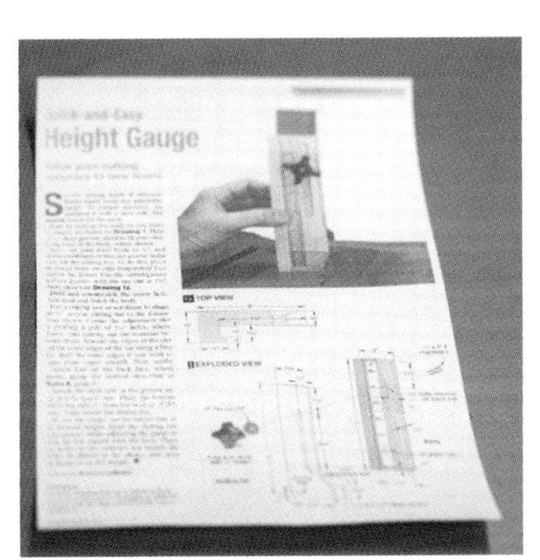
Height Gauge

미국 잡지에 실린 높이 측정지그 도면

Thin-
Strip
Ripping
Jig

얇게 켜기 지그 도면

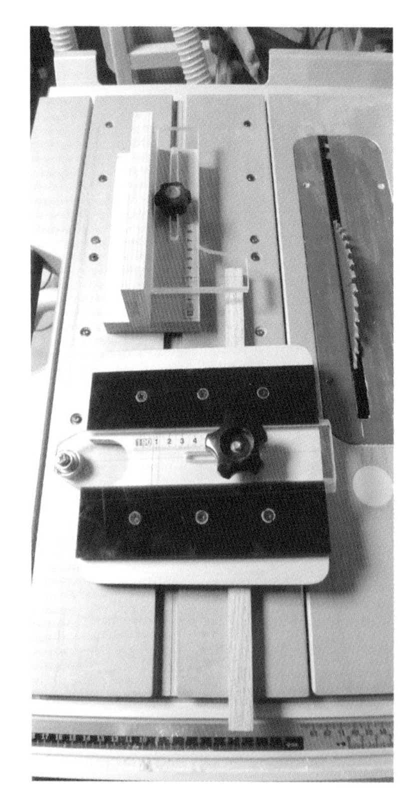

사용 중인 지그들 아크릴과 베어링, 접착식 줄자 등을 이용해서 만든 테이즐 쏘 지그들.

작품은 도면을 구하는 데 돈을 내야 할 수도 있다. 하지만 'free plan'은 말 그대로 공짜이니 얼마나 좋은가.

'free plan'은 초보에게 좋은 선생님이자 충실한 교재다. 도면에 적힌 대로 부재를 준비하고, 차례로 연결하면 뚝딱 완성품이 나온다. 간혹 어떤 도면들은 짜맞춤 기술이나 도미노, 비스켓 조이너같은 장비가 필요할 때가 있다. 하지만 고민할 이유가 없다. 나사못이나 목다보, 혹은 목심이라고 부르는 나무못을 사용하면 충분하다. 제한된 조건속에서 내 방식대로 'free plan'을 풀어내면 되는 것이다.

목공을 시작한 지 얼마되지 않았을 때였다. 미국 인테리어 용품회사 Lowe's(로우스)의 홈페이지 DIY 코너를 살펴보는 중에 Adirondack chair라고 이름이 붙은 1인용 소파가 눈에 띄었다. Adirondack chair를 찾아보면 '넓은 팔걸이와 높은 등받이, 좌석의 뒤쪽보다 앞이 높은 야외 라운지 의자'라고 나온다. Adirondack은 미국 동북부의 산맥 이름이다. 뉴욕주의 약 20%에 해당하는 면적으로, 공원에는 1,200m가 넘는 봉우리가 40개가 넘는다고 한다. 이 의자에 재미있는 이야기가 숨어있다. 이야기의 시작은 1903년이다. 뉴욕 근처 Westport에 살던 Thomas Lee는 가족들과 함께 애디론댁으로 휴가를 떠났다. 그는 별장에서 편하게 앉아서 경치를 감상할 수 있는 의자가 필요했고, 11개의 나무조각을 써서 의자 하나를 만들었다. 널찍한 팔걸이에, 당시 사람들이 익숙했던 의자보다 훨씬 좌판이 큰 형태였다. 이름은 Westport chair. 어느 날 목공소를 하는 친구 Harry Bunnell은 "추운 겨울에 돈을 벌 방법이 없을까"하고 조언을 구했고, Lee는 자신이 디자인한 의자를 보여주면서 "이걸 만들어서 팔아보지"라고 했다. 미국 동부 연안 주민들은 새 의자에 열광했고, 자신의 이름으로 디자인 등록을 한 Bunnell은 20년간 큰 돈을 벌게된다.

Westport chair 오늘날의 아디론댁 의자를 탄생시킨 오리지널 디자인. 심플하다.

아디론댁 의자 미국 Lowe's 홈페이지 DIY코너를 보고 따라 만들었다.

1938년에는 Lee의 아이디어를 베낀 또 다른 디자이너가 등장한다. Irving Wolpin은 좌판에 라운드를 줘서 더 편하게 앉을 수 있게 해 특허를 얻어낸다. 이후 Westport 의자는 여러 형태의 변종이 생겨나지만 이름은 원래 Thomas Lee가 휴가를 보냈던 지역의 이름을 따 Adirondack chair라고 불리게 된다.

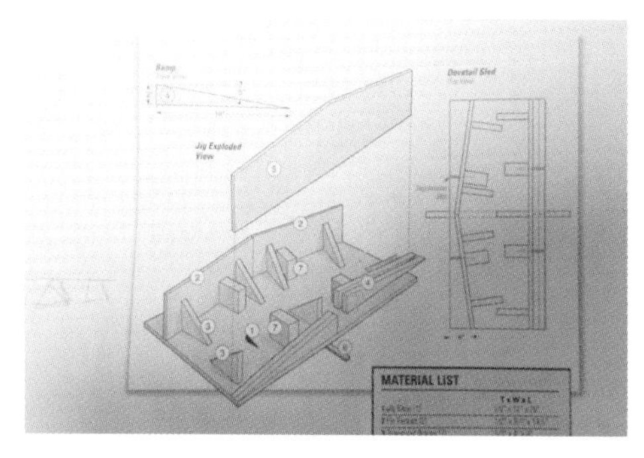

도브테일 도면 테이블 쏘에서 도브테일 작업을 할 수 있는 썰매 도면

도브테일 지그 도브테일을 쉽게 할 수 있을 것으로 기대하고 만든 테이블 쏘 썰매. 정확하게 만들지 못해서 그런지 실패작이었다.

Lowe's 의자는 다양한 형태의 Adirondack chair 중에서도 디테일을 생략하고 단순화시킨 버전이다. 나무 재료는 1×6(원 바이 식스) 구조목(19×140㎜) 한 종류. 장비도 직쏘와 드릴, 원형톱 정도면 충분하고 만들기도 어렵지 않다. 좌판이 얹힐 부분과 등받이만 직쏘로 라운드지게 따주면 되고, 나머지는 전부 나사못으로 처리한다. 홈페이지는 동영상과 함께 만드는 과정을 친절하게 설명해 놓고 있다. 덩치가 큰 이 의자를 만들고 나니 놓을 자리가 없었다. 집에 잔디 정원이 있는 것도 아니고, 거실에 놓기에도 다른 가구들과 전혀 어울리지 않았다. 제 자리를 못 찾아 전전하던 의자는 지금 작업실 난로 옆에 떡하니 버티고 있다.

두 번째 도면 따라 만들기는 공구함을 겸하는 스툴. 오래된 미국 잡지(300+ Best-Ever Shop Tips 2012, Wood magazine)에서 본 것이다. 똑바로 세우면 스툴이고, 뒤집으면 손잡이가 달린 공구박스가 된다. 스툴은 앉기보다, 밟고 올라가기 위한 용도다. 팔이 닿지 않는, 20~30㎝쯤 높은 어중간한 위치에 나사못을 박아야 할 때가 있다. 이때 멀리 있는 의자를 끌어오기보다 드릴과 줄자 등이 들어있는 공구함을 뒤집기만 하면 문제가 해결되는 것이다. 밖에서 작업할 때 소소한 장비들을 한꺼번에 챙겨가기에도 좋다.

12t 합판과 2×4 구조목 짜투리가 있으면 만들 수 있다. 합판은 원장의 1/4, 구조목은 1개면 충분하다. 장비는 테이블 쏘와 각도절단기, 직쏘와 트리머 정도가 필요하다. 스툴 상판의 사이즈는 대략 가로 55cm 세로 38cm. 도면에 표시된 치수는 모두 인치(inch)다. 인치로 된 줄자가 있으면 편하지만 미터법으로 환산해서 비슷하게 가도 큰 무리는 없다. 옆면 판재는 12t 합판 56×15cm, 38×23cm 각각 두 개씩. 다리는 2×4를 5cm 폭으로 켠 38cm짜리 네 토막. 공구 박스의 손잡이는 다시 구조목을 켜서 38mm 정사각형 각재를 만든다. 길이는 56cm. 3cm 굵기의 봉이 있으면 더 좋다.

다리 아래 위와 손잡이, 그리고 긴 옆 판을 모두 15도 각도로 자른다. 각도를 줄 때는 방향을 잘 확인해야 한다. 다리는 아

공구함 스툴 충전 드릴 등 소소한 작업 장비들을 담아 다닐 수 있다.

작업용 스툴 공구함을 뒤집으면 작업 발판이 된다.

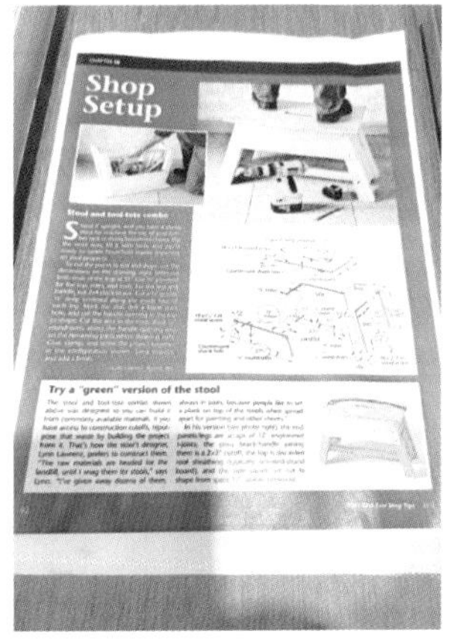

Shop Setup

Try a "green" version of the stool

Shop setup 미국의 한 목공인이 자신의 아디디어를 잡지에 소개했다.

래위 같은 방향으로 잘라 평행하게, 옆 판과 손잡이는 양쪽 모두 바깥쪽으로 경사지게 한다. 이 작업에서 신경써야 할 부분은 다리에 홈파기. 좁은 쪽 옆 판이 양 다리에 끼워질 수 있어야 한다. 도면에는 홈의 폭과 깊이 모두 1/2인치로 표시되어 있지만 합판 두께만큼 파주면 된다.(12t 합판도 실제 재어보면 11.5㎜일 경우가 많다.) 트리머보다 테이블 쏘로 홈을 파는 것이 더 쉽다. 스툴 상판에 손잡이 구멍을 파고, 직쏘로 좁은 옆 판 아래쪽에 라운드를 주면 남은 일은 나사못 박기다. 완성된 공구함 스툴은 크다는 느낌이 살짝 들지만, 작업때 든든한 동반자가 되어준다.

세 번째 만들기도 스툴이다. 이번에는 '목공 재벌'이라고 할 수 있는 미국 Steve Ramsey의 'utility step stool'. 그동안 2개를 만들었는데, 받은 사람들이 가장 만족스러워 했던 작품이기도 하다. 가벼우면서도 튼튼하다고 했다. 재료비도 얼마 들지 않고, 반응도 좋으니 도전해볼 만한 프로젝트다.

유틸리티 스툴 부엌에 하나쯤 놓아둘 만한 스툴. 작고 가볍지만 의외로 튼튼하다.

'보통 사람들을 위한 목공(Woodworking for Mere Mortals, WWmm)'을 기치로 내걸고 왕성하게 활동중인 그는 원래 그래픽 디자이너로. 상업 사진가의 이력도 갖고 있다. 1959년생으로 12살 때부터 목공을 했다고 한다. 2008년 어느 날, 집에서 아들의 체스판 만드는 과정을 재미로 찍으면서 '온라인 목수'의 길을 걷게 됐다. 그의 유튜브 구독자는 192만명(2023년 12월 현재). 유료로 목공을 가르치는 The Weekend Woodworker, 도면 판매사이트 Shop WWmm, 페이스북, 트위터, 인스타그램 등 7개의 채널을 운영중이다. 미국의 한 인터넷 매체는 유튜브 채널 WWmm의 가치는 100억원이 넘고, Steve Ramsey의 연간 수입은 30억원 이상일 것으로 추정했다.

그의 스툴을 만드는 데 필요한 재료는 2×4 구조목 절반과 폭 7㎝ 남짓 19t 판재 1m. 준비물이 너무 간단하다. 유튜브에서는 2×4 구조목 한 개로 완성할 수 있다며 상판용으로 구조목을 켜는 장면이 나온다. 밴드쏘라면 몰라도 테이블 쏘로 89㎜ 구조목을 세로로 켜는 작업은 권하고 싶지 않다. 정확하게 켜기도 힘들거니와 위험하기 때문이다.

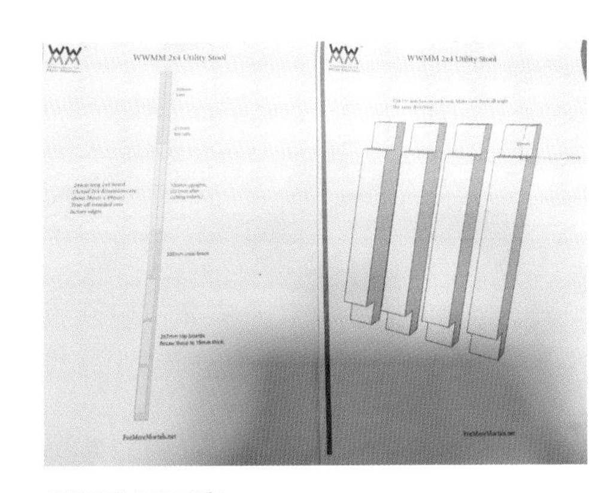

유틸리티 스툴 도면 1

문제는 도면. 유튜브 아래쪽에 'free plan'의 표시가 있으나 지금은 들어갈 수가 없다. 댓글을 읽다보면 '도면을 찾을 수가 없다'는 내용도 몇 건이 된다. 원래 이 free plan은 연결 부위별로 보기 쉽게 그림이 그려져 있고, 치수와 함께 간략한 설명도 덧붙여져 있었다. 프린터를 했더니 A4 용지 9장 분량이었다.

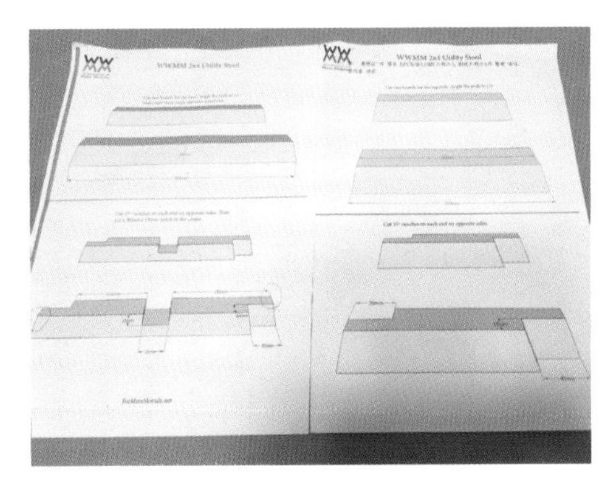

유틸리티 스툴 도면 2 만들 때 반턱의 방향에 신경을 써야 한다.

사라지기 전 도면에 나와 있는

직각 구조물이 아니어서 조립에 애를 먹을 수 있다. 보조작업대를 활용해 클램핑 하고 있다.

각 부재들의 치수는 다음과 같다. 먼저 구조목의 양 옆 factory edge라고 부르는 둥그스럼한 부분을 잘라낸 뒤 두께만큼 폭도 38㎜로 일률적으로 재단한다. 2×4 구조목 한 토막당 스툴 부재는 2개씩 나오게 된다.

아랫단 359㎜, 윗단 213㎜ 각각 두 개씩. 아래 쪽 결침목 305㎜ 한 개. 다리 330㎜ 4개(15도로 자르고 나면 321㎜가 된다고 적혀 있다). 상판은 19t 267㎜ 세 토막. 상판 바깥쪽 2개는 폭이 70㎜, 가운데는 64㎜다.

가장 먼저 해야 할 일은 다리 4개를 아래위 같은 방향으로 15도 경사지게 자른다. 같은 각도로 반턱 맞춤을 할 준비를 한다. 톱날을 19㎜로 세팅하고, 다른 부재가 얹히거나 놓일 수 있도록 38㎜로 살을 덜어낸다.(도면에는 39㎜라고 되어있으나 38㎜의 오기인 듯.)

아랫단과 윗단은 사다리꼴로 15도씩 잘라낸다. 아랫단 두 개의 한가운데를 38㎜ 폭으로 반턱(19㎜)을 낸다. 아랫단 오른쪽은 앞을, 왼쪽은 뒤를 반턱 작업한다. 각도(15도)도 그대로이고, 덜어내는 부분의 사이즈(깊이 19㎜, 폭 38㎜)도 똑같다. 도면을 보여줄 수 없으니 설명이 어렵다. 수시로 유튜브를 참고할 수 밖에 없다. 사다리꼴로 잘라놓은 윗단도 같은 방식으로 반턱을 낸다.

이어서 다리 2개와 아래 윗단 하나씩 받침을 본드를 발라 결합한다. 본드가 마르면 상판이 얹힐 윗부분에 폭과 깊이 모두 19㎜가 되도록 다시 반턱을 낸다. 이때의 반턱은 서로 마주보게 해야한다. 305㎜로 잘라놓은 아랫단 걸침목은 양쪽에 수직으로 깊이 19㎜, 폭 38㎜의 반턱을 낸다. 아랫단 가운데에 파놓은 홈에 끼워넣기 위해서다.

마지막 작업은 19t 상판 두 개의 긴 면 한쪽만 15도 각도를 줘서 쳐 낸다. 다리와 각도를 맞추기 위해서다. 그리고는 상판 판재 한 쪽 가운데에 25㎜짜리 손잡이 구멍을 뚫는다. 끝이다. 두 차례에 걸쳐 스툴을 만들면서 반턱의 방향이 헷갈려서 번번이 애를 먹었다. Steve Ramsey는 한동안 공개하던 도면을 왜 비공개로 돌려버렸을까? 정확하지 않아서?(사실 같은 부재가 앞에는 213㎜, 뒤에는 214㎜로 나온다. 윗단 반 턱의 경우 왼쪽은 39㎜, 오른쪽은 40㎜라고 적혀 있다.) 혹은 워낙 좋은 디자인이라 공짜로 풀어놓기 아까워서?(유튜브에는 다른 사람이 출처를 밝히고 같은 스툴을 만드는 영상이 있다. 인터넷에는 여러 소스에서 이 의자가 판매되고 있다.) 이유야 모르겠지만 free plan의 실종은 취목에게 아쉬운 부분이다. 작업 과정도 재미있으니 따라 만들기를 적극 추천한다.

평상형 침대

더블 베드는 비싸다. TV 홈쇼핑 제품들은 가격은 괜찮으나 겉모습만 그럴듯해 보이고, 백화점의 수입 원목 침대는 몇 백만 원을 호가한다. 취목은 고민할 이유가 없다. 만들기다. 무모하다고 해야 할까? 테이블 쏘도 없던 시절에 용기도 가상했다.

인터넷을 뒤지다가 괜찮은 평상 디자인을 발견했다. 작은 평상 4개를 만들어 이어 붙이면 침대가 되니 어려울 게 없었다. 우선 1×4, 2×4, 2×6 등 자재가 모두 구조목이라는 점이 마음에 들었다. 헤드 보드는 구조목과 편백 루바를 사용하기로 하고 인천에서 재단을 해서 승용차에 싣고 왔다.

다리는 2×6 세 토막을 나사못과 목공 풀로 포개서 집성했다. 다리 통은 11.4×14㎝로 튼실 그 자체. 평상 테두리는 바깥쪽이 2×6(폭 140㎜), 그 안쪽으로 2×4(폭 89㎜)가 다리에 끼워지는 구조다. 다른 쪽은 역시 2×4로 알파벳 H자 형태 버팀목을 만들고, 1×4(19t) 침대 살이 얹힐 수 있도록 19㎜ 내려서 나사못을 박는다. 다리 등 하체만 제대로 만들면 나머지는 일사천리로 진행된

침대 재료 재단 서비스를 받아 잘라온 나무들. 왼쪽부터 1×4, 2×4, 편백 루바, 2×6.

하체 연결 다리를 집성한 뒤 가조립을 하고 있다. 다리와 테두리는 목공 풀을 바르고 8㎜짜리 목심으로 체결했다.

침대살 간격 조정 평상 테두리에 맞춰 침대살을 얹어보고 있다. 1×4 마지막 한 장은 폭을 줄여서 상판에 맞췄다.

다리 칠하기 조립에 앞서 다리에 오일을 발랐다. 투명한 하도로 밑칠을 한 뒤 다시 짙은 고동색 오일을 칠했다.

받침대 침대살이 얹히게 될 받침대. 침대 테두리 안쪽에 나사못으로 체결했다.

다. 헤드 보드는 트리머로 홈을 파서 편백 루바를 끼워 넣었다. 잠자리에 누우면 머리맡에 은은하게 편백 향이 퍼지리라 기대하고 즐겁게 작업했다. 비록 구조목이지만 매일 사용할 침대니만큼 마감에 신경을 많이 썼다. 독일 환경부 친환경 마크를 받았다는 비오파(BIOFA) 오일을 하도로 밑칠을 하고, 다시 고동색 상도를 발랐다. 백골 상태로 조립을 해버리면 구석진 곳 칠하기가

조립 공간도 좁고, 클램프도 부족했다.

완성 직전 침대살을 얹은 뒤 최종 클램핑을 하고 있다.

어려워진다. 조립 후 두 차례 등 상도를 모두 세 번 발랐는데 겨울이어서 3~4일씩 오일 마르기를 기다렸다가 작업하느라 시간이 많이 걸렸다. 침대살과 편백 루바는 400방까지 샌딩했다. 평상끼리는 긴 나사못으로, 헤드 보드와 평상은 굵은 래그 스크류로 체결했다. 평상 하나의 크기는 가로 1,100, 세로 1,050, 높이 400㎜. 전체로는 2,200×2,100㎜ 크기의 큼직한 더블 베드가 됐다. 헤드 보드의 높이는 1m. 슈퍼 싱글 침대 두 개를 붙여놓은 것보다 더 크다.

헤드 보드 결합 머리맡의 편백향은 그리 오래가지 않았다.

장비 부족은 그렇다 치더라도 좁은 공간에서 평상 4개와 헤드 보드까지 만들려니 어려움이 많았다. 조립하면서 물려놓은 파이프 클램프 때문에 움직일 때마다 벽을 짚고 몸을 비틀어야 했다. 이 과정에서 다리가 클램프에 긁히고, 찍힌 적이 한 두번이 아니었다.

만들어서 사용해보니 딱딱하고 튼튼한 느낌이 좋았다. 처음에는 요를 깔았다가 나중에는 얇은 매트리스를 얹었다. 잠자리가 불편해서 푹신한 침대를 꺼려했던 나로서는 자작(自作)의 재미에, 맞춤형 DIY의 희열까지 덤으로 느끼게 해준 고마운 대상이었다. 완성 후 평상의 아이디어를 얻었던 블로그에 감사의 글을 올렸다. 그러나 얼마 후 다시 찾은 그 블로그에는 평상 제작에 관한 글 자체가 삭제돼 있었다. 아이디어를 도용당했다고 생각했던 모양이다. 기분이 씁쓸했다.

소파 좌탁

목공에 재미를 붙여 의욕에 넘쳤을 때였다. 작은 누님 집의 소파 좌탁이 눈에 거슬렸다. 솜씨도 없는 주제에 좌탁을 만들어 주겠노라고 큰소리쳤다. 일을 핑계로 차일피일 작업을 미루던 어느 날, 회사 접견실에서 헤링본(herringbone) 스타일의 테이블을 발견했다. 상판을 이렇게 구성하면 예쁘겠다 싶었다. 헤링본은 물고기(청어)의 뼈, 또는 그렇게 짜맞춘 무늬를 일컫는 말이다. 알파벳 V자 모양이 반복 배치돼 안정적이고 균형잡힌 느낌을 준다. 단어가 어려워서 그렇지, 우리 눈에는 옷이나 마루 문양으로 낯설지 않다.

헤링본 테이블 미국의 유명 목수가 만든 테이블. 상당히 고급스럽다.

경기도 광주의 '나무 오일장'이라는 곳에서 로즈우드(rosewood) 쫄대 몇 다발을 샀다. 우리 말로는 장미목, 혹은 자단(紫檀)이라고 불리는 로즈우드는 사실 장미꽃과는 전혀 상관이 없는 콩과 식물이다. 나무에서 장미향이 나고, 장미빛 색깔을 지닌 목재를 통칭해서 로즈우드라는 이름으로 부르고 있다. 아마존, 동남아시아, 아프리카는 물론, 일본산 로즈우드도 있다. 로즈우드는 무겁고 강하며 광택이 뛰어나 가구 손잡이나, 기타의 지판, 당구 큐 등에 많이 사용된다. 붉은 빛이 도는 파덕(padouk) 각재도 저렴하게 팔길래 함께 구입했다.

집에 와서 제일 먼저 한 일은 부재 선별. 두께 10t, 폭 5㎝에 길이 50㎝ 정도의 로즈우드는 상태가 좋지 않았다. 밴딩한 끈을 풀어보니 휘고 뒤틀려서 쓸만한 놈은 한 묶음에서 3분의 1에 불과했다. 파덕 각재도 상태는 비슷했다.

좌탁 다리부터 만들었다. 파덕 각재(30×40×1800㎜)를 40㎝로 잘라 두 개씩 집성했다. 풀이 마른 뒤 도마를 만들려고 사 두었

다리 집성 먼저 파덕 각재 2개를 목공풀로 붙인 뒤, 다시 캄포 판재를 끼워서 집성했다.

상판용 로즈우드 헤링본 무늬를 만들게 될 로즈우드 쫄대. 비슷한 분량의 다섯 묶음에서 휨이나 뒤틀림이 덜한 것들을 골라냈다.

선반 파덕 각재를 도미노로 체결한 좌탁 선반.

상 하체 결합 준비 사용된 파덕 각재들은 모두 목심을 박아 집성했다.

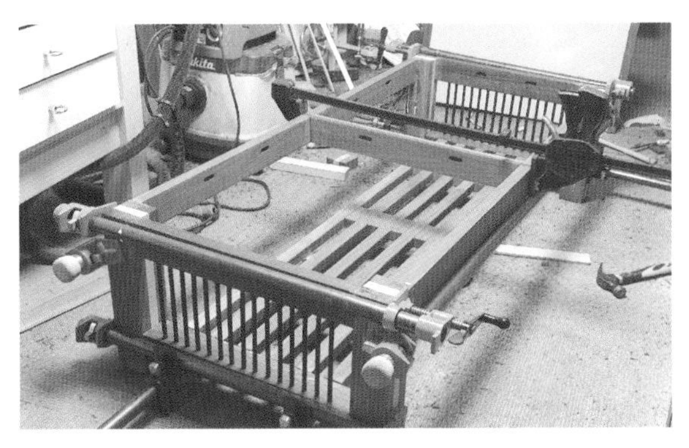

좌탁 하부 타원형 구멍들은 나중에 나무 단추로 상판과 연결하기 위한 용도.

틈새 메우기 18t 자작 합판 위에 로즈우드를 이어 붙인 뒤 틈새를 메우고 있다.

상판 완성 긴 변을 직선 재단하면서 아주 애를 먹었다.

오일 바르기 샌딩을 하고 오일을 발랐더니 로즈우드는 완전히 다른 모습으로 탈바꿈했다.

뒤집어 보기 나무 단추를 만들어 아래위를 연결했다. 나무 단추는 상판의 수축 팽창에 대처하기 위한 것이나 이 경우는 단순히 꺽쇠 역할이다.

던 캄포(campo) 판재를 같은 크기로 켜서 집성한 파덕과 이어붙였다. 부재가 작아 집성도 그렇게 힘들지 않았다. 좌탁 아래쪽에 잡지나 약통 등을 얹어둘 선반도 만들기로 했다. 재료는 역시 파덕 각재. 이리저리 휘어진 녀석들을 도미노로 연결해서 틀을 짜고 클램프로 조여 붙였다. 좌탁 하부의 에이프런도 파덕을 집성해서 만들고, 양측면에는 짙은 색의 목봉을 여러 개 끼웠다.

로즈우드로 헤링본 스타일의 좌탁을 만드는 것은 쉬운 일이 아니었다. 우선 나무가 생각보다 딱딱했다. 쫄대 옆면을 직선으로 만들기 위해 보쉬 테이블 쏘로 켜면 로즈우드는 튀면서 저항했다. 이렇게 자른 나무들을 맞대어 놓으니 틈이 생길 수 밖에. 일단 자작 합판(18t) 위에 풀을 바르고 로즈우드로 헤링본의 흉내를 냈다. 상판을 열심히 샌딩하고, 틈새는 샌딩 가루와 에폭시를 섞어서 채워넣었다. 그래도 여기까지는 양반이었다. 정작 난관은 자작 합판 테두리 밖으로 삐져나온 로즈우드 쫄대의 처리. 자작 합판과 로즈우드를 합치면 두께는 28t. 이 두껍고 딱딱한 상판을 한 방에 깔끔하게 재단한 장비가 없었던 것이 문제였다. 빌려온 10.8V 충전 원형톱은 자르는 도중 톱날이 나무에 박혀 멈춰서기 일쑤였고, 상판은 그때마다 조금씩 사이즈가 줄어들었다. 간신히 마무리를 하고 파

현재 모습 로즈우드와 파덕의 색깔이 많이 옅어졌다. 하드우드는 역시 매력적이다.

덕으로 다시 테두리를 둘렀으나 원형톱으로 생긴 상처는 감출 수가 없었다. 지금도 좌탁 긴 변의 한쪽은 직선이 아니라 가운데 부분이 약간 안으로 들어가 있다. 좌탁을 볼 때마다 땀을 흘렸던 그때 생각이 난다.

좌탁을 갖다드리고 며칠 뒤 누님으로부터 전화가 왔다. 좌탁 밑으로 다리를 뻗을 수가 없으니 선반을 잘라 달라는 주문이었다. 그렇게 잘라낸 파덕 선반은 바퀴를 달아 지금은 화분 받침대로 쓰고 있다.

TV장

무식해서 용감했던 시절이었다. 거실 TV장 만들기 프로젝트. 용인 시크리트 목재에 가서 레드 오크 제재목을 10장 구입했다. 두께 25t, 길이는 2.5m 남짓. 제재목의 폭은 15~30㎝로 각각 달랐다. 용달차를 불러 집까지 싣고 왔다.

구조는 가급적 단순하게 가기로 했다. 사실 외국잡지나 인터넷을 보고 마음에 드는 디자인을 몇 개 프린트도 해 두었으나 워낙 수준이 높아 흉내 낼 엄두조차 나지 않았다. A4 용지에 대충 그림을 그렸다. 가운데 2m짜리 긴 몸체(세로 40㎝, 높이 44㎝)는 세 칸으로 나누고 아래쪽에는 서랍을 달기로 했다. 받침대도 만들어 본체의 처짐을 방지해주고, 좌우 양쪽에는 작은 2단 서랍장을 놓기로 했다. 서랍장에도 같은 높이의 받침대를 붙여 주기로 했다.

작업의 첫 순서는 부재 준비하기. 집성판 같았으면 일은 조금 더 쉬웠을 것이다. 같은 두께의 판재를 원하는 치수대로 재단하면 되니까 말이다. 하지만 취목이 겁도 없이 하드 우드 제재목을 구입했으니 고생이 이만저만이 아니었다. 당시 내 장비는 모두 포터블이었다. 중국제 수압대패는 6인치(15㎝)짜리여서 무용지물이었고, 사이즈가 작은 보쉬 테이블 쏘는 레드오크 한 장을 올려놓기에도 위태로웠다. 제재목은 면이 거칠고, 휘어있는 경우가 많아 25t라고 해도 손질하면서 22t나 20t 정도로 줄어들기 마련이다. 자동대패가 그나마 역할을 했고, 나머지는 손대패와 샌딩이 감당해야 했다.

부재 두께를 맞추는 일은 집성하기에 비하면 그나마 쉬운

받침대 TV장의 처짐을 방지하기 위해 가운데에도 다리를 하나 달아 주었다. 다리 높이는 12㎝.

판재 집성 판재 하나가 2m쯤 되니 집성 작업이 쉽지 않았다.

바닥판 도미노 세로 판이 얹힐 자리에 도미노 작업을 하고, 뒷 판이 끼워질 홈을 가공했다. 도미노 구멍의 크기가 제각각이다.

편이었다. TV장의 상판과 하판, 서랍장의 40㎝ 폭은 표면을 다듬은 제재목 2장을 이어붙여야 했다. 집성의 관건은 맞붙는 두 면의 90도 수직 재단. 부재가 무거운 데다가 길기까지 해서 포터블 테이블 쏘로는 아무리 켜도 빈틈없이 두 면이 맞붙지 않는 것이었다. 천천히 밀다 보면 단면에 탄 자국까지 생겼다. 아마 수십 번은 밀었을 것이다. 손대패로 적당히 처리하고, 클램핑해서 다시 사이즈를 맞추고. 그야말로 삽질의 연속이었다. 그 결과, 40㎝로 계획했던 TV장의 깊이는 결국 38.5㎝로 줄어들었다.

부재 준비가 끝났다고 일이 무탈하게 잘 진행된 것은 아니다. 라우터로 홈을 파서 자작 합판을 끼우고, 세로판은 도미노

칸막이 체결 자작 합판 6t로 만든 뒷판 가운데에는 전선이 통과할 수 있는 구멍을 내주었다.

상판 가조립 가운데 깊은 부분은 클램핑이 되지 않고 있다.

오일 바르고 조립 리베론(Liberon) 피니싱 오일을 1차 발랐다.

서랍 만들기 자작 합판 15t로 서랍을 만들고 댐핑 레일을 달았다.

레드오크 서랍장 TV장 옆에 놓을 서랍장을 같은 나무로 만들었다.

서랍장 오일 작업 TV장 스타일로 다리도 만들어 붙였다.

사용중인 TV장 몇 년째 쓰고 있지만 무난한 스타일이 싫증도 나지 않는 것 같다.

로 연결했다. 클램핑을 하면서 또 문제가 생겼다. 가구의 덩치가 크다보니 가운데 부분이 꽉 맞물리지 않은 것이었다. 경험 부족, 장비 부족. 목수치고 클램프가 충분하다는 사람은 없다는 말이 생각났다. 고무 망치로 두드려 가며 우격다짐으로 집성을 끝냈다. 마지막은 서랍 달기. 철물이 옆으로 보이는 게 싫어서 툭 치면 부드럽게 닫히는 댐핑(damping·제동) 언더레일을 설치했다. 처음 하는 작업이 쉬울 리가 있겠는가. 매뉴얼을 몇 번씩 들여다보고 간신히 부착했다. 완성된 모습은 그럴 듯 했다. 하지만 자세히 보면 군데군데 흠이 발견된다. '능력 밖의 일을 시도하지 말 것'. 가지고 있는 장비도 내 능력의 일부다. TV장 만들기에서 뼈저리게 느낀 교훈이다.

물건은 역시 임자가 따로 있는 모양이다. 각자 다른 공간에서 작업을 하지만 공방을 함께 쓰는 동료가 도마용 나무를 사겠다고 했다. 매장을 옮겼다는 소식도 들은 터라 용인에서 특수목을 취급하는 시크리트 목재를 찾아갔다. 견물생심인가. 동료는 캄포 제재목을 몇 덩이 구입했고, 아무 생각없이 같이 갔던 나는 레드 오크를 보고 즉흥적으로 구매 결정을 했다. 시크리트 사장님은 나무에 조금 관심을 보이면 곧바로 "좋은 놈으로 골라 가"라고 말씀하신다. 나무를 고를 수 있다는 게 얼마나 큰 특권인지 나무 파는 곳에 안 가본 사람들은 모를 것이다.

이렇게 해서 나는 폭이 40㎝가 넘는 레드 오크 판재 3장을 샀다. 두께는 26t, 길이는 2m80㎝ 남짓. 제재한 면도 비교적 깨끗하고, 휨이나 뒤틀림도 거의 없어 내가 보기에도 A급 목재였다. 판재의 폭이 넓고, 나뭇결이 선명한 것도 마음에 들었다. 일단 사 두면 언젠가는 잘 쓰겠지 싶었다. 동료의 트럭으로 공방까지 싣고 왔다.

불과 며칠 뒤 교수 친구로부터 전화를 받았다. 큼지막한 책상을 만들어 달라는 주문이었다. 폭은 80㎝, 길이는 2m쯤 되었으면 좋겠다고 했다. 레드 오크가 여지없이 주인을 만난 셈이었다. 판재 3장은 자투리도 거의 남기지 않고 고스란히 이 책상을 만드는 데 들어갔다.

평범한 모양이니 만들기는 어렵지 않았다. 2m로 자른 나머지 부분으로 다리를 만들었다. 10×60㎜짜리 나무못으로 부재를 연결했고, 철물 대신 나무 단추를 만들어 상판과 결합했다. 복잡

하체 완성 자재는 TV장과 같은 레드 오크. 다리는 판재 3개를 집성했고, 다리와 에이프런은 10×60㎜ 목심으로 연결했다.

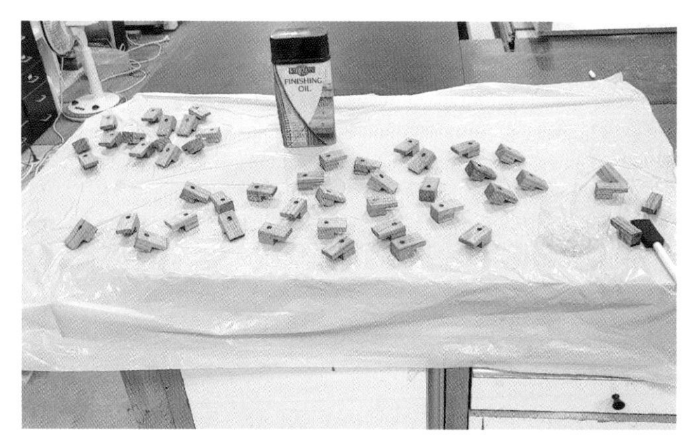

나무 단추 만들기 다리에 도미노로 구멍을 뚫고 단추를 끼운 뒤 나사못으로 상판과 결합한다.

조립하기 목공 본드를 바른 후 클램핑하고 있다. 상판을 얹어 가로 세로 폭이 적당한지 확인한다.

상판 체결 뒤집어서 상 하체를 결합했다. 가구 작가 후배는 이 사진을 보자마자 나무 단추의 위치 등 문제점을 지적했다.

완성 상판은 틈없이 집성할 생각이었으나 후배는 2~3㎜ 띄우는 것이 요즘의 트렌드라고 했다.

테이블 상판 레드 오크의 큰 무늬결이 잘 표현되고 있다.

한 소품을 만들 때 '큰 가구를 만들면 일은 훨씬 쉽겠지'라고 생각했던 적이 있다. 그러나 천장까지 닿는 책장이나 이런 책상을 만들다 보면 그런 말은 쑥 들어간다. 혼자서 돌리고 뒤집고 하다 보면 입에서 단내가 절로 난다.

이번 경우는 상판 처리가 관건이었다. 보기에는 괜찮아 보여도 두 판재를 붙여 놓으면 단차가 생겼다. 평이 완벽하지 않은 것이다. 나로서는 해결할 방법이 없어 가구 작가로 이름을 떨치고 있는 후배에게 도움을 청했다. 흔쾌히 도와주겠다고 했다. 경기도 파주에 있는 그의 널찍한 공방에는 40㎝ 판재도 올려놓을 수 있는 수압대패가 있었다. 슬라이딩 테이블 쏘 등 크고 육중한 장비들은 관리도 잘 되어 있었다. 후배는 섬세한 손길로 자신의 작품을 만들 듯 상판 작업을 꼼꼼하게 마무리했다. 나무를 다루는 자세가 너무 진지해서 수고비를 운운할 분위기도 아니었다. 어설픈 솜씨로 목공 한답시고 여러 사람에게 폐를 끼치고 있다. 언제쯤 이 빚을 다 갚을 수 있을까?

용달차를 불러 친구 집에 설치해주고 온 날 저녁에 다시 전화가 왔다. 친구는 "딸들이 책상에 낙관이나 불도장 같은 걸 받아 놓았어야 되는 거 아니냐고 하더라"며 고마움을 에둘러 표현했다. 나는 가만히 있었다. 흐흐. 내가 한 것이 아닌데.

월넛 캐비넷

오크, 메이플, 체리, 애쉬, 느티나무…. 많은 하드우드 중에서도 월넛을 써서 하는 작업은 특히 즐겁다. 진한 초콜릿 색깔의 월넛은 작업성도 좋고, 오일을 바른 뒤 완성된 모습은 고급스럽고 중

후하다. 나뭇결도 아름다워 가격을 빼고는 흠잡을 데가 없다. 월넛은 국내에서 오크나 애쉬보다 3배나 비싸게 팔린다.

경기도 광주의 '나무 오일장'을 방문했다가 "월넛을 싸게 주겠다"는 말에 혹해서 제재목을 8장이나 구입했다. 두께 30t. 폭 35~55㎝, 길이는 2m50㎝ 안팎이었다. 나무 양 끝은 전부 갈라졌고, 건조과정에서 대부분 뒤틀려 있었다. 또, 어떤 녀석은 아이보리 색의 변재가 꽤 두껍게 붙어 있었으나 가격이 착했던 만큼 큰 불만은 없었다.

이 월넛으로 서랍이 달린 캐비넷을 만들기로 했다. 첫 순서

월넛 제재목 구입했을 당시의 나무 상태. 분필로 잘라 낼 곳을 표시하고 사용할 부분의 사이즈를 적어 두었다.

평잡기 뒤틀린 30t 월넛을 라우터로 평을 잡고 나니 22t로 두께가 줄어들었다.

는 역시 부재 가공. 나무 끝 갈라진 부분은 나비장(목재를 서로 이을 때 이음매 사이에 끼워 넣는 나비 모양의 나무쪽)을 만들어 연결할 생각도 잠깐 하다가 길이가 충분해서 그냥 잘라냈다. 옹이 주변에 움푹 파진 곳들은 레진(resin·樹脂)으로 채워 넣었다. 또 합판으로 길고 큰 지그를 만들어 라우터로 뒤틀어진 면을 잡았다. 이어서 80방, 120방, 220방, 400방으로 계속되는 샌딩. 월넛 가루와 나무 먼지로 뒤덮힌 작업실은 마치 폭탄을 맞은 것 같았다.

22t로 두께를 맞춘 뒤 일부는 각재로 만들어 캐비넷의 틀을 짰다. 늘 겪는 일이지만 박스 형태의 가구는 생각보다 판재가 많이 들어간다. 또 무겁기도 하다. 앞 뒤와 옆, 그리고 바닥판까지 모두 22t 판재로 두르고, 서랍까지 달았으면 아마 성인 남자 두 사람이 들지도 못했을 것이다. 전체 사이즈는 530×1200×760㎜. 선반과 바닥은 자작 합판 15t로, 힘을 받지 않는 뒷면 등은 자작 합판 6t를 끼워 넣었다.

다음은 무늬목 붙이기. 예전에 CD장을 만들 때 좁은 면을 처리하면서 애를 먹었던 적이 있다. 이번에는 넓은 판재위에 작업을 하니 어렵지 않으리라 생각했다. 하지만 웬걸. 서너 번의 경험으로는 부족했다. 천연 무늬목 작업은 동영상으로 보면 만만해 보인다. 스프레이로 물을 뿜어 무늬목을 적셔준 뒤 적당히 마르면 합판에 풀을 바르고 다림질을 하면 된다. 그러나 다림질을 할 때마다 내 다리미에는 풀이 엉겨붙기 일쑤고, 붙여놓은 무늬목은 마르면서 덤성덤성 틈이 벌어졌다. 붙이고 떼기를 반복하던 중 때마침 작업실을 방문한 무늬목 고수의 도움을 받아 간신히 작업을 마무리했다. 욕심이 많아서 그런지 자꾸 새로운 시

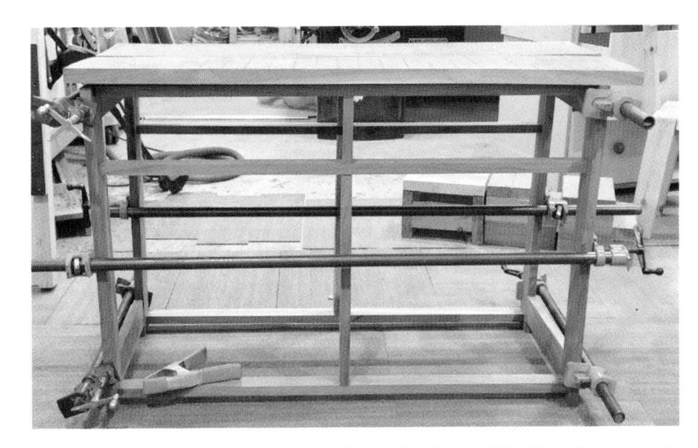

캐비넷 골조 평을 잡은 나무를 각재로 만들어 캐비넷의 골격을 짰다. 도미노로 작업을 했고, 가운데 받침대는 모두 목심으로 체결했다.

알판 끼우기 자작 합판 15t로 선반을 만들고, 바깥은 모두 홈을 파서 자작 합판 6t를 끼웠다.

무늬목 작업 옆면과 앞면에 무늬목 붙이기. 초보티가 역력하다.

철물 장착 오일을 바른 뒤 황동 손잡이를 달았다. 팀버렉스(Timberex) 하드왁스 오일을 사용했는 데 월넛에 잘 어울리는 것 같았다.

뒷면 자작 합판에는 삼화페인트의 수성바니쉬 '아이생각'을 발랐다.

완성 상판과 서랍 앞면의 월넛 무늬가 현란하다.

도를 하고, 그때마다 삽질을 반복한다. 취목들이 다 그런지, 나만 유난히 그런지 아직도 잘 모르겠다. 캐비넷 문짝도 '숨은 경첩'을 처음 구입해서 달았는 데 그 과정이 전혀 기억나지 않는다. 아마 다시 숨은 경첩을 달 일이 있다면 같은 수고를 되풀이할 듯 싶다. 몇 년이 지났지만 캐비넷의 숨은 경첩은 다행히 별 문제가 없다.

휴대폰 거치대

코로나 때였다. 초등학생 형제 둘이 집에서 동영상 수업을 하는데 패드(pad)를 받쳐놓을 게 마땅치 않다면서 거치대를 만들어줄 수 있겠냐고 문의가 들어왔다. 고등학교 동창인 건축가 친구가 생각났다. 오랜만에 같이 소주를 마시면서 주로 어떤 분야의 일을 하는지 물었다. 나는 빌딩이나 교량, 아파트나 전원주택 등을 생각했다. 친구는 약간 벌개진 얼굴로 씨익 웃으면서 "개집부터 우주선까지. 돈되는 일이면 다 한다"고 했다. 어릴 때부터 썰렁한 소리를 잘했던 그 친구다운 대답이었다.

취목이 누릴 수 있는 특권 중의 하나는 '무한 도전'이 아닐까 싶다. 성공하면 좋지만 실패해도 크게 괘념치 않는다. 가끔 성공하고 늘 실패하니까 말이다. 돈과 시간을 허비한 게 아까울 수도 있지만 경험은 쌓인다. 실수나 실패도 나중에 자신만의 소중한 자산이 되지 않겠는가?

휴대폰 거치대는 시중에서 비싸지 않게 살 수 있다. 대부분 폭 6~7㎝, 길이 10㎝ 정도의 나무토막에 경사지게 한 줄 가로로 홈을 파놓은 것들이다. 마음에 드는 것이 없어 유튜브를 검색했다. 외국 친구들은 다양한 형태의 거치대를 만들고 있었다. "그래, 기왕 만드는 김에 휴대폰의 각도와 높이도 조절할 수 있도록 하자." 거치대를 조금 크게 만들면 패드도 충분히 올라갈 수 있을 것 같았다.

작업실을 둘러보니 월넛 제재목 끝 부분을 잘라둔 토막들이 눈에 들어왔다. 한 무더기 쌓여있으니 여러 개를 한꺼번에 만들기로 했다. 일단 토막들을 얇게 켜기 시작했다. 소품을 만들 때는 특히 안전에 유의해야 한다. 거치대의 몸체를 세워서 홈을 팔 때는 토글(toggle) 클램프를 달고 지그를 만들어 조심스럽게 작업했다. 몸통은 양쪽을 갈라 높이 조절 기둥이 오르내릴 수 있도록 가운데 길게 홈을 판 뒤 재차 본드로 결합했다. 노브(knob·열거나 닫는데 쓰는 손잡이)로 기둥을 고정할 수 있도록 테이블 쏘로 공간을 만들었다. 얇게 켠 쫄대들을 순간접착제로 붙이고, 휴대

얇게 켜기 월넛 제재목 자투리를 다듬은 뒤 5㎜ 두께로 켜고 있다.

세로 홈파기 거치대의 몸통을 만들고 있다. 높이 조절을 할 수 있게 6㎜ 육각너트를 심었다.

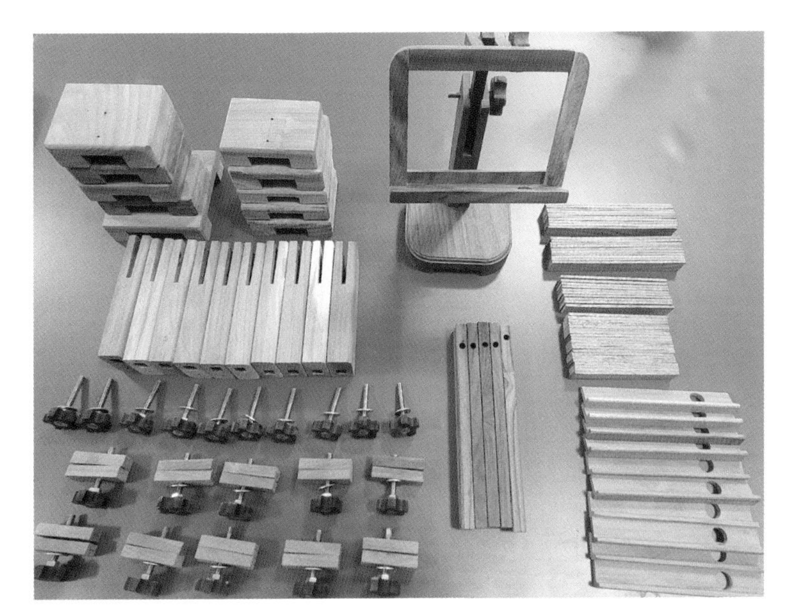

부재 준비 휴대폰 거치대 제작에 필요한 부재들. 국화 모양의 노브는 내친김에 10개를 더 만들었다.

로즈우드 노브(knob) 유튜브를 보고 지그를 제작해 직접 만들었다.

조립 샌딩과 칠하기를 남겨둔 상태. 바닥판을 조금 더 크게 만들고, 트리머로 모서리를 다듬었다.

완성 이름은 휴대폰 거치대라고 붙였지만 태블릿 PC도 거뜬히 올라간다. 오른쪽 구멍으로는 충전 잭이 통과한다.

폰을 올려놓는 부분은 턱을 만들어 떨어지지 않게 했다. 받침대는 상체가 흔들리지 않을 정도면 크기는 상관없지 싶었다. 문제는 두 군데 관절부. 철물점에서 6㎜ 육각볼트와 검정색 플라스틱 노브를 사서 달았더니 보기가 흉했다. 내친김에 노브도 만들기로 했다. 첫 시도는 지름 3㎝가량의 월넛 원통형 노브. 이것도 예쁘지 않기는 마찬가지. 다시 유튜브로 노브 제작 영상을 몇 개 찾아보고 지그를 만들었다. 뒤틀린 채 작업실 한쪽 구석에 쌓여 있던 로즈우드 쫄대가 이 용도에 적격이었다. 오각형 별 모양으로 노브를 만들고 날카로운 부분을 샌딩하면서 피곤함을 느꼈다. 주문한 이에게 완성품을 보냈더니 "선물용으로 팔 수도 있겠는 걸"했다고 한다. 아내에게 가격을 얼마로 하면 팔릴 것 같냐고 물어보았다. "한 3만원이면 적당하지 않을까? 아니면 5만원?" 나는 "품이 많이 들어간 만큼 10만원은 받아야 하지 않을까"라고 대답했다. 아내는 말이 안된다는 듯 슬쩍 웃었다. 직업 목수는 참 힘들 것 같다는 생각이 들었다.

목공의 즐거움

1판 1쇄 인쇄 2024년 5월 17일
1판 1쇄 발행 2024년 5월 28일

지은이 옥대환
펴낸이 김영곤
펴낸곳 (주)북이십일 21세기북스

TF팀 이사 신승철
TF팀 이종배
출판마케팅영업본부장 한충희
마케팅1팀 남정한 한경화 김신우 강효원
출판영업팀 최명열 김다운 권채영 김도연
제작팀 이영민 권경민
진행·디자인 다함미디어 | 함성주 유예지

출판등록 2000년 5월 6일 제406-2003-061호
주소 (10881) 경기도 파주시 회동길 201(문발동)
대표전화 031-955-2100 **팩스** 031-955-2151 **이메일** book21@book21.co.kr

ISBN 979-11-7117-567-3 03580

(주)북이십일 경계를 허무는 콘텐츠 리더

21세기북스 채널에서 도서 정보와 다양한 영상자료, 이벤트를 만나세요!
페이스북 facebook.com/jiinpill21 포스트 post.naver.com/21c_editors
인스타그램 instagram.com/jiinpill21 홈페이지 www.book21.com
유튜브 youtube.com/book21pub